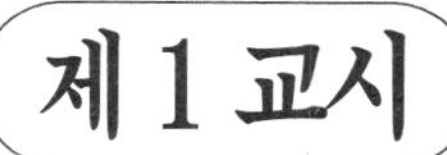

2022학년도 대학수학능력시험 궁무니 모의고사 문제지(1회)

국어 영역

성명		수험 번호					—				

○ 문제지의 해당란에 성명과 수험 번호를 정확히 쓰시오.

○ 답안지의 필적 확인란에 다음의 문구를 정자로 기재하시오.

네 모든 순간을 나와 함께 한다면

○ 답안지의 해당란에 성명과 수험 번호를 쓰고, 답을 정확히 표시하시오.

○ 문항에 따라 배점이 다릅니다. 3점 문항에는 점수가 표시되어 있습니다. 점수 표시가 없는 문항은 모두 2점입니다.

※ 공통 과목 및 자신이 선택한 과목의 문제지를 확인하고, 답을 정확히 표시하시오.

※ 시험이 시작되기 전까지 표지를 넘기지 마시오.

궁무니 국어 연구팀

제 1 교시

국어 영역

[1~3] 다음 글을 읽고 물음에 답하시오.

글을 읽는 자는 반드시 단정하게 손을 마주 잡고 반듯하게 앉아서 공손히 책을 펴놓고 마음을 오로지 하고 뜻을 모아 정밀하게 생각하고, 오래 읽어 그 행할 일을 깊이 생각해야 한다. 이렇게 해서 그 글의 의미와 뜻을 깊이 터득하고 글 구절마다 반드시 자기가 실천할 방법을 구해 본다. 만일 이렇게 하지 않고 입으로만 글을 읽을 뿐 마음으로 이를 본받지 않고, 또 몸으로 행하지 않는다면 책은 책대로 있고 나는 나대로 따로 있을 뿐이니 무슨 유익함이 있겠는가?

먼저 「소학」을 읽어 부모를 섬기는 일에서부터 시작하여 형을 공경하고, 임금을 충성으로 섬기는 것, 어른을 공경하는 것, 스승을 높이 받드는 것, 벗을 친근히 하는 도리들을 하나하나 배워서 힘써 행한다. 다음으로 「대학」 및 「혹문」을 읽어 이치를 궁리하고 마음을 바르게 하고, 자기 몸을 닦고, 사람을 다스리는 도리 등을 일일이 참되게 알아서 이를 실천한다.

(중략)

이렇게 오서와 오경을 골고루 자세히 읽어서 그 사리를 깨달아 알아서 의리가 날로 더욱 밝아지게 해야 한다. 그렇게 한 뒤에 다시 송나라 선현이 저술한 「근사록」, 「가례」, 「심경」, 「이정전서」 등의 글과 또 그 밖의 다른 성리학설도 마땅히 간간이 정밀하게 읽어 의리가 항상 내 마음속에 침투되어 와서 한 시간도 끊어짐이 없이 해야 한다. 이렇게 한 연후에 남는 힘이 있으면 또한 사서를 읽어서 고금의 역사와 일이 변화하는 이치에 통달 돼서 자기의 식견을 길러나가야 한다. 그러나 만일 이단으로서 잡되고 바르지 못한 글을 잠깐이라도 보아서는 안 된다.

무릇 독서하는 데는 반드시 한 가지 책을 익히 읽어서 그 의미와 뜻을 모두 깨달아 모두 통달하고 의심이 없이 된 연후에라야 비로소 다른 책을 읽을 것이고, 여러 가지 책을 탐내서 이것저것을 얻으려고 바쁘고 분주하게 섭렵해서는 안 된다.

- 이이, 「격몽요결」 -

1. 윗글에서 확인할 수 있는 독서 전략으로 볼 수 없는 것은?

① 책을 정독하여 그 뜻을 깊이 이해하고 깨달아야 한다.
② 독서를 하기 전에 마음을 단정히 하고 자세를 바로 해야 한다.
③ 글을 읽으며 깊이와 취지를 터득하되 실천할 방도를 찾아야 한다.
④ 종류를 가리지 않고 끊임없이 책을 읽으며 다양한 지식을 쌓아야 한다.
⑤ 한 가지 책을 읽을 때 진득이 읽어 이치를 통달한 후에야 다음 책으로 넘어가야 한다.

2. 윗글과 <보기>에서 공통적으로 강조하는 독서 방법으로 가장 적절한 것은? [3점]

<보 기>

하나의 경서를 읽고 익힐 때마다 반드시 자신의 능력을 다하여 철저하게 해야 한다. 첫째, 경서의 글을 익숙하도록 반복하여 읽어야 한다. 둘째, 여러 사람의 의견을 모두 참고하여 같은 점과 다른 점을 분별하고 장점과 단점을 비교하며 읽어야 한다. 셋째, 정밀히 생각하여 의심나는 것을 풀어가며 읽되 감히 자신해서는 안 된다. 넷째, 명확하게 분별하여 그릇된 것을 버리면서 읽되 감히 스스로 옳다고 여기지 말아야 한다.

- 이덕무, 「사소절」 -

① 책의 내용을 정리해 가며 읽는다.
② 책의 여러 관점들을 함께 참고하며 글을 읽는다.
③ 많은 양의 책을 읽기 위해 빠르게 전체를 훑어가며 읽는다.
④ 한 책의 내용을 반복해서 읽으며 철저하게 하여 의심이 없게 해야 한다.
⑤ 책을 읽을 때 자신이 깨달은 이치를 감히 스스로 옳다고 여기지 말아야 한다.

3. 윗글의 필자인 'A'와 <보기>의 필자인 'B'의 독서 태도를 비교한 내용으로 가장 적절한 것은?

<보 기>

대학에 입학하고 나서 학우들과 관계를 원만히 하고 싶어 유명한 의사소통 책 한 권을 정독하여 읽었지만 큰 도움이 되지 않았다. 그래서 다양한 인간상의 모습이 펼쳐진 대하소설과 다른 의사소통 책을 골고루 읽었다. 이를 통해 다양한 인간상을 이해하고 의사소통법을 익혀 학우들과의 원만한 관계에 도움이 되었다.

① A는 B에 비해 목적에 맞는 세부 내용을 골라서 읽는 독서 태도를 지향하고 있군.
② A는 B에 비해 인간관계에서 꼭 필요한 내용을 깨우치기 위한 독서를 중시하고 있군.
③ B는 A에 비해 한 가지 책을 정독하여 이치를 깨닫는 독서법을 선호하고 있군.
④ B는 A에 비해 실생활에 필요한 정보를 얻기 위한 독서에 초점을 맞추고 있군.
⑤ A와 B 모두 독서를 하기 전 몸과 정신을 정비하여 경건히 읽는 독서 태도를 갖고 있군.

[4~9] 다음 글을 읽고 물음에 답하시오.

(가)

'형벌은 어떻게 정당화될 수 있는가?'에 대한 물음은 오래전부터 논의의 대상이 되어 왔다. 만일 형벌을 부과하는 것에 있어서 어떠한 정당성의 근거도 찾을 수 없다면, 그것은 사람들에게 불합리한 해악을 가하는 또 하나의 범죄로 ⓐ간주될 수 있기 때문이다. 따라서 형벌의 근본적인 존재 논거를 정립하고자 하는 시도는 이어져 왔고, 이는 형벌이론으로 정형화되었다. 형벌이론은 구체적으로는 형벌을 부과하는 이유는 무엇인지, 형벌은 어떻게 정당화되는지를 다루며, 크게 절대적 형벌이론과 상대적 형벌이론으로 나뉜다.

먼저, 절대적 형벌이론은 형벌 그 자체를 목적으로 보는 이론이다. 이 이론에 따르면, 형벌은 '㉠자기목적성'을 갖는다. 자기목적성이란 형벌에 다른 특정한 목적은 존재하지 않고, 형벌이 유책한 범죄행위에 대한 응보에 지나지 않으며, 형벌이 이루어지는 것 자체가 목적이라는 의미이다. 이 이론은 의사 결정에 있어 자유의지를 갖는 인격체로서의 인간을 기초로 하는 개인주의, 자유주의적 사상에 기반을 둔다. 인간은 그 자체가 목적일 뿐 어떠한 경우에도 수단으로 전락하여서는 안 되기 때문에, 범죄자에게 부과되는 형벌을 통한 특정한 목적의 추구는 인간을 물건과 같은 수단으로 ⓑ취급하는 것이라고 보기 때문이다.

이와 달리 상대적 형벌이론은 형벌 이외의 특정한 목적을 형벌의 정당화 근거로 보는 이론이며, 누구를 위한 예방을 추구하는가에 따라 일반예방이론과 특별예방이론으로 구별된다. 일반예방이론은 범죄로부터 일반 시민을 보호하는 것을 목적으로 한다. 이 이론은 형벌을 일반인에 대한 위하, 즉 겁주기로 이해하고, 형벌의 부과를 통하여 잠재적인 범죄자가 범죄 행위를 저지르는 것을 근본적으로 ⓒ저지하고자 한다. 이에 따르면 형사입법은 일반인을 위하하는 것이며, 형벌집행은 이 위하의 진정성을 확인하고 강조하는 것이다. 즉, 일반예방이론은 형벌에 의한 위하를 통해 사회에 유익하고 선한 목적의 달성을 추구한다는 점에서 정당성을 갖는다. 그러나 위하를 통한 규범의식의 강화가 경험적으로 증명되지 않는다는 한계가 있다.

특별예방이론은 형벌을 범죄자에 대한 영향력 행사로 이해한다. 형벌을 통하여 사회에 위협이 되는 악성 범죄자를 개선, 교화함으로써 재범을 방지하고, 개선불능자를 사회로부터 격리함으로써 사회를 보호하는 목적을 갖는다. 형벌의 작용을 범죄자의 개선, 위하 및 무해화의 작용이라고 보며, 더 이상 해악의 속성을 갖지 않는 범죄자에 대한 인도 조치로 이해한다. 그러나 국가와 사회가 범죄자를 강제적으로 자신들의 사회규범에 적응시킬 권리의 법적 설명이 곤란하며, 국가형벌권을 자의적으로 확대시킬 위험이 있다는 한계가 있다.

(나)

칸트의 응보주의는 범죄자에 가해지는 형벌의 정당성에 관한 철학적 기반으로, 오랫동안 주류 형벌론으로 ⓓ정착했다. 죄를 지었으면 그에 상응하는 벌을 받아야 하는 응보의 원리는 가장 기초적인 형벌의 이유이기 때문이다. 칸트는 범죄자를 처벌하는 것은 오직 범죄 자체에 대한 응분의 대가이며, 동해보복의 원리에 따라 범죄에 상응하는 등가적 형벌이 이루어져야 한다고 주장했다.

헤겔은 이러한 칸트의 응보주의를 계승하여 '부정의 부정'이라는 정식을 활용한 독자적인 변증법적 형벌론을 제시한다. 그에 따르면, 법이란 자유의지를 구현하는 것이며, 범죄는 자유의지를 침해하는 것이다. 따라서 범죄는 법에 대한 침해, 즉 부정이기에 형벌은 범죄에 대한 부정, 곧 부정의 부정이 된다. 범죄는 침해되는 자의 권리를 없는 것으로 취급하지만, 형벌의 실행에 의해서 그 권리의 존재가 명시되고 확립된다. 만약 형벌이 실행되지 않으면 침해당하는 자는 권리를 갖지 못하기 때문에, 부정의 부정은 법의 회복이자 권리의 확립을 의미한다.

헤겔은 형벌이 범죄자의 행동에 내적으로 포함된 일종의 주장이라고 본다. 헤겔에 의하면 범죄자가 어떤 범행을 하는 한, 그는 이러한 행동을 통해서 이미 자신의 행동을 보편타당한 행위의 준칙으로 설정한다. 예를 들어, 절도범은 절도를 하면서 암묵적으로 이것이 보편화될 수 있는 행위임을 주장한다. 즉, 절도범은 자신의 행위를 통해 '절도를 해도 좋다'라는 준칙을 정립한다. 그리고 이와 같은 규범은 그것이 규범으로서의 보편적인 구속력을 요구하기 때문에, 행위자 자신에 대해서도 그 자신의 재산을 처분 가능하게 하는 근거로 작용한다. 만일 범죄자가 형벌을 부인한다면 그는 ㉡자기모순을 범하게 된다.

헤겔은 결국 범죄 행위는 타인의 인격뿐만 아니라 자신의 인격을 부정하는 것이기 때문에 결과적으로 '무효'이며, 형벌은 이러한 무효의 선언이라고 보았다. 그는 형벌을 통해 무효가 선언되면, 침해되었던 법의 효력이 회복됨과 함께 이러한 법이 범죄자였던 인격에 내면화되어 인격 간의 상호 인정관계가 회복된다고 주장했다.

헤겔의 형벌론은 개인의 권리를 존중하는 권리 중심적 사고방식과 사회 공동체의 보편적인 선의 추구를 중요시하는 관점을 매개할 수 있는 종합적인 이론이라 평가된다. 형벌의 근거와 목적이라는 두 가지 차원을 ⓔ구별하면서도 동시에 결합하려는 헤겔의 이론은 형벌에 대한 체계적이고 종합적인 시각을 보여 준다는 점에서 독창적이고 의미 있는 통찰을 제공한다.

4. (가)와 (나)의 서술 방식으로 가장 적절한 것은?

① (가)와 (나) 모두 특정 이론이 사회에 미친 영향을 인과적으로 서술하고 있다.
② (가)와 (나) 모두 특정 이론이 나타나게 된 사회적 배경을 소개하며 사상적 변화의 과정을 서술하고 있다.
③ (가)는 (나)와 달리 특정 소재에 대한 여러 이론을 제시하며 각 이론의 특징을 소개하고 있다.
④ (나)는 (가)와 달리 특정 이론의 사상적 변화를 제시하면서 그러한 변화가 지니는 긍정적 측면과 부정적 측면을 분석하고 있다.
⑤ (가)는 특정 이론의 발전을 통시적으로, (나)는 특정 이론에 대한 학자들의 공통된 견해를 공시적으로 언급하고 있다.

5. (가)에 대한 이해로 적절하지 않은 것은?

① 형벌의 정당화는 형벌을 부당한 해악을 가하는 것으로 받아들이지 않게 하기 위한 시도이다.
② 절대적 형벌이론은 형벌 그 자체는 응보에 지나지 않는다고 본다.
③ 상대적 형벌이론은 형벌이 인간을 수단으로 전락시킨다는 비판을 받을 수 있다.
④ 일반예방이론에 따르면 형사입법은 일반 시민에 대한 위하를 통해 범죄자가 되는 것을 막는 것이다.
⑤ 특별예방이론은 사회의 안전을 위해 범죄자에게 형벌을 부과하여 규범의식을 강화하는 것을 목적으로 한다.

6. '변증법적 형벌론'에 대한 이해로 적절하지 않은 것은?

① 범죄에 상응하는 형벌이 이루어져야 한다고 본다.
② 형벌의 내용은 범죄자가 저지른 범죄에 따라 달라진다.
③ 부정의 부정을 통해 상호 인정관계를 회복해야 한다고 본다.
④ 개인의 권리와 보편적 선의 추구를 매개할 수 있는 이론이다.
⑤ 범죄자가 내세운 규범은 스스로에 대해서 구속력을 가지지 않는다.

7. ㉠, ㉡에 대한 설명으로 적절하지 않은 것은?

① ㉠에 따르면 형벌이 범죄 예방을 추구해서는 안 된다.
② ㉠을 인정하는 입장의 경우, 타인의 인격을 침해한 범죄자의 인격을 존중해야 한다.
③ ㉡은 회복된 법의 내면화를 거부하는 행위이다.
④ ㉡은 행위자 자신의 인격만을 부정하는 것이다.
⑤ ㉡은 형벌을 부인함으로써 자신이 세운 준칙을 부정할 때 발생한다.

8. <보기>는 윗글의 주제와 관련한 학자들의 견해이다. 윗글을 읽은 학생이 <보기>에 대해 보인 반응으로 적절하지 않은 것은? [3점]

<보 기>

㉮ 기계적 연대가 지배적인 전근대 사회에서 범죄에 대한 제재는 곧 구성원들 간의 통일된 집합의식을 확인하는 제례이다. 또 부적응자에 대한 처벌이라는 의미를 지니며, 이를 통해 사회를 강하게 결속시키는 것을 목적으로 한다.
㉯ 형벌의 목적은 오직 범죄자가 시민들에게 새로운 해악을 입힐 가능성을 미리 방지하고, 일반인들이 유사한 범죄 행위를 할 가능성을 억제하게 만드는 것이다.
㉰ 상이 많고 형벌이 가볍게 되면, 결국은 백성을 사랑하지 않는 꼴이 된다. 형벌을 행할 경우, 가벼운 죄에 중형을 가하면, 가벼운 죄는 물론이고 중죄까지 일어나지 않게 된다.

① ㉮의 형벌은 부적응자에 대한 위하를 통해 사회를 지키는 것이 목적이 되겠군.
② 일반예방이론을 지지하는 학자는, ㉯의 목적이 실현되려면 형벌 집행에 대해 일반인들이 겁을 느껴야 한다고 보겠군.
③ ㉯는 헤겔에게 부정의 부정은 법의 회복뿐 아니라 법 침해의 예방의 효과도 지녀야 한다고 비판할 수 있겠군.
④ 헤겔은 ㉰를 읽고 범죄자가 스스로 저지른 경범죄에 대해 중형을 거부하는 것은 자기모순이 아니라고 보겠군.
⑤ ㉰의 형벌이 범죄자에 대한 강력한 영향력 행사만을 중시한다면, 범죄자에게 특정 사회규범만을 강요한다는 비판을 받을 수 있겠군.

9. 문맥상 ⓐ~ⓔ와 바꿔 쓸 말로 적절하지 않은 것은?

① ⓐ: 생각될
② ⓑ: 대하는
③ ⓒ: 지양하고자
④ ⓓ: 자리잡았다
⑤ ⓔ: 구분하면서도

[10~13] 다음 글을 읽고 물음에 답하시오.

파생 결합 증권이란 기초 자산의 가격, 이자율, 지표 또는 이를 기초로 하는 지수 등의 변화와 ⓐ연계하여 미리 정하여진 방법에 따라 지급금액 또는 회수금액이 결정되는 권리가 표시된 증권이다. 기초 자산의 개념이 포괄적으로 정의됨으로써 그 범위가 확대된 것이 특징으로 기초 자산으로는 금리, 주가 지수, 환율, 채권 또는 금, 원유, 부동산 등의 실물 자산도 포함된다.

파생 결합 증권의 한 종류인 주식 워런트 증권(ELW)는 개별 주식 및 주가 지수 등의 기초 자산을 특정 미래의 시기에 미리 정하여진 가격으로 사거나 팔 수 있는 권리를 나타내는 옵션의 일종이다. 권리에 따라 각각 살 수 있는 권리인 ㉠콜ELW와 팔 수 있는 권리인 ㉡풋ELW로 구분된다. 예를 들어 어떤 콜ELW는 현재 가격이 8,000원인 A주식을 만기일인 1년 후에 10,000원에 살 수 있는 권리를 가지고 있고 현재 가격은 1,000원이다. 1년 후 A주식의 가격이 15,000원으로 상승한다면, 조건이 충족되기에 투자자들은 이 권리를 행사해 콜ELW의 가격을 제외한 총 4,000원의 수익을 낼 수 있다. 반대로 풋ELW는 기초 자산의 가격이 하락하더라도 미리 정해진 가격으로 팔 수 있는 권리를 의미한다. 풋ELW의 조건이 충족되어 행사한다면 투자자는 기초 자산 가격이 하락하는 상황에서도 수익을 낼 수 있다. 투자자가 기초 자산 가격의 상승을 예측하는 상황에서는 콜ELW를 매입할 것이고 반대의 경우에는 풋ELW를 매입할 것이다. 둘 중 어느 경우더라도 조건만 충족되어 ELW를 행사할 수 있다면 수익을 낼 수 있다. 하지만 만기일에 조건을 ⓑ충족 시키지 못해 권리를 행사하는 것이 오히려 손해라면 투자자는 권리를 행사하지 않을 것이다. 수익성이 없는 해당 ELW는 자동으로 폐지되며 투자자는 ELW의 가격만큼 손실을 입게 된다.

ELW 투자시 참고 지표로는 전환 비율, 자본 지지점(CFP), 기어링(Gearing), 패리티(Parity)등이 존재한다. 전환 비율은 만기에 ELW 한 개를 행사하여 얻을 수 있는 기초 자산의 수를 의미하는 비율로, 전환 비율이 0.1인 ELW는 10개가 있어야 기초 자산 하나를 얻을 수 있다. 즉 한 개의 ELW는 반드시 한 개의 기초 자산과 ⓒ대응하는 것은 아니라는 점을 알 수 있다.

자본 지지점(CFP)는 기초 자산과 ELW의 수익률이 같아지기 위해 필요한 기초 자산 가격의 연간 기대 상승률을 의미한다. 예를 들어 자본 지지점이 10%인 기초 자산 가격의 실제 연간 상승률이 10%를 달성할시 기초 자산 매입과 ELW 매입은 동일한 만기 수익률을 가지게 된다. 자본지지점이 클수록 ELW로 수익를 내기 위한 기초 자산의 기대 수익률이 커지는 셈이므로 그 ELW는 고평가 되어있다고 볼 수 있다. 자본지지점은 만기 구조가 서로 다른 개별 ELW의 수익률을 직접 비교할 수 있게 해 주는 역할을 하며 자본 지지점을 구하는 식은 다음과 같다.

$$\text{자본지지점}(\%) = [(\frac{X}{S0 - ELW0})^{\frac{1}{T}} - 1] \times 100$$

(S0: 기초 자산 가격, X: 행사가격, ELW0: ELW가격, T: ELW 만기)

또 다른 지표 중 하나인 기어링(Gearing)은 기초 자산을 대신해 ELW를 매입하였을 경우 투자자가 가지게 되는 증폭 효과를 의미하며 기초 자산 가격을 기초 자산 1주에 해당하는 ELW 가격으로 나누어 구할 수 있다. 예를 들어 기어링이 10인 ELW는 기초 자산을 직접 매입한 경우보다 1/10의 비용이 ⓓ소요된다고 해석할 수 있다.

주식 워런트 증권(ELW) 투자는 투자자에게 다양한 형태의 차익 거래가 가능하게 하며 단순한 기초 자산 투자에서 벗어나 새로운 투자 수단을 제공하고 적은 금액으로도 큰 수익을 얻을 수 있는 레버리지 효과를 제공한다는 점에서 그 의의가 있다. 하지만 참고해야 할 지표가 다양하고 기초 자산의 변화를 그대로 반영하는 것은 아니기에 투자자는 투자에 ⓔ유의해야 한다.

10. 윗글에 대한 설명으로 적절하지 않은 것은?

① 파생결합증권의 기초 자산에는 실물 자산도 포함된다.
② ELW 투자는 적은 금액으로도 큰 수익을 얻을 수 있다.
③ 전환 비율이 0.5일 때 기초 자산 한 개를 얻으려면 2개의 ELW를 행사해야 한다.
④ 파생결합증권 투자 시 투자자의 노력 여하에 따라 상품의 수익률이 변동될 수 있다.
⑤ 콜ELW에 부여된 권리보다 기초 자산의 가격이 하락한다면 투자자는 권리를 행사하지 않을 것이다.

11. ㉠과 ㉡에 대한 이해로 가장 적절하지 않은 것은?

① ㉠은 미래에 정해진 가격에 기초 자산을 살 수 있는 권리의 일종이다.
② 기초 자산의 가격이 큰 폭으로 하락해도 ㉠으로 인한 손실은 한정적이다.
③ 전환 비율이 0.5이고 기초 자산의 가격이 ㉠의 가격보다 2배가 비쌀 때 기어링은 1이다.
④ ㉠과 ㉡ 행사 시 전환 비율에 따라 대응하는 기초 자산과 교환하게 된다.
⑤ 기초 자산의 가격이 ㉡에 명시된 가격보다 하락할 경우 투자자는 ㉡을 행사할 것이다.

12. 윗글과 <보기>에 대한 반응으로 가장 적절한 것은? [3점]

<보 기>

개인 투자자 진우는 A주식과 B주식에 투자하기 위해 고민 중이다. A와 B주식에 직접 투자하는 것과 콜ELW에 투자하는 것 중 어느 쪽이 더 유리한 결정인지 알아보고 결정하고자 한다. A주식과 B주식에 대한 정보는 다음과 같다.

㉮ A주식의 가격은 10,000원이다. A콜ELW는 A주식을 기초 자산으로 삼고 만기 2년, 행사 가격 16,000원에 발행되었다. 현재 A콜ELW의 가격은 1,000원이다.

㉯ B주식의 가격은 9,500원이다. B콜ELW는 B주식을 기초 자산으로 삼고 만기 1년, 행사 가격 11,000원에 발행되었다. 현재 B콜ELW의 가격은 500원이다.

㉰ A주식 가격의 연간 기대 상승률은 40%, B주식 가격의 연간 기대 상승률은 20%이며 이 기대 상승률은 매년 똑같다고 가정한다.

㉱ 현재 시점은 20X1년 1월 1일이다. 진우는 결정 후 바로 상기 가격으로 상품을 매입한다고 가정하며 ELW는 만기일에 조건이 충족될 시 행사가와 기초 자산 가격 사이의 차익으로 자동 계산된다.

(단, 자본 지지점은 소수점 첫째 자리에서 반올림하여 사용한다. A와 B 모두 전환 비율은 1이며 상품은 모두 1개씩 투자한다고 가정하며 기타 매매 수수료는 없다.)

① B콜ELW는 A콜ELW보다 고평가된 상품이군.
② A상품에 2년동안 투자하고자 할 때, A콜ELW보단 A주식에 투자하는 것이 수익률이 더 높겠군.
③ 1년 뒤 B주식의 수익금은 B콜ELW보다 낮겠군.
④ 2년 뒤 수익률이 가장 높은 상품은 A콜ELW이군.
⑤ 2년 뒤 A주식 1개의 수익금은 A콜ELW 4개의 수익금보다 크겠군.

13. 문맥상 ⓐ~ⓔ와 바꿔 쓰기에 적절하지 <u>않은</u> 것은?

① ⓐ: 연동(聯動)하여
② ⓑ: 만족(滿足)시키지
③ ⓒ: 상응(相應)하는
④ ⓓ: 감소(減少)된다고
⑤ ⓔ: 조심(操心)해야

[14~17] 다음 글을 읽고 물음에 답하시오.

연료전지는 연료와 산화제를 전기화학적으로 반응시키어 전기에너지를 발생시키는 장치이다. 일반적인 전지는 전지 내에 미리 채워놓은 화학물질에서 나오는 화학에너지를 전기에너지로 전환하지만 연료전지는 연료와 산소의 공급을 받아서 발생하는 화학반응을 통해 지속적으로 전기를 공급한다. 연료전지는 크게 연료극과 공기극 및 전해질로 구성되어 있으며 고효율, 무공해, 무소음 등의 장점이 있다.

연료전지 자동차에는 고분자 전해질막을 이용한 저온형 연료전지인 PEMFC를 사용한다. 자동차에 연료전지를 적용하기 위해서는 좁은 공간과 적은 무게로도 고출력이 가능해야 하기 때문이다. 따라서 자동차에는 얇은 고분자막을 적용할 수 있고 부피와 중량 출력 밀도가 높은 PEMFC를 이용하는 것이 적당하다. PEMFC는 전해질로 수소양이온을 전도할 수 있는 나피온이라는 고분자 전해질막을 사용한다. PEMFC는 나피온의 막을 유지하기 위해 낮은 작동 온도가 요구되며, 작동 온도가 낮을수록 전극 반응 속도가 낮아진다. 낮은 전극 반응 속도를 증가시키기 위해서는 촉매*의 활성이 중요하므로 백금을 촉매로 사용한다. 연료극에서는 수소 산화 반응의 반응속도가 빠르기 때문에 상대적으로 더 적은 촉매량이 사용된다. 반면에 공기극의 산소 환원 반응은 확산 속도가 느려 과전압이 크게 걸리므로 더 많은 촉매량이 필요하다.

그러나 낮은 작동 온도에서는 물질의 첨가로 촉매의 기능이 현저하게 손상되는 촉매 피독 현상이 발생한다. 불순물이 있을 경우에 촉매의 기능이 떨어지기 때문에 수소의 순도는 높을수록 좋다. 유입된 수소는 촉매에 의해 산화되어 수소양이온과 전자로 분해된다. 수소양이온은 전해질막을 통해 이동하고, 전자는 외부회로를 통해 이동한다. 공기극에 도달한 수소양이온과 전자는 산소와 결합하여 물을 생성한다.

한편, 기체 이용률을 의미하는 양론비를 SR로 나타내는데, 연료전지에 공급되는 기체량과 전극 촉매에 도달하는 기체량이 실제로 같지는 않다. 이는 반응하지 않는 기체량도 존재하기 때문이다. 따라서 더 많은 양의 기체의 공급이 필요하다. 예를 들어, SR이 1이라는 것은 전류를 생산하는데 필요한 이론적 기체 공급량을 의미한다. SR이 1.5라는 것은 이론보다 50% 양의 추가적인 기체를 공급해준다는 것을 의미한다. 연료극의 기체 확산 속도는 빨라서 공기극에 비해 더욱 쉽게 많은 양의 기체가 촉매에 도달할 수 있다. 연료극의 SR은 일반적으로 1.2~1.5 정도이며, SR이 증가하면 연료전지의 성능이 증가한다. SR이 1보다 낮아지면 기체 공급량이 적어 전류를 생산하는데 필요한 공급량의 수준에도 미치지 못할 수 있으므로 성능을 감소시키지 않는 최소한의 SR을 유지하는 것이 중요하다.

이러한 연료전지를 바탕으로 기존에 존재하던 가솔린 내연기관 대신에 수소와 공기 중의 산소를 반응시켜 발생하는 전기를 이용한 친환경 자동차를 수소연료전지차라고 부른다. 수소연료전지차는 공기를 흡입하여 산소와 연료를 연료전지에 보낸다. 그 이후에 나타나는 화학반응을 통해 전기와 물을 발생시킨다. 이렇게 발생한 전기를 모터로 이동시키고, 모터가 가동되며 주행이 가능하게 만드는 구조이다. 이러한 과정에서 만들어지는 물은 차 밖으로 배출한다. 수소 열량은 동일 중량 기준으로 내연기관 연료의 3배이기 때문에 긴 주행거리를 장점으로 꼽을 수 있다. 또한 공기 청정 효과, 빠른 충전 및 수소의 순환 재생도 수소연료전지차의 장점이다. 그러나 귀금속 촉매 등 재료 및 공정에서 발생하는 비싼 가격과 충전소 등 수소 기반 시설의 부족, 수소의 가연성으로부터 제기되는 안전 문제는 아직까지도 해결해야 할 문제로 남아 있다.

> * 촉매: 자신은 변화하지 아니하면서 다른 물질의 화학반응을 매개하여 반응 속도를 빠르게 하거나 늦추는 일. 또는 그런 물질.

14. 윗글에서 알 수 있는 내용으로 가장 적절한 것은?

① 연료전지는 무공해라는 장점이 있지만 전기에너지로 전환하는 과정에서 심한 소음이 발생한다.
② 수소연료전지차는 가연성과 관련된 안전 문제를 해결했기 때문에 친환경적이다.
③ 수소의 순도가 높을수록 촉매의 기능이 떨어지는 것을 방지할 수 있다.
④ 수소연료전지차의 주행을 돕는 수소의 열량은 내연기관 연료에 비해 낮다.
⑤ PEMFC는 나피온의 막을 보호하기 위해 고온의 작동 온도가 요구된다.

15. 연료전지에 대해 이해한 반응으로 가장 적절한 것은?

① 연료전지의 성능을 향상시키기 위해서 연료극에는 공기극에 비해 더 많은 백금을 넣어야 한다.
② 수소양이온은 외부회로를 통해 공기극으로 이동하고 전자는 전해질막을 통해 공기극으로 이동한다.
③ 높은 작동 온도에서는 물질의 첨가에 의해 촉매의 활성 정도가 떨어진다.
④ 전극 촉매에 도달하는 기체량은 연료전지에 공급되는 기체량과 같아야 한다.
⑤ SR이 1보다 낮다면, 기체 공급량이 적기 때문에 연료전지의 성능은 감소할 것이다.

16. 윗글을 바탕으로 <보기>를 이해한 반응으로 적절하지 않은 것은?

<보 기>

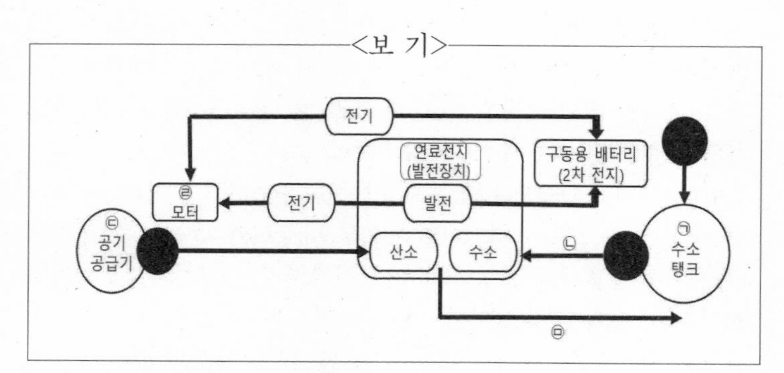

① ㉠에서 연료의 공급이 지속되어야 연료전지에서 전기를 생산할 수 있겠군.
② ㉡을 통해 공급된 수소가 연료전지로 들어가면 수소양이온과 전자로 분해되겠군.
③ ㉢에서 공기가 연료전지로 유입되면서 화학반응이 일어나겠군.
④ ㉣은 연료전지에서 생산한 전기를 사용하여 자동차가 움직일 수 있게 만드는 장치겠군.
⑤ ㉤을 통해 연료전지에서 발생한 산소를 배출함으로써 친환경 자동차의 장점이 나타나는군.

17. 윗글을 바탕으로 <보기 1>를 이해한 반응으로 가장 적절한 것을 <보기 2>에서 있는 대로 고른 것은? [3점]

<보기 1>

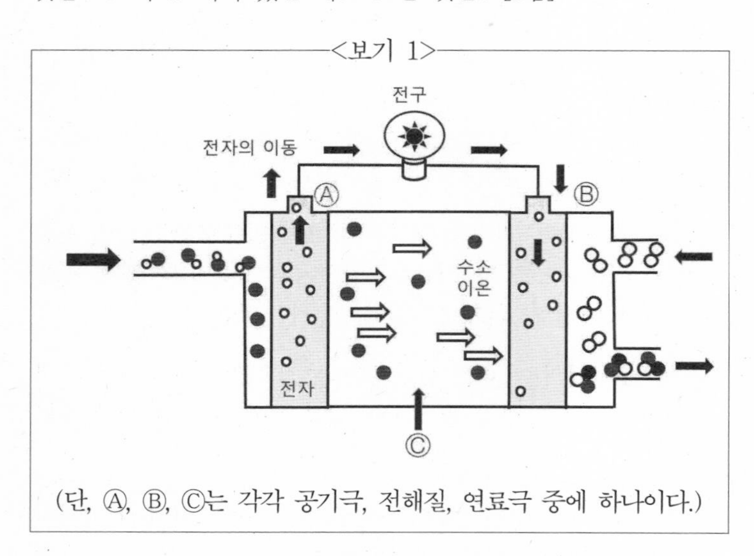

(단, Ⓐ, Ⓑ, Ⓒ는 각각 공기극, 전해질, 연료극 중에 하나이다.)

<보기 2>

ㄱ. Ⓑ의 SR이 1.5라면 Ⓐ의 SR은 1.5보다 낮을 것이다.
ㄴ. Ⓐ는 산소 환원 반응에 의한 과전압 때문에 많은 촉매량을 요구한다.
ㄷ. Ⓒ는 수소양이온과 전자를 전도할 수 있는 기능을 지닐 것이다.
ㄹ. Ⓒ가 기능을 하지 못한다면 Ⓑ에서 배출되는 물의 양이 많아질 것이다.

① ㄱ ② ㄱ, ㄴ ③ ㄴ, ㄷ
④ ㄱ, ㄷ, ㄹ ⑤ ㄴ, ㄷ, ㄹ

[18~21] 다음 글을 읽고 물음에 답하시오.

> [앞부분의 줄거리] '그'의 가족은 원미동에 처음으로 '내 집'을 장만하여 이사한다. 어느 날 목욕탕 배수관에 문제가 생겨, 주 씨의 소개로 임 씨에게 일을 맡긴다. 그러나 임 씨가 원래 연탄장수이고 집수리는 부업으로 한다는 사실을 알게 된 '그'와 아내는 후회한다.

㉠"고향이 어디요?"
아무려면 머리 굴리는 거야 임 씨보다 못하랴 싶어서 그는 말꼬리를 돌려보았다. 어딘가에는 반드시 임 씨를 달뜨게 할

함정이 있을 것이다. 부드러운 말로 꽉 움켜잡아야 일에 정성을 쏟아 완벽한 공사를 해줄 게 아닌가.

"고향요?"

㉡임 씨는 반문하고서 쓰게 웃었다.

"고향이 어디냐고 묻지 말라고, 뭐 유행가 가사가 있잖습니까. 고향 말로 하면 기가 막혀요. 벌써 한 칠팔 년 돼 가네요. 경기도 이천 농군이 도시 사람 돼 보겠다고 땅 팔아 갖고 나와서 요 모양 요 꼴입니다. 그 땅만 그대로 잡고 있었어도……."

[A]

그때 파이프를 들고 젊은 인부가 돌아왔다. 입에는 아이들이 먹고 다니는 쭈쭈바가 물려 있고 그 건정건정 뛰는 듯한 걸음걸이로 성큼 욕탕 안으로 넘어섰다. 저 따위 녀석들이야 평생 노가다 판에 뒹굴어도 싸지. 에이 못 배워먹은 녀석.

그들이 다시 목욕탕으로 들어가 일을 시작한 뒤 아내가 그를 마루 구석으로 끌고 갔다. 뭔가 인부들 귀에 닿지 않게 속닥거릴 이야기가 있는 모양이었다.

"그럼, 돈 계산은 어떻게 되는 거예요? 저 사람 처음에는 목욕탕을 다 뜯어 발길 듯이 말하잖았어요? 견적도 그렇게 뽑았을 거예요. 이십만 원이 다 되는 돈 아네요?"

아내의 말을 들으니 딴은 중요한 문제이긴 했다. 목욕탕 공사야말로 하자 없이 해야 한다는 말을 몇 번씩이나 들먹이며 임 씨가 빼놓은 견적은 욕조와 세면대 사이의 파이프만 교체하는 수준의 것이 아님은 분명하다.

"당신이 지금 가서 따져 봐요. 저런 사람들 돈이라면 무슨 거짓말을 못 하겠어요. 괜히 견적만 거창하게 뽑아 놓고 일은 그 반값도 못 미치게 하자는 속임수가 틀림없어요. 우리 같은 사람이 어떻게 공사판 내용을 다 알겠어요. 이렇다 하면 그런갑다 하고 믿는 게 예사지."

아내는 애가 달았다. 이럴 줄 알았으면 이곳저곳에 견적을 뽑아 보고 시킬 것을 그랬다는 둥, 괜히 주 씨 말만 믿고 덥썩 일을 맡겼다가 돈만 속게 되었다는 둥, 저런 양심으로 일을 하니 연탄 배달 신세 못 면하는 것 아니냐는 둥, 종국에는 임 씨의 반지르르한 말솜씨마저 다 검은 속셈을 감추기 위한 게 아니냐는 말까지 쏟아져 나왔다.

[중략 부분의 줄거리] 우려와 달리 임 씨는 깔끔하게 목욕탕 공사를 마치고, 서비스로 옥상까지 고쳐준다. 또한 공사비가 견적보다 덜 들었다며 적은 돈을 받는다. 이에 '그'는 임 씨를 의심한 것을 부끄러워하며 임 씨와 함께 술을 마신다.

"좋수다. 형씨. 한 잔 하십시다."

임 씨가 호기를 부리며 소리 나게 잔을 부딪쳤다.

"그렇지, 그렇지. ㉢다 같은 토끼 새끼 주제에 무슨 얼어 죽을 사장이야!"

그의 허세도 임 씨 못지않았으므로 이윽고 두 사람은 주거니 받거니 ⓐ술잔을 주고받았다.

"내가 이래배도 자식 농사는 꽤 지었지요."

임 씨는 자신의 아들딸이 네 명이란 것, 큰놈은 국민학교 4학년인데 공부를 썩 잘하고 둘째 딸년은 학교 대표 농구 선수인데 박찬숙 못지않을 재주꾼이라고 자랑했다.

"그놈들 곰국 한 번 못 먹인 게 한이오, 형씨. 내 이번에 ⓑ가리봉동에 가면 그 녀석 멱살을 휘어잡아야지."

임 씨가 이빨 사이로 침을 찍 뱉었다. 뭐 맛있는 거나 되는 줄 알고 김 반장의 발발이 새끼가 쪼르르 달려왔다.

"가리봉동에 가면 곰국이 나와요?"

임씨가 따라 주는 잔을 받으면서 그는 온몸을 휘감는 술기운에 문득 머리를 내둘렀다. 아까부터 비 오는 날에는 가리봉동에 간다는 임 씨의 말이 술기운과 더불어 떠올랐다.

"곰국만 나오나. 큰놈 자전거도 나오고 우리 농구 선수 운동화도 나오지요. 마누라 빠마값도 쑥 빠집니다요. 자그마치 팔십만 원이오, 팔십만 원. 제기랄. 쉐타 공장 하던 놈한테 일 년 내 연탄을 대줬더니 이놈이 연탄 값 떼어먹고 야반도주했어요. ㉣공장이 망했다고 엄살을 까길래, 내 마음인들 좋았겠소. 근데 형씨, 아 그놈이 가리봉동에 가서 더 크게 공장을 차렸지 뭡니까. 우리 노가다들, 출신이 다양해서 그런 소식이야 제꺼덕 들어오지, 뭐." (중략)

임 씨는 탁자에 고개를 처박고서 연신 죽여,를 되뇌우고 그는 속수무책으로 사내의 빛바랜 얼굴만 쳐다보았다. ㉤아무리 생각해도 저 '죽일 놈들' 속에는 그 자신도 섞여 있는 게 아니냐는, 어쩔 수 없는 괴리감이 사내의 어깨에 손을 대지 못하게 막고 있었다.

"겨울 돼 봐요. 마누라나 새끼나 왼통 검댕칠이지. 한 장이라도 더 나르려니까 애새끼까지 끌고 나오게 된단 말요. 형씨, 내가 이런 사람입니다. 처자식들 얼굴에 검댕칠 묻혀 놓는, 그런 못난 놈이라 이 말입니다……."

임 씨의 동등하던 입술도 마침내 술에 젖는 모양이었다. 말이 제대로 입 밖으로 빠져나오지 못하니까 임 씨는 자꾸 입술을 쥐어뜯었다.

"나 말이요. 이번에 비만 오면 가리봉동에 가서 말이요……."

임 씨가 허전한 눈길로 그를 쳐다보았다. 목소리도 한결 풀기 없이 처져 있다.

"그 자식이 돈만 주면......돈만 받으면, 그 돈 받아가지고 고향으로 갈랍니다."

"고향엘요."

"예. 고향으로 갑니다. 내 고향으로……."

- 양귀자, 「비 오는 날이면 가리봉동에 가야 한다」 -

18. [A]의 서술상 특징으로 가장 적절한 것은?

① 이야기 외부의 서술자가 특정 인물의 시선을 통해 인물들의 성격을 드러내며 서술하고 있다.

② 이야기 내부의 서술자가 인물의 행동을 직접적으로 제시하며 주관적으로 평가하고 있다.

③ 이야기 내부의 서술자가 인물의 내면을 중심으로 사건의 인과 관계를 서술하고 있다.

④ 이야기 내부의 서술자가 인물 간의 대화를 중심으로 갈등을 심화시키며 서술하고 있다.

⑤ 이야기 외부의 서술자가 인물의 회상을 통해 사건의 진실을 드러내며 서술하고 있다.

19. 서사의 흐름을 고려하여 ㉠~㉤에 대해 이해한 내용으로 적절하지 않은 것은?

① ㉠: 상대를 신뢰하지 못하는 상황에서 자신의 입장을 관철시키기 위해서 한 질문이다.
② ㉡: 떠올리고 싶지 않은 기억을 떠오르게 한 상대의 질문에 대한 부정적인 반응이다.
③ ㉢: 모두가 힘든 상황에 처해 있음에도 불구하고 자신의 처지만을 강조한 상대에 대한 불쾌감이 담긴 말이다.
④ ㉣: 상황의 진실을 알고 있는 상태에서, 과거 타인의 발언에 대한 인식을 드러내는 말이다.
⑤ ㉤: 자기 자신에 대한 성찰이 타인을 대하는 태도에까지 영향을 미치고 있음을 나타내는 표현이다.

20. ⓐ, ⓑ에 대한 설명으로 가장 적절한 것은?

① ⓐ는 '그'가 임 씨에 대한 의심과 오해를 푸는 계기가 된다.
② ⓑ는 임 씨에게 절망적인 상황을 제공하는 동시에 희망을 품도록 하는 공간이다.
③ 임 씨가 ⓑ에서 자신이 겪었던 일을 이야기함으로써 '그'는 임 씨의 처지를 이해하게 된다.
④ ⓐ가 임 씨를 솔직하게 말하도록 돕는다면 ⓑ는 임 씨가 거짓말을 하도록 유도하는 공간이다.
⑤ 임 씨는 ⓐ를 통해 '그'의 오해가 ⓑ에 대해서 솔직하게 이야기 하지 않았기 때문에 비롯되었음을 인식하게 된다.

21. <보기>의 관점에서 윗글을 감상한 내용으로 적절하지 않은 것은? [3점]

<보 기>

물리적인 고향은 말 그대로, 자신이 태어나서 자란 삶과 생계의 기반이 되는 장소를 뜻한다. 반면 정신적인 고향은 정신적 안정과 공동체 의식 등을 느낄 수 있는 장소를 뜻한다. 하지만 산업화가 진행되고 농촌에서 도시로 이동하는 사람들이 많아지면서 물리적 고향의 상실이 잦아졌으며, 이는 정신적 고향의 상실을 수반하기도 했다. 이때, 농촌의 재개발이나 도시의 일자리 부족 등으로 인해 고향을 떠나는 것이 꼭 성공을 보장하는 것은 아니었다. 그러나 고향과 도시에 대한 인식을 바꾼 후에는 이미 고향으로 복귀하는 것이 어려워져 좌절하는 경우도 많았다.

① '임 씨'가 '그 땅만 그대로 잡고 있었어도'라고 후회하는 것이 농촌 재개발 때문이라면 이는 '임 씨'가 '경기도 이천'을 물리적 고향으로 인식하고 있기 때문이겠군.
② '임 씨'가 '고향'을 정신적 고향이라고 여긴다면, '고향'으로 돌아가고자 하는 이유에는 정신적 안정과 공동체 의식을 되찾고자 하는 마음이 들어가 있겠군.
③ '임 씨'가 '요 모양 요 꼴'이 났다고 느끼는 것은 물리적 고향의 상실과 이에 따른 정신적 고향의 상실을 동시에 경험했기 때문이라고 볼 수 있겠군.
④ '임 씨'가 처음에는 '그'에게 '묻지 말라'고 했던 고향을, 이제는 가려고 하는 것은 고향을 바라보는 '임 씨'의 태도가 변했기 때문이겠군.
⑤ '임 씨'가 '땅 팔아 갖고 나'왔다는 것과, '그 자식이 돈만 주면'이라는 조건을 붙이는 것을 통해 고향으로 다시 돌아가는 게 어려운 상황임을 짐작할 수 있겠군.

[22~27] 다음 글을 읽고 물음에 답하시오.

(가)

아이야 구럭 망태 거둬라 서산(西山)에 날 늦었다
ⓐ밤 지낸 고사리 하마 아니 자랐으랴
이 몸이 이 푸새 아니면 조석(朝夕) 어이 지내리

<제1수>

아이야 되롱 삿갓 차려라 동간(東澗)에 비 내리겠다
기나긴 낚대에 미늘* 없는 낚시 매어
저 고기 놀라지 마라 내 흥(興)겨워 하노라

<제2수>

아이야 죽조반(粥早飯) 다오 남묘(南畝)에 일 많아라
서투론 따비를 눌 마주 잡으려뇨
두어라 성세궁경(聖世躬耕)*도 역군은(亦君恩)이시니라

<제3수>

아이야 소 먹여 내여 북곽(北郭)에 새 술 먹자
대취(大醉)한 얼굴을 달빛에 실어오니
어즈버 희황상인(羲黃上人)*을 오늘 다시 보아다

<제4수>

- 조존성, 「호아곡」 -

* 미늘: 낚시 끝의 안쪽에 있는, 거스러미처럼 되어 고기가 물면 빠지지 않게 만든 작은 갈고리.
* 성세궁경: 태평성대에 자신이 직접 농사를 지음.
* 희황상인: 복희씨 이전 태고 때 사람들로, 세상일을 잊고 한가로이 지내는 사람을 이르는 말.

(나)

숲속 정자에 가을이 이미 깊어가니	林亭秋已晩
시인의 뜻은 다함이 없도다	騷客意無窮
멀리 물은 하늘과 맞닿아 푸르고	遠水連天碧
서리 맞은 단풍은 해를 향해 붉도다	霜楓向日紅
산은 외로이 둥근달을 토해내고	山吐孤輪月
강은 만리의 바람을 머금었도다	江含萬里風
변방의 기러기는 어느 곳으로 가는가	塞鴻何處去
소리가 저물녘 구름 가운데로 끊어지네	聲斷暮雲中

- 이이, 「화석정(花石亭)」 -

(다)

[A] 오늘은 당신이 가르쳐 준 태백산맥 속의 소광리 소나무 숲에서 이 엽서를 띄웁니다. 아침 햇살에 빛나는 소나무 숲에 들어서니 당신이 사람보다 나무를 더 사랑하는 까닭을 알 것 같습니다. 200년, 300년, 더러는 500년의 풍상(風霜)을 겪은 소나무들이 골짜기에 가득합니다. 그 긴 세월을 온전히 바위 위에서 버티어 온 것에 이르러서는 차라리 경이였습니다. ㉠바쁘게 뛰어다니는 우리들과는 달리 오직 '신발한 켤레의 토지'에 서서 이처럼 우람할 수 있다는 것이 충격이고 경이였습니다. 생각하면 소나무보다 훨씬 더 많은 것을 소비하면서도 무엇 하나 변변히 이루어 내지 못하고 있는 나에게 소광리의 솔숲은 마치 회초리를 들고 기다리는 엄한 스승 같았습니다.

ⓑ어젯밤 별 한 개 쳐다볼 때마다 100원씩 내라던 당신의 말이 생각납니다. 오늘은 소나무 한 그루 만져 볼 때마다 돈을 내야겠지요. ㉡사실 서울에서는 그보다 못한 것을 그보다 비싼 값을 치르며 살아가고 있다는 생각이 듭니다. 언젠가 경복궁 복원 공사 현장에 가 본 적이 있습니다. 일제가 파괴하고 변형한 조선 정궁의 기본 궁제(宮制)를 되찾는 일이 당연하다고 생각하였습니다. 그러나 막상 오늘 이곳 소광리 소나무 숲에 와서는 그러한 생각을 반성하게 됩니다. 경복궁의 복원에 소요되는 나무가 원목으로 200만 재, 11톤 트럭으로 500대라는 엄청난 양이라고 합니다. 소나무가 없어져 가고 있는 지금에 와서도 기어이 소나무로 복원한다는 것이 무리한 고집이라고 생각됩니다. 수많은 소나무들이 베어져 눕혀진 광경이라니 감히 상상할 수가 없습니다. ㉢그것은 이를테면 고난에 찬 몇 백만 년의 세월을 잘라 내는 것이나 마찬가지입니다.

우리가 생각 없이 잘라 내고 있는 것이 어찌 소나무만이겠습니까. 없어도 되는 물건을 만들기 위하여 없어서는 안 될 것들을 마구 잘라 내고 있는가 하면 아예 사람을 잘라 내는 일마저 서슴지 않는 것이 우리의 현실이기 때문입니다. 우리가 살고 있는 이 지구 위의 유일한 생산자는 식물이라던 당신의 말이 생각납니다. 동물은 완벽한 소비자입니다. 그중에서도 최대의 소비자가 바로 사람입니다. 사람들의 생산이란 고작 식물들이 만들어 놓은 것이나 땅속에 묻힌 것을 파내어 소비하는 것에 지나지 않습니다. 쌀로 밥을 짓는 일을 두고 밥의 생산이라고 할 수 없는 것이나 마찬가지입니다. ㉣생산의 주체가 아니라 소비의 주체이며 급기야는 소비의 객체로 전락되고 있는 것이 바로 사람입니다. 자연을 오로지 생산의 요소로 규정하는 경제학의 폭력성이 이 소광리에서만큼 분명하게 부각되는 곳이 달리 없을 듯합니다.

산판일을 하는 사람들은 큰 나무를 베어 낸 그루터기에 올라서지 않는 것이 불문율로 되어 있다고 합니다. 잘린 부분에서 올라오는 나무의 노기가 사람을 해치기 때문입니다. 어찌 노하는 것이 소나무뿐이겠습니까. 온 산천의 아우성이 들리는 듯합니다. 당신의 말처럼 소나무는 우리의 삶과 가장 가까운 자리에서 우리와 함께 풍상을 겪어 온 혈육 같은 나무입니다. 사람이 태어나면 금줄에 솔가지를 꽂아 부정을 물리고 사람이 죽으면 소나무 관 속에 누워 솔밭에 묻히는 것이 우리의 일생이라 하였습니다. ㉤그리고 그 무덤 속의 한을 달래 주는 것이 바로 은은한 솔바람입니다. 솔바람뿐만이 아니라 솔빛·솔향 등 어느 것 하나 우리의 정서 깊숙이 들어와 있지 않은 것이 없습니다. 더구나 소나무는 고절(高節)의 상징으로 우리의 정신을 지탱하는 기둥이 되고 있습니다. 금강송의 곧은 둥치에서뿐만 아니라 암석지의 굽고 뒤틀린 나무에서도 우리는 곧은 지조를 읽어 낼 줄 압니다. 오늘날의 상품 미학과는 전혀 다른 미학을 우리는 일찍부터 가꾸어 놓고 있었습니다.

- 신영복, 「당신이 나무를 더 사랑하는 까닭」 -

22. (가)와 (나)의 공통점으로 가장 적절한 것은?

① 선명한 색채 대비를 통해 계절적 배경을 드러내고 있다.
② 자연물의 이면적 속성에 주목하여 교훈적 의미를 발견하고 있다.
③ 다양한 청자를 반복적으로 호명하여 시적 리듬감을 형성하고 있다.
④ 구체적인 공간을 언급하여 그곳에서 느끼는 만족감을 제시하고 있다.
⑤ 공간의 이동에 따라 시적 상황을 전개하여 화자의 정서를 심화하고 있다.

23. (가)에 대한 이해로 적절하지 <u>않은</u> 것은?

① <제1수>의 중장에서는 설의적 표현을 통해 초장에서의 화자의 명령에 대한 근거를 제시하고 있다.
② <제2수>의 종장에서는 자연물에게 말을 건네는 방식을 통해 자연물과의 일체감을 드러내고 있다.
③ <제3수>의 중장에서는 익숙하지 않은 농사일에 대한 어려움과 한탄을 드러내고 있다.
④ <제3수>의 종장에서는 시상을 전환하여 특정 상황이 타인의 영향에서 비롯되었음을 제시하고 있다.
⑤ <제4수>의 종장에서는 과거의 인물을 활용하여 화자의 현재 상황을 표현하여 자부심을 드러내고 있다.

24. 문맥을 고려하여 ㉠~㉤에 대해 이해한 내용으로 적절하지 <u>않은</u> 것은?

① ㉠: 필요 이상의 소비를 하지 않으면서도 번듯한 성장을 이루어 낸 소나무에 대한 예찬을 드러낸다.
② ㉡: 자연만큼 가치 있지 않은 것들을 오히려 더 높은 비용으로 소비하는 현실을 나타낸다.
③ ㉢: 일제에 의해 훼손된 역사적 건축물을 나무의 고통에 비유하여 우리 민족의 아픔을 강조한다.
④ ㉣: 같은 인간마저 소비의 대상으로 되어 가는 현실에 대한 부정적 인식을 제시한다.
⑤ ㉤: 소나무는 인간의 삶이 끝난 이후에도 함께하는 존재라는 것을 제시하여 소나무의 가치를 강조한다.

25. ⓐ밤과 ⓑ어젯밤을 비교한 내용으로 가장 적절한 것은?

① ⓐ는 화자가 아이에게 명령한 시간이고, ⓑ는 당신이 오늘날의 상품 미학의 예시를 보여 준 시간이다.
② ⓐ는 화자가 고사리를 캘 때 걸리는 시간을, ⓑ는 당신이 자연의 가치를 일깨우는 시간이다.
③ ⓐ는 화자가 고사리의 가치를 깨달은 시간을, ⓑ는 당신이 자연물을 생산 요소로 바라보는 시간이다.
④ ⓐ는 화자가 아이에게 명령한 이후의 시간이고, ⓑ는 글쓴이가 자연물의 경제적 가치를 깨달은 시간이다.
⑤ ⓐ는 고사리의 성장이 이루어졌을 시간이고, ⓑ는 당신이 자연의 가치를 강조한 시간이다.

26. (나)와 [A]에 대한 감상으로 가장 적절한 것은?

① (나)에서 화자는 기러기의 소리가 끊어지는 것에 대한 안타까움을 드러낸다.
② (나)에서 화자는 산에서 달이 뜨는 모습을 보고 산과 외로움의 정서를 공유한다.
③ [A]에서는 당신이 나무를 사랑하는 이유를 알려준 것에 대한 고마움이 드러난다.
④ [A]에서는 글쓴이가 현재 위치한 공간에서 느낀 성찰적 인식의 과정을 제시하고 있다.
⑤ (나)와 [A]에서는 모두 화자 혹은 글쓴이 주변의 자연물을 구체적으로 묘사한 후 소감을 드러내고 있다.

27. <보기>를 참고하여 (가)와 (다)를 감상한 내용으로 적절하지 않은 것은? [3점]

<보 기>

자연물은 인간과 같이 살아가야 하는 존재이지만, 인간의 욕구를 충족시키기 위해 생활과 생산에 활용되는 필수적이고 주된 요소이기도 하다. 그렇기에 문학 작품에서 자연물은 인간에게 단지 흥취와 완상을 위한 대상, 생활에 필요한 생산 요소, 감정을 이입하고 공유하는 대상 등 다양한 역할로 등장한다. 같은 문학 작품 안에서도 자연물에 대한 다양한 인식이 드러날 수 있으므로 맥락을 통한 이해가 필요하다.

① (가)에서 '고사리'로 '조석'을 해결하는 것은 인간의 욕구를 충족하기 위해 자연물을 활용하는 것이라 볼 수 있겠군.
② (가)에서 '미늘'이 없는 낚대로 낚시를 하는 것은 '저 고기'를 생산에 필요한 요소가 아닌 완상의 대상으로 바라보고 있기 때문이겠군.
③ (다)에서 '동물'을 '완벽한 소비자'라고 본 것은 식물과 달리 동물은 생산 활동에 거의 기여하는 것이 없음을 전제한 것이겠군.
④ (다)에서 '자연을 오로지 생산의 요소로 규정하는' 것을 폭력적이라 본 것은 자연뿐 아니라 인간도 생산 활동에 참여해야 함을 강조한 것이겠군.
⑤ (다)에서 베어 낸 나무 그루터기에 '올라서지 않는' 이유에는 인간의 생산 요소로 희생되는 자연물의 고통이 전제되어 있겠군.

[28~31] 다음 글을 읽고 물음에 답하시오.

[앞부분의 줄거리] 숙종의 후궁 장씨가 왕자를 낳자 숙종이 애지중지하였는데, 그 왕자가 죽은 채로 발견된다. 숙종은 중전이 왕자를 죽인 줄 알고 중전을 폐위하려 하는데, 신하들은 이에 반대하는 상소를 올린다. 숙종이 크게 노하여 상소한 사람들을 잡아들이니 박태보가 모든 책임을 지고 잡혀 들어간다.

"빨리 ⓐ자백하라."
판의금(判義禁)*이 말하니, 태보 얼굴을 들어
"자네는 헤아려보게. 내 무슨 죄가 있어 자백하리라고 이같이 협박하는가."
판의금이 잠잠히 듣고 나서 아뢰길,
"저하. 시형*은 비록 무궁하오나 자백할 뜻은 하나도 없사옵나이다."
"심히 미련하도다, 이놈아. 자백하면 석방해주려 하나, 종시 자백하지 아니하니 심히 미혹하도다."
라고 상이 이르되, 태보 왈
"㉠신을 속이심은 어쩐 일이시나이까."
이에 상이 친히 국문하고 시형했는데, 이것이 참혹하고 또 오래 걸렸고, 또한 옥체 편치 못한 기색이 있었다. 이에 상이 전내로 들어가되, 계속하여 장문*하라 하고 말하기를,

[A] "박태보의 악독함은 내 일찍 알고 있었다만, 내 시형을 충분히 했음에도 종시 얼굴을 고치고 통곡하는 소리가 없구나. 괴독하고 또 극악하기가 매우 심하도다."
사월 이십오일 밤에 형을 받기 시작하여 이튿날 진시에 끝이 났다. ㉡형문이 세 차례요, 압슬형*이 두 차례요, 화형이 두 차례요, 낙형*이 여러 번이었다. 함께 상소한 사람들이 의금부 문 앞에 엎드려 대죄(待罪)하다가, 태보가 형벌을 받음을 듣고 눈물 흘리지 않는 자가 없었다. 그 같은 사대부가 누명을 쓰니 어찌 안타깝지 않을 수 있겠는가.

(중략)

태보가 의금부로 향할 때, 창 메인 군사 좌우에 나열하였다. 종일 박필순(朴弼純)이가 군사를 헤치고 들어가 이불을 열고 손을 잡고 무수히 위로하였다. 이에 태보가
"내 마음과 몸이 이미 정해진 지 오래입니다. 다시 물어 무엇하겠습니까. 죄가 없더라도 신하는 상께서 내리는 형을 달게 받아야 할 따름입니다."
하고, 금부로 들어갔다.
㉢그때 그 부친은 교외에 있어 미처 부자 서로 보지 못하였다. 태보가 이미 금부로 들어감을 듣고 서신을 보내기를,
"네 글을 써서 보내줄 수 있겠느냐. 걱정되는구나."
이에 태보가
"조정에서 내가 역모를 꾸몄다 누명을 씌우니, 부자간 마음은 편하지 못하고 거북하구나."
라고 한탄하였다. 다음날도 역시 태보는 의금부로 끌려가 취조를 당하였다. 영의정 권대운이 상에게 말하기를,
"태보의 죄는 만 번 죽어도 아깝지 않사옵나이다. 허나 다시

태형을 집행하면 그 또한 가련하니, 청하건대 ⓑ유배를 보내는 것이 좋을 것 같습니다."

상이 듣기에 맞는 말이라 생각하였다. 이에 태보가 멀리 떨어진 섬에 유배됨이 결정되어 의금부를 빠져나왔는데, ㉣그 얼굴을 보려 사람이 종로에 가득 차 길을 분간치 못할 정도였다. 그들이,

"현인의 안면을 이렇게 보게 될 줄 몰랐구나."

하고 서로 어깨를 이어 거리에 늘어섰다.

이후 태보는 부모 댁에 들리어 억울한 마음을 위로하였다. 해가 지자, 유배길을 담당한 관원이 말했다.

"해가 이미 저물고 있습니다. 병이 깊어 몸도 안 좋으신데, 성 안에서 하루 쉬었다 가는 것이 좋을 것 같습니다."

그러자 태보가,

"내 목숨이 얼마 남지 않은 것은 사실이다. 그러나 아직 움직일 수 있는 몸이다. 내 죄명이 매우 중해 빨리 유배해야 하는데 어찌 오래 머무를 수 있겠는가."

하고 남문 밖으로 나와 길을 재촉했다. 이 광경을 보고 태보가 탄 수레를 이끄는 노인이 말하기를,

"㉤이 나리는 편안하게 모시지 않지 못하겠구나."

하니, 태보의 인물됨을 옆에 있던 모두가 칭찬하였다.

[B] 밤중 남대문 밖에 나가니 태보의 양어머니가 있었다. 그녀는 어려서부터 태보를 맡아 키워, 그를 생각하는 마음이 마치 자기가 낳은 자식에 대한 마음 같았기에, 태보의 몸이 병약한 말처럼 성치 못함을 알고 가슴을 치며 서러워하였다.

"죽지 않고 오늘날 다시 어머니를 볼 수 있으니 이는 하늘의 도우심입니다. 저는 비록 죽을 것이나 이는 어쩔 수 없는 일입니다. 부디 어머니께서는 너무 마음 아파하지 말아 주실 수 있겠습니까."

라고 오히려 태보가 위로하였다.

- 작자 미상, 「박태보전(朴泰輔傳)」 -

* 판의금: 의금부의 가장 높은 벼슬. 주로 역모를 꾸민 죄인을 심문한다.
* 시형: 형벌을 시행함.
* 장문: 곤장을 치며 심문함.
* 압슬형: 무거운 것으로 누르는 형벌.
* 낙형: 뜨거운 것으로 지지는 형벌.

28. 윗글의 내용에 대한 이해로 가장 적절한 것은?

① 태보는 고문에 못 이겨 판의금에게 자신의 죄를 자백한다.
② 상은 태보에게 죄가 없음을 깨닫자마자 전내로 들어간다.
③ 권대운은 상에게 태보의 태형을 멈추어야 한다고 주장한다.
④ 태보는 자신이 중한 죄를 지었다고 생각한다.
⑤ 양어머니는 태보를 걱정하는 마음에 유배길을 재촉한다.

29. ⓐ와 ⓑ에 대한 설명으로 가장 적절한 것은?

① ⓐ를 강요당하며 다양한 형을 받던 태보는, ⓑ를 떠나는 것 역시 달게 받아들인다.
② ⓐ를 통해 왕자를 죽인 범인을 알게 된 상은, ⓑ를 통해 범인의 처벌을 유보시킨다.
③ ⓐ를 요구하는 사람에게 반감을 가진 태보는, ⓑ를 통해 사람들에게 사건의 전말을 알린다.
④ ⓐ를 원하는 이들의 목적을 알아낸 태보는, ⓑ를 떠나는 것을 통해 그 목적을 이룰 수 없게 한다.
⑤ ⓐ를 얻어내기 위해 태보를 고문하던 상은, ⓑ를 통해 태보의 태도를 변화시켜 입을 열고자 한다.

30. [A], [B]에 대한 설명으로 적절하지 않은 것은?

① [A]와 [B]는 모두 다른 인물의 행동을 제시하며 안타까워하는 심리를 드러내고 있다.
② [A]와 [B]는 모두 시공간적 배경을 구체적으로 드러내어 사건의 사실성을 높이고 있다.
③ [A]는 나열적 서술을 통해, [B]는 비유적 표현을 통해 주요 인물의 비극적 상황을 부각하고 있다.
④ [A]는 역순행적 구성 방식을 통해, [B]는 순행적 구성 방식을 통해 사건의 인과성을 부각하고 있다.
⑤ [A]는 편집자적 논평을 통해, [B]는 인물의 부탁하는 어조를 통해 중심인물의 됨됨이를 짐작할 수 있다.

31. <보기>를 참고하여 ㉠~㉤을 이해한 내용으로 적절하지 않은 것은? [3점]

<보 기>

독자는 문학 작품을 감상함으로써 정서적인 감흥과 감동을 얻고, 인물에게 공감하는 경험을 통해 문학 작품을 인상적으로 받아들인다. 작품의 예술적 완성도는 독자가 문학 작품을 얼마나 인상 깊게 받아들이냐에 따라 평가되기도 하는데, 「박태보전」 역시 이러한 방식으로 평가할 수 있다.

① ㉠에서 드러난 태보가 상의 말에 반박하는 모습을 통해, 독자는 태보가 보여 주었던 강직한 면모에 깊은 감흥을 얻을 수 있다.
② ㉡에서 드러난 태보에게 가해졌던 형의 잔인한 모습을 통해, 독자는 당시 태보가 느꼈을 억울함과 고통에 깊이 공감할 수 있다.
③ ㉢에서 드러난 부친이 태보를 만나지 못하는 모습을 통해, 독자는 태보의 부친이 느꼈던 심정을 상상하며 안타까워할 수 있다.
④ ㉣에서 드러난 태보를 보기 위해 가득 찬 사람들의 모습을 통해, 독자는 사람들이 모일 만큼 높은 태보의 인품에 깊은 감동을 얻을 수 있다.
⑤ ㉤에서 드러난 태보를 태워야 할 노인이 말하는 모습을 통해, 독자는 긴 유배길 동안 수레를 끌 노인의 슬픈 신세에 공감할 수 있다.

[32~34] 다음 글을 읽고 물음에 답하시오.

(가)

감나무쯤 되랴,
서러운 노을빛으로 익어 가는
㉠내 마음 사랑의 열매가 달린 나무는!

이것이 제대로 벋을 데는 ㉡저승밖에 없는 것 같고
그것도 내 생각하던 사람의 등 뒤로 벋어 가서
그 사람의 머리 위에서나 마지막으로 휘드러질까 본데,

그러나 그 사람이
그 사람의 안마당에 심고 싶던
느껴운 열매가 될는지 몰라!
새로 말하면 그 열매 빛깔이
전생(前生)의 내 전(全) 설움이요 전(全) 소망인 것을
알아내기는 알아낼는지 몰라!
아니, 그 사람도 이 세상을
㉢설움으로 살았던지 어쨌던지
그것을 몰라, 그것을 몰라!

- 박재삼, 「한(恨)」 -

(나)

내가 그의 이름을 불러 주기 전에는
그는 다만
하나의 몸짓에 지나지 않았다.

내가 그의 이름을 불러 주었을 때
그는 나에게로 와서
꽃이 되었다.

내가 그의 이름을 불러 준 것처럼
나의 이 빛깔과 향기에 알맞은
㉣누가 나의 이름을 불러 다오.
그에게로 가서 나도
그의 꽃이 되고 싶다.

우리들은 ㉤모두
무엇이 되고 싶다.
너는 나에게 나는 너에게
잊혀지지 않는 하나의 눈짓이 되고 싶다.

- 김춘수, 「꽃」 -

32. (가)와 (나)에 대한 설명으로 가장 적절한 것은?

① (가)와 (나)는 모두 반어적 표현을 사용하여 화자의 비판적인 태도를 나타내고 있다.
② (가)와 (나)는 모두 화자와 소재 사이의 대립적 관계를 바탕으로 주제 의식을 제시하고 있다.
③ (가)와 (나)는 모두 자연적 소재를 이용하여 계절의 변화를 나타내고 있다.
④ (가)에서는 영탄적 어조를, (나)에서는 독백적 어조를 사용하여 시상을 전개하고 있다.
⑤ (가)에서는 동일한 시구를 반복하여, (나)에서는 공감각적 표현을 사용하여 화자의 인식의 변화를 드러내고 있다.

33. ㉠~㉤을 중심으로 (가)와 (나)를 이해한 내용으로 적절하지 않은 것은?

① ㉠을 보면 '사랑의 열매'는 화자가 사랑하는 대상에게 전하는 마음으로 형상화되어 있음을 알 수 있다.
② ㉡을 보면 '생각하던 사람'은 현재 화자 곁에 존재하지 않는 대상으로 형상화되어 있음을 알 수 있다.
③ ㉢을 보면 '그 사람'은 화자가 정서적 동질감을 느끼는 대상으로 형상화되어 있음을 알 수 있다.
④ ㉣을 보면 '나'는 타인으로부터 스스로의 본질을 확인하는 존재로 형상화되어 있음을 알 수 있다.
⑤ ㉤을 보면 '무엇'은 사회적 차원으로 인식되는 가치 있는 존재로 형상화되어 있음을 알 수 있다.

34. <보기>를 바탕으로 (가)와 (나)를 이해한 내용으로 적절하지 않은 것은? [3점]

<보 기>

시 작품 속에서 수식언, 즉 관형어나 부사어에는 그것이 수식하는 다양한 존재, 시공간, 상황이나 동작 등에 대한 화자의 관점과 태도가 반영되어 있다. 따라서 시를 읽을 때 관형어나 부사어의 의미 및 기능을 파악하려는 것은 효과적인 독서 방법이다.

① (가)에서 '내 생각하던'은 '사람'을 수식하는 말로, 대상에 대해 화자가 지닌 소망을 짐작하게 해 주고 있군.
② (가)에서 '느껴운'은 '열매'를 수식하는 말로, 화자가 보고 싶어 하는 존재를 방해하는 장애물에 대한 원망의 감정이 투영되어 있군.
③ (가)에서 '내 전(全)'은 '설움'을 수식하는 말로, 화자의 서러운 마음이 그 대상에게만 전부이고 절대적이었음을 짐작하게 해 주고 있군.
④ (나)에서 '나의'는 '빛깔'이나 '향기'를 수식하는 말로, 화자가 타인으로부터 인식 받고 싶은 소망이 투영되어 있군.
⑤ (나)에서 '잊혀지지 않는'은 '눈짓'을 수식하는 말로, 서로의 존재를 인식하는 상호적 관계에 대한 소망을 반영하고 있군.

* 확인 사항

○ 답안지의 해당란에 필요한 내용을 정확히 기입(표기)했는지 확인하시오.

○ 이어서, 「선택과목(화법과 작문)」 문제가 제시되오니, 자신이 선택한 과목인지 확인하시오.

제 1 교시

국어 영역(화법과 작문)

[35~37] 다음은 학생의 발표이다. 물음에 답하시오.

안녕하세요? 이번 수업 발표를 맡게 된 ○○○입니다. 여러분, 혹시 '유네스코 인류무형문화유산'에 대해 기억하시나요? (반응을 듣고) 네, 저번 역사 시간에 소개된 내용이다 보니 다들 익숙하실 텐데요. 오늘 저는 작년 12월, 한국의 스물한 번째 유네스코 인류무형문화유산으로 등재된 '연등회'에 대해 발표하겠습니다.

연등회는 부처님 오신 날이 있는 4월에서 5월 사이 전국 각지의 절과 도시에서 펼쳐집니다. 소회 연등회와 대회 연등회 총 2회에 걸쳐 행사가 진행되는데요. 그중 소회 연등회는 관불의례, 연등 행렬과 회향 한마당의 순서로 이루어집니다. (영상을 보여 주며) 관불의례에서 불상을 목욕시키는 아이의 모습이 보이시죠? 연등 행렬과 회향 한마당에 갖가지 전등이 동원된 모습도 참 아름답네요.

연등회는 유구한 역사를 가진 행사이기도 한데요. 통일 신라 때부터 개최되었다는 게 확인된다고 합니다. 신라 시대와 고려 시대까지는 불교적 행사로 치러졌지만, 조선 시대부터는 민속 행사로 행해졌고 해방 이후 더욱 확대되어 우리나라의 중요한 축제이자 문화 행사로 발전해 나갔습니다. 오늘날에는 다양한 문화 행사가 더 곁들여지며 세계와 문화적 교류를 하는 장으로서의 역할까지 하고 있습니다. 문화재청에 따르면 연등회는 이처럼 시대를 지나 이어지며 재창조되고, 공동체에 정체성과 연속성을 부여한다는 점에서 세계적인 가치를 인정받을 수 있었다고 합니다.

지금까지 연등회에 대해 설명해 드렸습니다. 아쉽게도 작년과 올해에는 코로나19로 인해 오프라인 행사의 규모가 대폭 축소되고 말았습니다. 우리 학교 학생들이 매년 즐겼던 학교 근처 사찰 □□사의 행사도 참여가 제한되어 아쉬운 반응을 불러일으켰었죠. 대신 온라인 비대면 행사가 새롭게 활성화되었는데요. 최소한의 인원으로 진행되는 오프라인 행사를 중계하고, 전통 등 만들기 강습, 전통문화 공연 영상을 올리는 등 풍성한 즐길 거리를 제공하며 행사의 새로운 장을 열고 있다고 합니다. 내년에는 온라인으로도 간편하게 연등회를 즐겨보는 건 어떨까요? 이상으로 발표를 마치겠습니다.

35. 발표에 반영된 학생의 말하기 방식으로 가장 적절한 것은?

① 질문을 던져 청중의 경험을 상기하며 발표를 시작하고 있다.
② 발표의 핵심적인 내용을 요약하며 마무리해 청중의 이해를 돕고 있다.
③ 출처가 명확한 통계 자료를 활용하여 발표 내용의 신뢰성을 높이고 있다.
④ 발표 대상과 관련된 자신의 경험을 사례로 들어 청중의 흥미를 유발하고 있다.
⑤ 발표 순서를 앞부분에 제시하여 청중이 내용을 예측하며 들을 수 있도록 하고 있다.

36. 다음은 위 발표를 위해 사전에 청중을 분석하여 세운 발표 계획이다. 발표 내용에 반영되지 않은 것은?

○ 사전 지식
- 수업 시간에 유네스코 인류무형문화유산을 다루었으니까, 그중 하나의 사례를 주제로 발표해야겠다. ············ ①
- 연등회의 가치를 잘 모르는 학생들이 있을 테니, 행사의 역사를 소개해 이해를 도와야겠다. ············ ②

○ 요구
- 연등회에 직접 참여하기 어려운 학생들을 위해 비대면 활동도 존재한다는 것을 알려줘야겠다. ············ ③

○ 지역
- 학교 가까운 곳에 사찰이 있으니, 그곳에서 발표 내용과 관련된 체험을 해 보자고 제안해야겠다. ············ ④

○ 관심사
- 연등회의 행사 모습을 구체적으로 알고 싶은 학생들이 있을 테니, 행사 현장을 담은 영상을 보여 줘야겠다. ············ ⑤

37. <보기>는 위 발표를 들으며 청중이 보인 반응이다. 발표를 고려하여 청중의 반응을 이해한 내용으로 적절하지 않은 것은?

<보 기>

청자1: 평소에 익숙했던 행사인데도 역사를 잘 알지 못했는데, 그 부분을 알게 되어 좋았어. 그런데 2회에 걸쳐 행사가 이루어진다고 했으면서도 소회 연등회에 대한 설명밖에 없어서 아쉬웠어.
청자2: 유네스코 인류무형문화유산에 등재되려면 해당 유산이 등재 신청국 자체 무형유산 목록에도 포함되어 있어야 한다고 알고 있는데, 그럼 연등회는 국가무형문화재로도 지정되어 있겠구나. 국가무형문화재에 대해서도 찾아봐야겠어.
청자3: 연등회는 전국민이 모여 즐기던 행사인데, 온라인 위주로 전환되면서 발생한 어려움도 있지 않을까? 이에 대한 사람들의 반응을 말해주지 않아 아쉽다. 내년에는 행사에 직접 참여해서 문제점에 대해서도 알아봐야겠어.

① 청자1은 이전에 몰랐던 사실을 발표로 알게 된 것을 긍정적으로 생각하고 있군.
② 청자2는 자신의 배경지식을 활용해 발표에서 언급되지 않은 부분에 대해 추론하고 있군.
③ 청자3은 발표자가 제시한 정보의 정확성에 의문을 제기하며 들었군.
④ 청자1과 청자3은 모두 발표에서 누락된 내용을 부정적으로 생각하고 있군.
⑤ 청자2와 청자3은 더 알아보고 싶은 내용을 떠올리며 발표를 들었겠군.

[38～42] (가)는 학생과 선배의 인터뷰 내용이고, (나)는 이를 바탕으로 학생이 작성한 초고이다. 물음에 답하시오.

(가)

학생: 안녕하세요? 선배님을 이렇게 만나 뵙게 되어 영광입니다. ㉠본격적인 질문을 드리기 전, 우선 10년 만에 모교를 방문한 기분이 어떠신가요?

선배: 처음 교문에 들어섰을 땐 오랜만에 방문한 학교라 많이 어색하고 낯설었지만, 이곳저곳을 자세히 둘러보니 제가 학교 다닐 때의 모습이 남아 있어 다시 그 시절로 돌아간 느낌이 들었어요.

학생: 선배님의 학창 시절이 궁금해지는데요. 본격적으로 몇 가지 질문을 드리겠습니다. ㉡선배님께서 방송에 출연하셔서 스피치 강사로 본인을 소개하신 것을 보았습니다. 저에겐 스피치 강사라는 직업이 많이 생소한데요. 어떤 일을 하는지 간단하게 설명 부탁드립니다.

선배: 전문적인 스피치 교육을 통해 사람들이 꿈을 이루는 데 도움을 주는 직업이라고 할 수 있을 것 같습니다. 상급 학교 진학을 위한 진로 면접 교육, 리더십 스피치 교육은 물론이고 회사원들을 대상으로 한 대중 연설, 설득을 위한 프레젠테이션 스피치 교육 등 다양한 대상에게 필요한 스피치 교육을 통해 삶의 목표를 이룰 수 있도록 도와주고 있습니다.

학생: ㉢저는 선배님과 이렇게 인터뷰하는 것도 떨리고 긴장되는데, 많은 사람들 앞에서 이야기하고 가르치기까지 하신다니 정말 멋있으세요. 선배님께서 스피치 강사가 되겠다고 생각한 특별한 계기가 있으신가요?

선배: 생각해 보면 어릴 적부터 저는 다른 사람들 앞에서 말하는 것을 엄청 좋아했던 것 같아요. 조별로 준비한 내용을 발표하거나 축제 사회를 보는 일 등을 도맡아 했었죠. 그런데 고등학교 2학년 때, 학교 대표로 축제 사회를 보던 중 크게 실수를 한 적이 있어요. 그때부터 실수를 반복하지 않기 위해 말을 더 잘하는 방법에 대해 공부하고 자율 학습 시간에도 방송 원고를 펴 놓고 연습했었습니다. 이후 제가 알게 된 스피치 기법과 성취감을 다른 사람들과 공유하고 싶어 스피치 강사가 되었고요.

학생: ㉣선배님께서는 실수를 계기로 스피치에 대해 본격적으로 공부하고 연습하셨다고 하셨는데, 구체적으로 어떤 노력을 하셨나요?

선배: 스피치에서 가장 중요한 것은 정확한 발음과 억양이라고 생각하여 원고를 반복적으로 읽고 연습하였습니다. 또 다양한 방송을 보면서 각각의 사람들이 지닌 장단점을 분석하고 저만의 스피치 노트를 만들었습니다. 그렇게 관심을 갖고 공부하다 보니 저만의 비결도 만들 수 있었습니다.

학생: 그렇군요. 선배님, 제가 이번 주에 '산호초의 위기'라는 제목으로 저희 조가 조사한 보고서를 발표하는데요. 발표를 잘할 수 있을지 걱정이 많습니다. 조원들이 열심히 조사했기에 자료 준비는 완벽한데 사실 제가 많은 사람들 앞에서 발표해 본 경험도 없고, 또 사람들이 저에게 집중하면 긴장을 많이 하거든요.

선배: ____ⓐ____

학생: 감사합니다. 선배님 말씀대로 해 볼게요. 끝으로 저를 포함한 많은 후배들에게 한 말씀 부탁드립니다.

선배: 스피치에서도 그렇지만 모든 일에서 중요한 것은 자신감이라고 생각합니다. 불확실한 미래에 불안하고 조급함을 느낄 때도 있겠지만 내가 좋아하는 것, 하고 싶은 것이 무엇인지 고민하면서 나만의 삶의 목표를 찾을 수 있다는 확신과 믿음을 갖는 것이 중요합니다. 작은 씨앗은 주변의 큰 나무를 부러워하겠지만 세상의 모든 것은 작은 씨앗에서 비롯되었음을 기억하고 매순간 자신의 꿈을 향해 전진하길 바랍니다.

학생: 아! ㉤자신을 믿고 목표를 세워 도전하는 자세를 가지라는 말씀이시죠? 좋은 말씀 감사합니다.

(나)

[작문 과제] 직업 체험 활동 인터뷰 후 소감문 쓰기

<상호 평가를 통한 고쳐 쓰기>

[학생의 초고]

많은 사람이 부와 명예를 가진 성공한 삶을 꿈꾼다. 그것을 이루면 행복할 것이라고 믿으면서 말이다. 나 역시도 명문 대학에 진학하여 취업을 하고 돈을 많이 벌면 행복하고 성공한 삶이라고 생각하며 공부했다. 하지만 오늘 선배님과의 인터뷰 과정에서 내 인생에 대한 깊은 고민에 사로잡히어지게 되었다.

무엇을 위해 달리는지도 모른 채 경주마처럼 그저 무작정 앞만 보고 가기보다는 '내가 하고 싶은 일은 무엇인가', '내가 진정으로 원하는 일은 무엇인가'를 끊임없이 고민해야 한다는 선배님의 말씀이 인상적이었다. 그리고 성공이란 자신이 진짜 하고 싶은 일을 함으로써 얻는 행복에서 오는 것으로, 성공에 도달하는 사람은 그렇지 않은 사람과 달리 확실한 목표가 있음을 깨달았다. 단순히 '～하고 싶다', '～가 되고 싶다'라고 생각하는 것이 아니라 그렇게 되기 위해 구체적으로 내가 해야 할 일이 무엇인지 머릿속에 청사진을 그리는 과정이 필요한 것이다. 여전히 내가 잘 모르고 있는 직업이 많으므로 좀 더 다양한 직업을 탐색하는 기회를 가져야겠다.

현재 내 주위에도 자신이 무엇을 원하는지 모르는 친구들이 많다. 하지만 '백지장도 맞들면 낫다'라는 말처럼 조급해하지 말고 자신의 목표와 꿈을 찾기 위해 노력하면 된다. 나 역시도 내가 무엇을 원하는지 진지하게 고민해 본 적이 없었기에 어려운 일이 생기면 좌절하고 금방 포기했던 것 같다.

[A]

38. ㉠~㉤의 말하기 방식으로 적절하지 않은 것은?

① ㉠: 중심 화제와 관련된 상대방의 경험을 언급하여 원활한 대화가 이루어지게 하고 있다.
② ㉡: 자신의 배경지식을 적절하게 활용하여 상대방과 대화를 진행하고 있다.
③ ㉢: 자신의 심경을 밝히고, 상대방의 말에 긍정적으로 반응하며 듣는 태도를 드러내고 있다.
④ ㉣: 상대방이 언급한 내용과 관련하여 궁금한 점에 대해 설명을 요청하고 있다.
⑤ ㉤: 상대방의 말을 요약하며 자신의 이해 정도를 확인하고 있다.

39. (가)의 내용으로 볼 때, ⓐ에 들어갈 말로 가장 적절한 것은? [3점]

① 완벽하게 발표해야 한다는 압박감을 느끼고 있는 상황이므로 다양한 자료를 사전에 충분히 준비하여 예상 질문에 대비하는 것이 좋습니다.
② 발표 경험 부족으로 인해 부담감을 느끼고 있는 상황이므로 미리 조원들 앞에서 발표 내용을 연습하면서 자신감을 가지는 것이 필요합니다.
③ 발표 준비가 부족하다고 생각하여 걱정하고 있는 상황이므로 자료를 다시 한 번 살펴보면서 발표할 내용들을 모두 암기한다면 실수를 줄일 수 있습니다.
④ 자신에 대한 부정적인 자아 개념으로 인해 불안을 느끼고 있는 상황이므로 자신을 믿고 잘할 수 있다고 자기 암시를 하면서 두려움을 이겨내 보는 것이 좋습니다.
⑤ 발표 실패 경험으로 인해 두려움을 느끼고 있는 상황이므로 발표 원고에 자신만이 알아볼 수 있는 기호를 적어 강조할 부분을 잊지 않도록 표시하여 틈틈이 보는 것이 좋습니다.

40. (가)의 대화 내용을 바탕으로 (나)를 작성했다고 할 때, (나)에 반영된 양상으로 가장 적절한 것은?

① (가)에서 학생이 스피치 강사가 어떤 일을 하는지 질문한 내용이, (나)에서 학생이 '내 인생에 대한 깊은 고민'을 하도록 유도하였다.
② (가)에서 학생이 선배와의 인터뷰에서 긴장감을 느낀 것이, (나)에서 학생이 '조급해하지 말고 나의 목표와 꿈을 찾기 위해 노력해야겠다'는 다짐을 유발하였다.
③ (가)에서 학생이 조별 발표를 잘하기 위해 선배로부터 구한 조언의 내용이, (나)에서 '구체적으로 내가 해야 할 일이 무엇인지 머릿속에 청사진을 그리는 과정'으로 표현되었다.
④ (가)에서 10년 만에 모교에 방문한 것에 대한 선배의 감회가, (나)의 '명문 대학에 진학하여 취업을 하고 돈을 많이 벌면 행복하고 성공한 삶이라고 생각하며 공부했다'에서 드러났다.
⑤ (가)에서 선배의 조언은, (나)의 '내가 하고 싶은 일은 무엇인가, 내가 진정으로 원하는 일은 무엇인가를 끊임없이 고민해야 한다는 선배님의 말씀'에서 부분적으로 제시되었다.

41. <보기>는 '학생'이 초고를 쓰고 나서 선생님과 나눈 대화의 일부이다. <보기>를 고려할 때, [A]에 들어갈 내용으로 가장 적절한 것은?

<보 기>

학생: 글의 끝부분이 제대로 작성되지 않은 것 같아요. 어떻게 보완하면 좋을까요?
선생님: 인터뷰에서 선배가 마지막으로 강조했던 조언을 떠올리면서 앞으로의 다짐을 제시하며 글을 마무리 짓는 것이 좋을 것 같구나.

① 선배님이 누구나 자신이 원하는 일이 있지만 그 일을 현실로 실현하는 것은 쉽지 않다고 하신 만큼 경쟁에 뒤처지지 않게 꾸준히 자기 계발을 하며 살아야겠다.
② 선배님이 모든 일에는 자신감이 가장 중요하다고 하신 만큼 다른 사람에게 인정받는 사람이 되도록 내가 잘하는 일이 무엇인지 알기 위해 최선을 다해야겠다.
③ 선배님이 자신에 대한 믿음을 갖고 있는 것이 중요하다고 하신 만큼 나 자신이 가진 가능성을 믿고 나의 목표를 이루기 위해 끊임없이 노력하는 삶을 살아야겠다.
④ 선배님이 자신의 관심 분야가 무엇인지 고민하고 탐색하는 자세가 중요하다고 하신 만큼 내 습관 중 개선할 점을 살펴보고 타인과 조화를 이루는 삶을 살아야겠다.
⑤ 선배님이 자신이 하고 싶은 일이 무엇인지 질문하는 자세가 중요하다 하신 만큼 열린 마음으로 주변 사람들에게 나의 장점을 질문하면서 꿈을 구체화하기 위해 노력해야겠다.

42. (나)에 대한 '학생 2'의 상호 평가 내용으로 적절하지 않은 것은?

① 1문단은 이중 피동이 사용된 말이 있어.
② 2문단은 마지막 문장이 문맥에 맞지 않아.
③ 2문단은 문장 성분 간의 호응이 맞지 않아 글의 응집성이 낮아.
④ 3문단은 관용적 표현의 쓰임이 잘못되었어.
⑤ 3문단은 문장을 잘못 배열하여 내용 연결이 부자연스러워.

[43~45] 다음은 작문 상황과 이를 바탕으로 작성한 학생의 초고이다. 물음에 답하시오.

작문 상황: 데이 문화의 위험성을 알리는 글을 써서 교지에 실으려 함.

학생의 초고

최근, 밸런타인데이, 화이트데이, 짜장면데이, 삼겹살데이 등 다양한 데이 문화가 학생들 사이에서 성행하고 있다. 데이 문화란, 특별한 날에 '~데이'를 붙이는 문화를 말한다. '데이'가 오면 사람들은 특정한 선물을 주고받으며 그날을 기념한다.

이러한 데이 문화는 인간관계를 더욱 돈독하게 해 주는 역할을 하기도 한다. 평소에 전하지 못했던 마음을 전하는 계기가 되기도 하고, 서로의 마음을 확인하는 계기가 되기도 한다. 하지만 지나치게 많은 '데이'들이 무분별하게 생겨나면서 문제점들도 발생하고 있다.
첫 번째로, 데이 문화는 기업의 상업적인 의도로 만들어진 경우가 많다. 특정한 '데이'가 가까워지면 마트나 편의점은 온통 관련된 제품들로 가득 찬다. 그저 제품을 홍보하고 판매하기 위한 용도로 데이 문화가 사용되는 것이다. 결국 이익은 제품과 관련된 기업에게로 돌아간다. 그뿐만 아니라 상업적인 데이 문화는 청소년들에게 금전적인 부담을 주게 된다.
두 번째로, 데이 문화로 인해 소외감을 느끼는 사람이 생길 수 있다. 선물을 받지 못한 사람은 수치심이나 인간관계에 대한 회의감과 같이 부정적인 감정을 느끼게 된다. 특히, 학교나 교실 등에서 모여서 생활하는 청소년들의 경우, 상대적인 박탈감을 더욱 심하게 느낄 수 있다.
데이 문화는 분명 관계를 더욱 돈독히 하고 사회적 분위기를 역동적으로 만든다는 장점이 있다. 하지만, 여러 문제점이 있다는 것 역시 인지해야 한다. [A]

43. 다음은 초고를 작성하기 전에 학생이 떠올린 생각이다. ⓐ~ⓔ 중 학생의 초고에 반영되지 않은 것은?

- 데이 문화의 구체적인 예시를 들면서 글을 시작해야겠어. ⓐ
- 데이 문화의 개념을 정의해서 이해를 도와야겠어. ············ ⓑ
- 순서를 나타내는 표지를 사용해서 글의 가독성을 높여야겠어. ············ ⓒ
- 데이 문화의 특징을 그 기원과 관련지어서 설명해야겠어. ····· ⓓ
- 데이 문화의 위험성 중 특히 청소년에게 위험한 점을 언급해야겠어. ············ ⓔ

① ⓐ ② ⓑ ③ ⓒ ④ ⓓ ⑤ ⓔ

44. 다음은 초고를 읽은 교지 편집부 담당 선생님의 조언이다. 이를 반영하여 [A]를 작성한 내용으로 가장 적절한 것은?

"적절한 담화 표지를 사용해 이 글에서 언급된 데이 문화의 문제점을 모두 정리하면서 설의적인 표현으로 마무리하는 것은 어떨까요?"

① 그런데, 인간관계를 돈독하게 해 주는 데이 문화가 부정적으로 언급되는 이유는 무엇일까?
② 따라서, 데이 문화는 마치 양날의 검처럼 장단점을 모두 가지고 있다는 것을 기억해야 한다.
③ 요약하자면, 데이 문화는 청소년에게 금전적으로 부담을 주고, 상대적 박탈감을 느끼게 하므로 없어져야 한다.
④ 결론적으로, 데이 문화는 기업의 마케팅에 주로 이용되고, 소외감을 줄 수 있기 때문에 위험성을 경계하는 것이 좋지 않을까?
⑤ 결국, 데이 문화는 상업적인 목적으로 만들어졌으므로, 주체적인 소비 문화를 만들어 나가기 위해 지양하는 게 좋지 않을까?

45. <보기>는 학생이 초고를 보완하기 위해 추가로 수집한 자료이다. 자료의 활용 방안으로 적절하지 않은 것은? [3점]

<보 기>

ㄱ. 학생 인터뷰
"밸런타인데이 같은 게 없어졌으면 좋겠어요. 못 받으면 괜히 속상하고 우울하고, 안 주면 눈치 보이고. 특히 반 안에서 친구들끼리 누가 몇 개 받았는지 비교하는 게 스트레스에요."

ㄴ. 전문가 인터뷰
"현재 우후죽순으로 늘어난 기념일이 50개가 넘습니다. 챙겨야 할 기념일이 한 달 평균 최소 4개에 이른다는 말입니다. 크리스마스나 밸런타인데이처럼 나름의 전통이 있는 기념일과 달리, 인위적으로 만들어진 '○○데이'가 워낙 많아져 사람들의 피로감도 커지고 있습니다."

ㄷ. 청소년 500명 대상 설문 조사
ㄷ-1. 특정 '데이' 문화에 선물을 주고 받는 등 참여한 적이 있는가?
그렇다 76% 그렇지 않다 24%
ㄷ-2. ㄷ-1에서 그렇다라고 대답했다면, '데이' 문화에 참여한 까닭은 무엇인가?
마트나 편의점에 진열된 상품들을 보고 생각나서 42%
주변 사람들이 많이 참여하길래 36%
마음을 전달하고 싶어서 17%
기타 5%

① ㄱ을 활용하여, 데이 문화가 소외감을 주기도 한다는 4문단의 내용을 구체화한다.
② ㄱ과 ㄷ-2를 활용하여, 데이 문화가 학생들 사이의 동질감을 형성하는 데 도움을 주기도 한다는 내용을 2문단에 추가한다.
③ ㄴ을 활용하여, 지나치게 많은 '데이'들이 무분별하게 생겨난다는 2문단의 내용을 보충한다.
④ ㄷ-1을 활용하여, 데이 문화가 학생들 사이에서 성행하고 있다는 1문단의 내용을 뒷받침한다.
⑤ ㄷ-2를 활용하여, 데이 문화가 상업적인 마케팅으로 이용된다는 3문단의 내용을 보강한다.

* 확인 사항
○ 답안지의 해당란에 필요한 내용을 정확히 기입(표기)했는지 확인하시오.
○ 이어서, 「선택과목(언어와 매체)」 문제가 제시되오니, 자신이 선택한 과목인지 확인하시오.

제 1 교시

국어 영역(언어와 매체)

[35~36] 다음 글을 읽고 물음에 답하시오.

의존 명사는 홀로 쓰이지 못하고 반드시 관형사나 그 밖의 수식어로부터 수식을 받아야만 문장에 쓰일 수 있는 명사를 말한다. 의존 명사는 스스로 의미를 갖기도 하지만, 문장에서 앞뒤의 특정한 말이나 문법 형태와 어울려서 관용적으로 쓰이거나 문법적으로 사용되는 경우가 많다.

의존 명사는 일반적으로 그 앞에 반드시 관형어가 와야 한다. 관형어에는 관형사, 용언의 관형사형, 체언의 관형사형, 수관형사 등 다양한 종류가 있는데, 모든 의존 명사가 모든 관형어의 수식을 받을 수 있는 것은 아니다. ⓐ의존 명사에 따라 그 앞에 오는 관형어가 제한되기도 한다.

ⓑ서술어가 의존 명사에 의해 제약을 받는 경우 역시 존재한다. 예를 들어 '할 줄 안다·모른다'에서의 '줄'은 '안다'와 '모른다'만이 뒤에 쓰일 수 있고, '할 수 있다·없다'의 '수'는 '있다'와 '없다'만이 뒤에 쓰일 수 있다. 또한, '따름', '뿐'은 '이다', '체', '척'은 '하다'만이 뒤에 쓰일 수 있다.

[A] 또한, 의존 명사 중에는 특정 문장 성분에서만 실현되어야 하는 제약이 있는 경우가 많다. 예를 들어 '고향을 떠난 지가 벌써 20년이 넘었다.'의 의존 명사 '지'는 주로 주어에서만 쓰이는데, 이런 점에 근거하여 이와 같은 의존 명사를 주어성 의존 명사라고 한다. 의존 명사에는 주어성 의존 명사 외에도 서술어성 의존 명사, 목적어성 의존 명사, 부사어성 의존 명사, 보편성 의존 명사가 있다. 보편성 의존 명사는 이런 제약이 없는 부류를 가리킨다.

물론 '것'과 같이 주변 환경에 크게 제약을 받지 않는 의존 명사나, 가지고 있는 의미에 따라 제약의 유무가 결정되는 의존 명사도 존재한다. 그러나 앞서 서술한 것과 같이 의존 명사는 다양한 제약을 가지기 때문에 쓰임에 유의해야 한다.

35. ⓐ와 ⓑ를 중심으로 윗글을 이해한 내용으로 적절하지 않은 것은?

① '육 척 키인 사람이 조용히 있다가 한마디 했어.'를 보니, 의존 명사 '척' 뒤에는 서술어 '하다'만이 올 수 있겠군.
② '나는 너희를 만나러 왔을 따름이야.'를 보니, 의존 명사 '따름' 앞에는 용언의 관형사형 '-(으)ㄹ'이 올 수 있겠군.
③ '저 사람은 어머니를 빼다 박은 듯 닮았어.'를 보니, 의존 명사 '듯' 앞에는 용언의 관형사형 '-(으)ㄴ'이 올 수 있겠군.
④ '배가 많이 고플 터인데 어서 먹어라.'를 보니, 의존 명사 '터' 앞에는 용언의 관형사형 '-(으)ㄹ'이 올 수 있겠군.
⑤ '저 사람이 어떻게 할 줄 알고 이러는 거야?'를 보니, 의존 명사 '줄' 뒤에는 서술어 '알다'가 올 수 있겠군.

36. [A]를 바탕으로 <보기>의 ㉠~㉤을 이해한 내용으로 가장 적절한 것은?

<보 기>

(세 사람이 만나 조별 과제를 하는 상황)
제민: 안녕! 너희와 조별 과제를 진행할 ㉠수 있어서 정말 기뻐. 잘 부탁해.
세진: 나도 잘 부탁해. 내가 할 수 있는 ㉡대로 최선을 다해 열심히 할게.
은수: 나도 만나서 반가워. 우리 주제가 뭐였지?
제민: 이번 조별 과제 주제는 '일제 강점기의 우리나라 위인들'이었던 ㉢것 같아.
세진: 주제는 '일제 강점기 이전의 우리나라 위인들' 아니었어? 난 주제가 그거인 ㉣줄 모르고 있었지?
은수: 맞아. 나도 '일제 강점기 이전의 우리나라 위인들'이라고 필기했었네.
제민: 내가 잘못 알고 있었나 봐. 큰일 날 ㉤뻔했네. 미안해 얘들아.
세진: 아니야 괜찮아. 그럼 역할 분담을 해볼까?
은수: 혹시 발표하고 싶은 사람 있어?

① ㉠: '수'는 주로 주어에서 쓰이지만, 다른 자리에도 들어갈 수 있는 보편성 의존 명사이다.
② ㉡: '대로'는 주로 목적어에서 쓰이는 목적어성 의존 명사이다.
③ ㉢: '것'은 주로 주어에서 쓰이는 주어성 의존 명사이다.
④ ㉣: '줄'은 주로 목적어에서 쓰이는 목적어성 의존 명사이다.
⑤ ㉤: '뻔'은 주로 주어에서 쓰이는 주어성 의존 명사이다.

37. <보기>에 대한 이해로 적절하지 않은 것은?

<보 기>

㉠ 해돋이 ㉡ 학여울 ㉢ 닭하고 ㉣ 등굣개

① ㉠은 음운 변동 후 조음 위치와 조음 방법이 모두 달라지는군.
② ㉡에서는 앞말의 끝소리와 뒷말의 첫소리로 인해 새로운 음운이 첨가되는군.
③ ㉢에서는 'ㅎ'과 다른 음운이 합쳐져 한 음운으로 축약되는 현상이 일어나는군.
④ ㉠과 ㉣은 음운 변동 후 음운의 개수가 변하지 않는군.
⑤ ㉢과 ㉣에서는 음절 끝에 똑같은 두 개의 자음이 오지만, 서로 다른 자음이 탈락하겠군.

38. <보기 1>의 ㉠, ㉡에 각각 해당하는 단어를 <보기 2>에서 있는 대로 고른 것은? [3점]

<보기 1>

단어는 한 형태소 또는 형태소의 결합형 중에서 자립하여 쓰일 수 있는 단위를 말한다. 단어는 어근과 접사라는 두 요소로 구성된다. 단어는 어근이나 접사의 결합 여부에 따라 ㉠단일어와 복합어로 나누어지고, 복합어는 다시 합성어와 ㉡파생어로 나누어진다.

<보기 2>

바다, 덮밥, 개구쟁이, 마을, 군침, 웃음

① ㉠: 바다, 마을
㉡: 덮밥, 개구쟁이, 웃음
② ㉠: 바다, 마을
㉡: 덮밥, 군침, 웃음
③ ㉠: 바다, 개구쟁이
㉡: 군침, 웃음
④ ㉠: 바다, 개구쟁이, 마을
㉡: 덮밥, 군침
⑤ ㉠: 바다, 개구쟁이, 마을
㉡: 군침, 웃음

39. <보기>의 ㉠에 들어갈 예로 가장 적절한 것은?

<보 기>

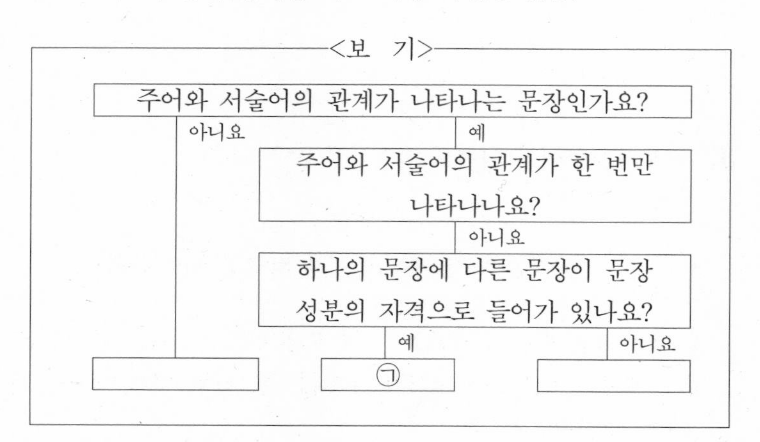

① 아빠는 저녁을 만들었고, 엄마는 설거지를 했다.
② 은성이는 내일모레 고향 제주도로 떠난다.
③ 동생은 카레를 좋아하지만 나는 싫어한다.
④ 언니가 조립한 장난감이 가장 멋지다.
⑤ 영균이는 도서관에서 독서를 했다.

[40~42] (가)는 종이 신문이고, (나)는 (가)를 읽고 누리 소통망(SNS)에 올린 게시글이다. 물음에 답하시오.

(가)

궁문일보 20○○년 ○월 ○일

'가격 표시' 안 한 헬스장 만연…….
공정거래위원회에서 과태료 문다

올해 하반기부터 가격 표시제 도입

올해 하반기부터 체육 시설의 가격을 의무적으로 공개해야 하는 '서비스 가격 표시제'가 도입된다. ㉠이는 가격 명시가 모호하여 방문 상담을 해야 하거나 비싼 가격에 서비스를 소비해야 했던 소비자의 피해와 불편을 개선하기 위함이다.

㉡지난해 공정거래위원회에서 매장 안이나 밖, 홈페이지에 가격을 공개적으로 게시하게 하는 서비스 가격 표시제를 체육 시설에 적용하겠다고 밝혔다. 이 제도가 적용되는 업소는 체육시설법과 그 시행령에서 규정하는 체육 시설이다. 헬스장, 요가·필라테스 학원, 골프연습장, 에어로빅장, 체육도장, 수영장을 비롯해 국내 또는 국제적으로 치러지는 운동 종목의 시설 등이다.

㉢장기 등록을 조건으로 할인을 받을 수 있는 경우에는 구체적인 조건을 명시하게 된다. ㉣예컨대, '월 5 만 원'이 아닌 '1년 회원권을 등록했을 시 월 5 만원'과 같이 구체적으로 제시해야 한다. '월 5 만원'이라는 광고를 보고 체육 시설에 찾아가 등록하려고 보니 1년 회원권 기준이라는 사실을 알게 돼 낭패를 보는 상황을 막기 위한 조치다.

㉤'서비스 가격 표시제' 시행 이후 가격을 공개하지 않는 사업장은 표시광고법에 따라 1억 원 이하 과태료를 물어야 한다. 임원, 종업원 또는 기타 관계인이 가격 표시제를 어길 때에는 1000만 원 이하 과태료가 부과된다.

가격표시제가 도입됨에 따라 누리꾼들 사이에서는 가격을 알아보려고 전화를 걸거나 방문 상담을 해야 하는 불편이 줄어들 것으로 기대하고 있다.

이○○ 기자
2dangdang@△△.co.kr

(나)

ID: hpjemm_

laverisfortress님 외 **여러 명**이 좋아합니다.

마음을 먹고 체육 시설에서 운동을 시작하려고 해도 가격이 명시되어 있지 않아 등록하기가 어려웠다. 항상 전화를 하거나 상담을 받아야만 정확한 가격을 알 수 있었다. 그런데 이번에 '서비스 가격 표시제'가 도입되면서 상담을 받지 않고도 명확히 가격을 알 수 있게 되었다. 소비자가 서비스의 가격을 알 권리를 가진 것은 당연한데, 왜 이제야 이런 제도가 만들어졌는지 싶다. 꼭 체육 시설들이 법대로 가격을 명시했으면 좋겠다.
#서비스가격표시제 #체육시설가격 #공정거래위원회 #운동 #건강

↳ **hellogyun**: 이제 부담스럽게 상담받지 않아도 가격을 알 수 있어서 정말 좋은 것 같아.
↳ **jw0_0w**: 너 정말 운동을 열심히 하는구나!

40. (가)와 (나)에 대한 설명으로 적절하지 않은 것은?

① (가)와 같은 매체는 생산자가 수용자에게 일방향적으로 내용을 전달할 수 있다.
② (나)와 같은 매체는 생산자의 범위가 넓으며 생산자가 실시간으로 내용을 수정할 수 있다.
③ (가)와 같은 매체는 생산자와 수용자가 직접적으로 소통할 수 있다.
④ (나)와 같은 매체는 물리적 한계를 넘어 전 세계 사람들이 같은 주제에 대한 생각을 나눌 수 있다.
⑤ (가)와 같은 매체는 문해력의 차이에 따라 수용 정도에 차이가 있을 수 있다.

41. (가), (나)와 같은 매체 자료를 수용하는 태도로 가장 적절한 것은?

① (가)와 같은 매체 자료를 접할 때 자료의 복합 양식성을 고려하여 시청각 자료를 갖추고 있는지 검토하며 수용해야 한다.
② (가)와 같은 매체 자료를 접할 때 자료의 작품성을 고려하여 심미적 특성을 갖추고 있는지 파악하며 수용해야 한다.
③ (나)와 같은 매체 자료를 접할 때 생산자의 범위를 고려하여 개인적인 의견을 담고 있는지 검토하며 수용해야 한다.
④ (나)는 (가)와 달리 자료의 재생산성을 고려하여 정확한 내용을 담고 있는지 파악하며 수용해야 한다.
⑤ (나)는 (가)와 달리 정보의 속성을 고려하여 전문성을 갖추고 있는지 검토하며 수용해야 한다.

42. (가)의 언어적 특성을 고려할 때, ㉠~㉤에 대한 설명으로 적절하지 않은 것은?

① ㉠: 대용 표현을 사용하여 기사에서 서비스 가격 표시제가 도입된 이유를 설명하고 있다.
② ㉡: 조사 '에서'를 사용하여 제도를 적용하는 행위의 주체를 밝히고 있다.
③ ㉢: 사동 표현을 사용하여 체육 시설이 할인을 명시해야 하는 조건을 서술하고 있다.
④ ㉣: 부사 '예컨대'를 사용하여 가격을 구체적으로 제시하는 예시를 밝히고 있다.
⑤ ㉤: 격식체의 종결 어미를 사용하여 공적인 매체 자료의 특성을 드러내고 있다.

[43~45] (가)는 인터넷 기사의 일부이고, (나)는 (가)를 학교 누리집에 공유했을 때 학생들이 작성한 댓글이다. 물음에 답하시오.

(가)

잔여 백신 새치기, 처벌 못 하나?
'매크로'에 '의사 찬스'까지… 규제 필요해

잔여 백신 접종을 위해 매크로 프로그램을 사용하거나 의사 찬스를 쓰는 것에 대해 형사 처벌을 해야 한다는 목소리가 높아지고 있다.

지난 1일 H사 백신을 특혜 접종받은 xx시 전 부시장과 이들의 특혜 접종에 관여한 xx시 전 보건소장 등 4명이 검찰에 송치됐다. 이들은 "잔여 백신이 버려질 것 같아 재량으로 접종했다"고 해명하였다. 반면 수사기관은 '잔여 백신이더라도 지침 위반을 했고 재량을 넘어섰다'고 보았다.

지난 3월 9일부터는 감염병예방법 제32조에 신설된 "누구든지 거짓이나 그 밖의 부정한 방법으로 예방접종을 받아서는 아니 된다"는 제2항에 따라 이러한 '백신 새치기'는 처벌 대상이 될 수 있다. 이 조항에 따라 백신 접종을 위해 증명서를 허위로 작성하거나 사실과 다른 내용을 제출하는 등 거짓 또는 부정한 방법으로 예방접종을 받으면 200만 원 이하의 벌금이 부과될 수 있다.

하지만 위 사례와 달리 현재 현장에서 가장 많이 발생하고 있는 매크로를 통한 '새치기'나 백신 접종 위탁 의료기관인 병원에 근무하는 의사나 간호사 등 의료인을 통한 '지인 찬스'에 대해서 아직 방역 당국이나 경찰 등 수사기관에서 처벌 대상으로 고려하지 않고 있다.

의사단체와 현장 의료인들은 SNS 예약 시스템에 먼저 올리라는 정부 지침을 그대로 따르기 어렵고, 노쇼 등으로 발생한 잔여 백신을 급하게 소진하기 위해선 지인을 부르는 경우도 있을 수 있다고 하면서 현장의 자율성을 존중해 주어야 한다는 입장이다.

(나)

갑: 매크로를 통해 잔여 백신 접종을 예약하는 것이 부정한 방법이라고 볼 수 있을까? 난 그렇지 않다고 봐. 이걸 부정하다고 보는 것은 기자의 가치 판단이 개입되어 있는 부분이라 마음에 들지 않았어. 또, 이러한 행위에 대해 '형사 처벌을 해야 한다는 목소리가 높아지고 있다'는 근거 자료도 제시되어 있지 않아서 아쉬워.
을: 주변에서 의사 지인을 통해 '백신 새치기'를 하는 것을 종종 봤어. 나는 이 사안이 시급히 법적 규제가 마련되어야 하는 부정한 행동이라고 생각해. 그리고 의사단체와 현장 의료인들의 입장만이 아니라, '백신 새치기'로 인해 피해를 본 사람들의 인터뷰도 담았다면 좋았을 것 같아. 이 문제를 공론화하기 위해 내 개인 SNS에 기사를 공유해야겠어.
병: 감염병예방법과 같은 법률이 제정되었다는 사실을 알게 되어 도움이 되었어. 또한, 법률의 허점에 주목해 이 부분을 지적하는 기사의 치밀함이 돋보이는 걸. 나도 나중에 이렇게 날카로운 시선으로 논제를 분석하는 기자가 되고 싶어졌어. 또, 기자의 가치 판단이 드러난 부분도 매력적이야. 이 기자가 쓴 다른 기사들도 찾아보아야겠어.

43. 매체의 특성을 고려하여 (가)를 이해한 것으로 적절하지 않은 것은?

① '의사단체와 현장 의료인들'의 입장을 부각하기 위해 직접 인용의 방식으로 이들의 입장문을 제시하였다.
② '잔여 백신 새치기'라는 논제에 대해 규제가 필요하다는 주장을 부각하기 위해 부제에 관련 내용을 제시하였다.
③ 내용의 구체성을 제고하기 위해 앞 문단에서 '감염병예방법 제32조'와 같은 법 조항의 내용을 언급하였다.
④ 수사기관에서 처벌 대상으로 고려하고 있지 않은 부분이 있음을 대비적으로 드러내기 위해 앞서 'xx시 전 부시장 특혜 접종'과 같은 실제 사례를 제시하였다.
⑤ '잔여 백신 새치기'의 처벌에 대해 논란의 여지가 있다는 점을 부각하기 위해 표제에 관련 내용을 언급하였다.

44. (나)에 대한 이해로 적절하지 않은 것은?

① '갑'은 근거 자료가 부족한 점을, '을'은 다른 관점에서의 인터뷰가 포함되지 않은 점을 언급하며 아쉬워하고 있다.
② '갑'은 기자의 가치 판단을 부정적으로 여기는 반면, '병'은 이를 긍정적으로 수용하고 있다.
③ '을'과 '병'은 단순히 기사를 읽는 것에서 그치지 않고 나아가 추가적인 활동을 다짐하고 있다.
④ '을'과 '병'은 모두 과거에 있었던 개인적인 경험을 떠올리며 기사를 이해하고 있다.
⑤ 세 학생 중 기사를 가장 비판적으로 해석하는 사람은 '갑'이다.

45. 다음은 (가)를 작성하기 위해 기자가 세운 계획이다. (가)에 반영되지 않은 것은? [3점]

> 이번 기사를 쓸 때 먼저 ⓐ표제는 의문문의 형식을 활용하여 화제에 대해 논의할 필요가 있다는 것을 제시해야겠군. ⓑ부제는 '잔여 백신 새치기'에 대해 적절한 규제가 필요하다는 나의 견해를 드러내야지. 본문에서는 ⓒ실제로 특혜 접종이 이뤄진 사례를 제시하면서 독자의 관심을 끌어야겠어. ⓓ부정한 방법으로 예방접종을 받는다면 처벌 받을 수 있다는 사실도 적어야겠다. 마지막으로는 ⓔ'잔여 백신 새치기' 현상을 막기 위해 의료기관이 노력하고 있다는 점을 언급해야지.

① ⓐ ② ⓑ ③ ⓒ
④ ⓓ ⑤ ⓔ

* 확인 사항
○ 답안지의 해당란에 필요한 내용을 정확히 기입(표기)했는지 확인하시오.

※ 시험이 시작되기 전까지 표지를 넘기지 마시오.

제 1 교시

2022학년도 대학수학능력시험 궁무니 모의고사 문제지(2회)

국어 영역

성명	

수험 번호					—				

○ 문제지의 해당란에 성명과 수험 번호를 정확히 쓰시오.

○ 답안지의 필적 확인란에 다음의 문구를 정자로 기재하시오.

내가 걸어가는 길에 네가 서 있으면 좋겠다.

○ 답안지의 해당란에 성명과 수험 번호를 쓰고, 답을 정확히 표시하시오.

○ 문항에 따라 배점이 다릅니다. 3점 문항에는 점수가 표시되어 있습니다. 점수 표시가 없는 문항은 모두 2점입니다.

※ 공통 과목 및 자신이 선택한 과목의 문제지를 확인하고, 답을 정확히 표시하시오.

※ 시험이 시작되기 전까지 표지를 넘기지 마시오.

궁무니 국어 연구팀

제 1 교시

국어 영역

[1~3] 다음 글을 읽고 물음에 답하시오.

㉠독서는 현실과 분리된 개인적 행위가 아니라, 다양한 관계의 측면에서 접근해야 하는 행위이다. 우리는 독서를 통해 삶을 발전시킬 수 있으며, 나아가 실존적 삶에 대한 보다 깊은 자각에 이를 수 있다. '몰입', '소통', '치유'는 독서를 통해 얻을 수 있는 구체적이고 실질적인 측면의 가치이다. 이 세 가지 가치는 상호 간에 밀접한 관계를 맺으면서 드러난다.

독서는 독자의 삶에서 시작되어야만 한다. 독자는 자신의 삶을 기준으로 책의 내용을 받아들이면서 독서해야 진정한 심리적 몰입을 이룰 수 있게 된다. 독서는 독자 자신의 실존적 삶에 대한 의문을 불러일으킨다. 이 의문을 통해 독자는 책을 읽으면서 독자 자신의 삶의 과거, 현재, 미래를 관철해 발전시켜 나갈 수 있다.

실존적 삶에 대한 의문의 끝은 곧 유한한 인간의 죽음에 대한 인식이다. 독자는 여기에서 한계를 인식하게 되고, 이는 소통의 필요성을 자각하는 계기가 된다. 독자는 독서를 통해 세상, 다른 독자, 심지어는 작가와의 대화를 시작하고, 이를 통해 소통의 창이 열린다.

나아가 독서를 통해 개인의 실존적 삶의 풍요로움을 추구할 수 있어야 한다. 독서라는 행위는 정신적 쾌감에만 한정된 것이 아니며 육체적 이로움에도 활용될 수 있다. 이는 정신의 건강은 곧 육체의 건강으로 이어진다는 주장과 맥을 같이 한다.

1. 윗글에서 확인할 수 있는 ㉠의 방법이 아닌 것은?

① 다양한 관계의 측면에서 접근해 독서하기
② 세상, 다른 독자, 작가와 대화하면서 독서하기
③ 자신의 삶의 과거, 현재, 미래를 관철하며 독서하기
④ 독서의 가치를 기준으로 글을 비판하면서 독서하기
⑤ 자신의 삶을 기준으로 책의 내용을 받아들이며 독서하기

2. 윗글의 필자인 A와 <보기>의 필자인 B를 비교한 내용으로 가장 적절한 것은? [3점]

<보 기>

독서를 할 때에는 결코 의문만 일으키려고 해서는 안 된다. 다만 마음을 평온하게 갖고 뜻을 오롯이 하여 글을 읽어 가도록 한다. 그리하여 의문이 생기지 않음을 걱정하지 말고, 의문이 생기거든 되풀이하여 궁구하도록 한다. 이 경우 글에만 의거하지 말고 혹 일을 했던 경험으로 깨닫기도 하고 혹 노니는 중에 구하기도 하는 등, 무릇 다닐 때나 걸을 때나 앉을 때나 누울 때나 수시로 궁구할 일이다. 이렇게 하기를 그치지 않으면 통하지 못할 것이 별로 없다. 또 설사 통하지 못한 것이 있다 할지라도 이처럼 스스로 먼저 궁구한 후에 남에게 묻는다면 말을 듣자마자 깨달을 수 있다.

- 홍대용, 「매헌(梅軒)에게 씀」 -

① A와 B는 모두 독서를 할 때 독자와 세계가 분리되어야 한다고 강조하고 있군.
② A와 달리 B는 독서를 통해 독자 자신의 삶에 대해 깨닫는 것을 중시하고 있군.
③ A와 달리 B는 독서 중 생긴 의문을 독자 스스로 해결해야 한다고 주장하고 있군.
④ B와 달리 A는 독서의 가치가 독자가 의문을 가짐으로써 시작된다고 주장하고 있군.
⑤ B와 달리 A는 독서 행위는 육체적 이로움을 추구할 수 있는 행위라고 주장하고 있군.

3. 다음은 윗글을 읽은 학생의 반응이다. 이에 대한 설명으로 가장 적절한 것은?

독서의 가치에 대해 구체적으로 잘 설명해 주었다는 느낌을 받았어. 그런데 독서를 육체적 이로움에 활용할 수 있다는 주장에는 동의하지 않아. 우리가 독서를 한다고 해서 앓고 있던 병이 치료되는 것은 아니잖아?

① 경험에 근거하여 다음에 이어질 내용을 예측하고 있다.
② 독서에서 얻은 깨달음을 실천하려는 모습을 보이고 있다.
③ 윗글에서 언급된 내용에 대해 논리적으로 반박하고 있다.
④ 지금까지의 독서 태도를 성찰하고 변화하고자 하고 있다.
⑤ 글의 구조와 전개 방식을 중심으로 내용을 파악하고 있다.

[4～9] 다음 글을 읽고 물음에 답하시오.

(가)

사회 계약론은 사회는 실체가 있는 것이 아니라 개인들의 계약으로 결성되고 유지되는 것이라고 말한다. 이 이론은 서양에서 종교가 사회의 성립 근거이던 시기가 끝나자 새로운 사회의 성립 근거가 무엇인지를 찾는 과정에서 등장하였다. 이러한 사회 계약론의 기본적인 철학은 토마스 홉스와 존 로크를 따라 발전한다.

홉스는 자연 상태를 '만인의 만인에 대한 투쟁'으로 표현하였다. 한 마디로 국가가 ⓐ성립되기 이전의 개인은 자신의 생명과 재산을 보호하는 데 있어서 어려움을 겪을 수 있다는 말이다. 홉스는 인간이 자신의 생명과 재산을 보호하는 것을 천부적으로 주어진 '자연권'이 보장한다고 생각한다. 따라서 자연 상태에서 개인은 자신의 자연권을 앞세울 것이며 이에 따라 투쟁을 피할 수 없게 된다. 결국, 각자의 자연권을 주장하다가 서로의 자연권이 위협받는 역설적인 상황에 놓이는 것이다.

한편, 로크는 홉스와 달리 인간이 자연 상태에서 완벽한 자유를 누린다고 말한다. 또한, 로크의 자연 상태는 홉스의 자연 상태와는 다르게 모든 인간은 타인에게 위해를 가하지 않고 평화롭게 ⓑ공존할 수 있다. 그러나 로크는 이러한 자연 상태에서도 어느 한 사람이 다른 사람의 권리를 침해할 수 있다고 주장한다. 이러한 상태에서는 인간이 이성적인 존재임에도 불구하고 자연법의 집행자가 되기에는 감정에 치우치거나 사적인 복수를 할 수 있는 문제점이 있었다.

두 학자 모두 인간은 자연 상태에서 지속적인 삶을 영위할 수 없으므로 국가를 만들었다고 주장한다. 홉스는 문제를 해결할 힘을 가진 '리바이어던'에게 절대적인 힘을 부여한다. 이 '리바이어던'은 이기적이며 자신의 생명과 재산 보호를 최우선으로 여기는 인간이 자발적으로 형성한 강력한 힘의 형체이다. 결국, 홉스에 따르면 국가는 개인들의 자발적인 계약을 통해서 통치자의 권위가 성립된 것이다. 그러나 이러한 '리바이어던'에게 무한하게 큰 권력을 준 것은 아니다. 계약의 목적을 위반하는 행위는 할 수 없다고 하며 권력의 한계를 정하였다.

반면, 로크는 홉스의 '리바이어던'보다는 그 힘이 축소된 '정부'를 말한다. 여기에서의 정부는 자연 상태에서 적절한 자연법 집행자가 없었던 문제를 해결할 수 있다. 개인들의 자연적인 권리를 위임받은 정부는 그 구성원들의 안전과 재산을 지키기 위해 존재한다. 이때, 정부가 그 본래 목적을 이루지 못하거나 부여받은 권력을 잘못 사용하면 문제가 생긴다. 즉, 정부는 개인의 재산권 보호를 최우선 목표로 두어야 하며 계약을 통해 ⓒ위탁받은 권한만을 사용해야 하는 것이다. 만약 정부가 이를 어긴다면 개인은 새로운 권력의 정부를 구성할 수 있다. 이러한 로크의 저항권은 이후 정치적 민주주의 발전에 큰 역할을 하였다.

(나)

중국 전국시대는 그 이전의 춘추시대보다 더욱 사회의 혼란이 심했으며 이에 따라 다양한 사상이 사회 혼란의 원인을 찾기 위해 ⓓ등장하였다. 이 중 공자를 계승하며 '의(義)'의 중요성을 강조한 철학자가 바로 맹자이다. 맹자는 '인(仁)'만큼이나 '의(義)'를 강조하며 국가 권력에서 역시 이를 강조하였다. 그렇다면 맹자의 철학적 사상에서의 바람직한 국가 권력 즉, 군주의 모습은 무엇이었을까?

우선, 맹자의 철학에서 군주가 가지고 있는 권력의 철학적 근거는 하늘[天]이다. 그러나 여기에서 말하는 '하늘'은 단순히 자연과학에서의 하늘이 아니다. 자연 혹은 자연의 원리, 그리고 더 나아가 자연을 지배하고 주재하는 하늘이다. 이 인격적인 하늘은 백성을 사랑한다는 것을 전제로 한다. 하늘은 백성 개개인에게 직접적으로 사랑을 베푸는 것이 아니라 군주를 세워 그 군주를 통해 백성들에게 사랑을 베푼다.

앞서 말한 '하늘'이 군주가 가지고 있는 권력의 철학적 근거였다면, 실질적 근거는 '백성'이라고 할 수 있다. '하늘'이 군주에게 권력을 부여한 것 역시 백성을 사랑하는 마음에서 그러한 것이기 때문이다. 따라서 군주는 힘과 무력을 통한 패도(霸道)정치가 아닌 왕도(王道)정치를 통해 선정(善政)을 베풀어야 한다. 왕도(王道)정치는 이로움[利]보다는 의로움[義]을 중시하며 백성을 인의(仁義)에 기초하여 다스리는 것을 말한다. 이는 ㉠민본주의(民本主義) 사상과 연결되며 군주에게 국가를 통치할 때 백성[民]의 뜻을 국가의 근본으로 생각하는 것의 중요성을 일깨워주었다.

그러나 이러한 왕도정치는 그저 마음만으로 이루어지는 것은 아니다. 맹자는 이와 관련해서 '항산(恒産)이 없으면 항심(恒心)이 없다.'라고 말한다. 여기에서의 '항산'은 꾸준한 생업 즉, 소득을 의미하며 '항심'은 충효와 같은 도덕심을 의미한다. 이는 군주가 백성들에게 경제적 안정을 보장해 주어야 한다는 것을 뜻한다. 만약, 군주가 백성들의 먹고사는 문제를 해결해 주지 않는다면 백성들의 도덕심은 타락할 것이고 사회는 혼란스러워질 것이다. 결국, '왕도정치'로 대표되는 도덕적인 정치도 경제적 안정이 선행되어야 한다는 것이다.

만약, 이러한 '왕도정치'가 지켜지지 않는다면 어떨까? 맹자는 이 문제에 대한 해결책으로 ㉡'역성혁명론'을 역설한다. 군주가 자신이 가진 권력을 백성을 위해 쓰지 않거나 도덕에 근거하여 쓰지 않는다면 그의 권력을 빼앗는 것이 옳다. 이는 앞서 말한 '민본주의' 사상으로부터 나온 이론이라고 할 수 있다. 즉, 맹자는 역성혁명론을 통해 군주가 가진 권력은 오롯이 백성으로부터 ⓔ나온 권력임을 다시 한번 강조한 것이다.

맹자의 이러한 국가관은 백성을 국가 권력의 근본이자 원천으로 설정한 것에 의의가 있다. 이러한 그의 철학은 동아시아의 민주화에 많은 영향을 주었다.

4. 윗글에 대한 이해로 적절하지 않은 것은?

① 홉스의 자연 상태는 자연권을 지키지 못할 수 있다.
② 로크의 정부는 개인의 재산권 보호가 최우선 목표이다.
③ 맹자는 '인(仁)'을 비판하며 '의(義)'의 중요성을 역설했다.
④ 맹자가 말한 하늘은 백성을 사랑하는 인격적 존재이다.
⑤ 왕도정치는 인의(仁義)뿐만 아니라 경제 안정도 필요로 한다.

5. 다음은 (가)와 (나)를 읽은 학생이 작성한 학습 활동지의 일부이다. ㄱ~ㅁ에 들어갈 내용으로 적절하지 않은 것은?

학습 항목	학습 내용 (가)	학습 내용 (나)
도입 문단의 내용 제시 방식 파악하기	ㄱ	ㄴ
⋮	⋮	⋮
글의 내용 전개 방식 이해하기	ㄷ	ㄹ
특정 개념과 관련해 두 글을 통합적으로 이해하기	ㅁ	

① ㄱ: '사회 계약론'이 등장한 시기를 이야기하며, '사회 계약론'이라는 글의 화제를 제시하였음.
② ㄴ: '맹자'의 철학이 나온 '전국시대'의 상황을 이전 시대와 비교하며 구체적인 사례를 들어 설명하였음.
③ ㄷ: '사회 계약론'에 대한 두 학자의 철학적 사상에 나타나는 공통점과 차이점을 비교하였음.
④ ㄹ: '맹자'가 주장한 권력의 근거와 바람직한 군주의 모습, 올바르지 못한 군주에 대한 대처 방법을 차례로 설명하였음.
⑤ ㅁ: '국가'의 '권력'과 그 근거에 관련하여 동서양의 철학자의 견해를 비교하였음.

6. (가)에 나타난 '홉스'의 견해와 <보기>에 나타난 '순자'의 견해를 비교하여 이해한 것으로 가장 적절한 것은?

<보 기>

순자는 인간은 본래 자신의 이익을 우선한다고 하며 '성악설'을 주장한다. 다만, 여기에서의 '악(惡)'은 기독교에서의 절대악과는 달리 '선(善)'과 반대로 기우는 경향을 뜻한다. 순자는 '예(禮)'를 정해 이러한 개인을 국가가 다스려야 한다고 보았다. 또한, 그는 "임금은 배이고, 백성은 물이다. 물은 배를 띄우기도 하고, 배를 뒤집기도 한다."라고 하며 민심과 괴리된 정치 권력에 대한 백성들의 저항을 인정하였다.

① '홉스'는 '순자'와 달리 국가의 존재 이유를 설명하지 못한다.
② '순자'는 '홉스'와 달리 인간의 본성이 선하지 않다고 말한다.
③ '홉스'와 '순자' 모두 개개인이 절대적인 정치 권력에 대해 비판하는 것을 금지했다.
④ '국가를 통치할 수 있는 바람직한 방법은 무엇인가?'라는 질문에 '홉스'는 '리바이어던', '순자'는 '예(禮)'라고 답할 것이다.
⑤ '국가의 권력은 어디서부터 오는가?'라는 질문에 '홉스'는 '만인의 만인에 대한 투쟁', '순자'는 '백성'이라고 답할 것이다.

7. ㉠, ㉡에 대한 설명으로 적절하지 않은 것은?

① ㉠은 맹자가 말한 왕도정치의 근간이다.
② ㉠은 동아시아 정치사에 많은 영향을 끼쳤다.
③ ㉡은 군주가 ㉠을 따르지 않을 때 발생할 수 있다.
④ ㉡은 권력의 정당성은 백성으로부터 나옴을 보여준다.
⑤ ㉡은 군주의 정치적 노력과 경제적 노력이 함께 이루어져야 한다.

8. <보기>는 '국가' 혹은 '국가 권력'에 대한 동서양 학자들의 견해이다. 윗글을 읽은 학생이 <보기>에 대해 보인 반응으로 적절하지 않은 것은? [3점]

<보 기>

㉮ 모든 인간은 자유롭게 태어났지만, 어디서나 사슬에 매여 있다. 사회가 만들어진 이유는 개인의 자유를 보장하기 위함이므로, 국가의 주권은 언제나 국민에게 속해야 하며 어느 경우에도 양도될 수 없다.
㉯ 오늘날의 국가는 생산수단을 가지고 있는 자본가들의 이익만을 위해 존재한다. 자본주의를 위해 존재하는 오늘날의 국가는 개인의 자유를 침해하므로 바람직한 권력이 아니다. 따라서, 노동자 혁명을 통해 자본주의를 무너트려야 한다.
㉰ 인간은 본래 욕망의 존재이며, 이기적인 존재이다. 따라서 국가는 인간에게 자발적으로 선을 행할 것을 기대하기 보다는 엄격한 법을 적용해야 한다.
㉱ 인(仁)과 같은 인위적인 제도와 규범, 도덕은 사회 혼란의 원인이다. 따라서 국가도 작은 규모로 운영되어야 하며, 그 백성의 수도 적어야 한다. 이를 통해, 자연 그대로인 무위자연(無爲自然)의 이상향을 이룩해야 한다.

① ㉮는 주권이 양도될 수 없다고 말했으므로, 홉스의 리바이어던과 로크의 정부를 비판하겠군.
② 홉스의 '리바이어던'과 ㉯의 '오늘날의 국가'는 모두 개인의 자유를 침해하기 때문에 바람직하지 않은 상태이겠군.
③ ㉰는 홉스와 같이 인간의 본성을 이기적이라고 파악하여 그 인간의 이기심을 제어할 수단을 마련했군.
④ 로크와 맹자, ㉯는 모두 ㉰의 '국가'가 본래의 목적을 잃었다면 이에 대한 개인의 저항을 정당화하겠군.
⑤ ㉱는 인위적인 도덕 규범을 반대하기 때문에, 맹자의 인의(仁義)에 따른 왕도정치를 비판하겠군.

9. 문맥상 ⓐ~ⓔ와 바꿔 쓸 말로 적절하지 않은 것은?

① ⓐ: 결성되기
② ⓑ: 공생할
③ ⓒ: 위임받은
④ ⓓ: 대두되었다
⑤ ⓔ: 도출된

[10~13] 다음 글을 읽고 물음에 답하시오.

대한민국은 민주주의를 채택한 나라이며, 선거 당선인은 공직자로 활동한다. 선거란 어떤 나라나 지역, 혹은 조직이나 단체 등을 대표하는 자를 구성원이 투표를 통해 선출하는 것을 의미하며, 민주주의의 가장 기초적이며 핵심적인 요소이다. 특히 국회의원이나 대통령을 뽑는 투표가 이루어지는 경우는 규모가 크기 때문에 중요한 국가적 행사로 여겨진다. 이처럼 우리는 선거를 통해 대표자를 뽑고, 민주주의 국가의 이상을 실현하기 위해 노력한다.

부정한 방법으로 당선된 당선인은 구성원에게 지탄받고 그 직위를 잃을 수도 있다. 이처럼 공직자가 그 직위를 잃어 직위가 공석 상태가 된 것을 궐위(闕位)라고 한다. 선거가 치러진 후 모종의 이유로 궐위가 발생했을 때 실시하는 선거를 재보궐선거라고 한다. 궐위가 발생하지 않으면 재보궐선거는 치러지지 않는다. [재보궐선거]는 당선인이 전임자의 잔여 임기만 재임하는 선거이며, ㉠ 재선거와 ㉡ 보궐선거로 나뉜다. 선거를 통해 당선된 공직자에게 그 직위의 임기 만료 전에 당선 무효 확정 판결이 내려지는 경우, 당선인이 임기 개시 전에 실형을 선고받아 공석이 생긴 경우, 임기 개시 전에 사망하거나 자진 사퇴한 경우에는 재선거를 실시한다. 그리고 당선인이 임기 중에 실형을 선고받아 공석이 생긴 경우, 혹은 임기 중에 사망하거나 자진 사퇴한 경우에는 보궐선거를 실시한다. 단, 대통령의 궐위를 다루는 경우는 재선출자가 새로 5년간의 임기를 수행하기 때문에 예외로 '대통령의 궐위로 인한 선거'를 실시한다. 궐위는 민주주의를 저해하는 문제이지만, 아무 때나 재보궐선거를 실시하지는 않는다.

1900년대에는 사유가 생긴 날로부터 늦어도 다음 달 안에 재보궐선거가 치러졌다. 1963년부터 1990년까지는 국회의원 재보궐선거만 치러졌고, 1년에 최대 3차례 진행되었다. 1991년에는 지방 의회가 신설됨에 따라 지방의원이 등장했고, 지방의원 재보궐선거 원칙 역시 확립되었다. 이어 1995년 지방의원 재보궐선거가 처음 시행되는 등 선거의 범위가 넓어졌다. 그러나 일정이 통일되어 있지 않아 지역별 재보궐선거 날짜가 달라지는 문제가 발생했고, 이로 인해 선거 횟수가 늘어나면서 선거에 드는 비용이 급증했다. 2000년, 결국 정부는 상반기와 후반기로 나누어 1년에 두 번 재보궐선거를 실시하기로 하였다. 궐위가 발생한 시기로부터 충분한 준비 기간을 거친 후의 시점을 기준으로 삼았을 때, 상반기 재보궐선거는 돌아오는 4월 마지막 주 수요일, 하반기 재보궐선거는 돌아오는 10월 마지막 주 수요일에 치러졌다. 이후 2015년 선거법 개정안이 국회 본회의를 통과하면서 재보궐선거 횟수가 현재와 같은 1년당 1회로 축소되었고, 이 역시 돌아오는 4월 첫째 주 수요일에 재보궐선거가 치러지도록 하였다. 또한, 선거법 개정안이 통과된 이후 재보궐선거를 실시하는 해에 재보궐선거가 아닌 국회의원 선거나 대통령 선거가 있을 경우에는 이에 ⓐ맞추어 함께 실시하도록 하였다.

민주주의는 인류의 이상에 가장 근접한 정치체계이지만 다른 체계와 마찬가지로 단점 역시 존재한다. 선거가 제대로 이루어지지 않거나, 유권자에 의해 능력이 부족하거나 도덕적이지 못한 대표자가 선출된다면 오히려 나라의 발전에 해악이 되며, 더 나아가 나라 자체를 흔들 수도 있다. 이를 방지하기 위해 만들어진 재보궐선거 제도는 민주주의 국가의 이상을 실현하기 위한 장치로써 그 존재 가치를 입증하고 있다.

10. 윗글을 이해한 내용으로 적절하지 않은 것은?

① 국회의원 재보궐선거는 중요한 국가적 행사로 여겨진다.
② 선거는 인류의 이상에 가장 근접한 정치체계의 가장 기초적인 요소이다.
③ 대통령의 궐위로 인한 선거는 재선출자의 임기가 전임자의 잔여 임기와 같을 수 있다.
④ 1900년대 재보궐선거는 최대 3차례 진행되기도 했지만, 현재 재보궐선거는 1년에 최대 2차례 치러진다.
⑤ 2020년 8월에 재보궐선거가 아닌 대통령 선거가 있다면, 2020년에는 재보궐선거 역시 8월에 치러진다.

11. ㉠, ㉡에 대한 이해로 가장 적절한 것은?

① 임기가 시작하기 전에 지방 의원이 사망 혹은 사퇴했을 경우에는 ㉠을 실시한다.
② 임기가 시작한 후에 실형을 선고받아 지방 의원의 궐위가 발생했을 경우에는 ㉠을 실시한다.
③ 임기가 시작하기 전에 대통령에게 당선 무효 확정 판결이 내려졌을 경우에는 ㉠을 실시한다.
④ 임기가 시작한 후에 실형을 선고받아 대통령의 궐위가 발생했을 경우에는 ㉡을 실시한다.
⑤ 임기가 시작한 후에 국회의원에게 당선 무효 확정 판결이 내려졌을 경우에는 ㉡을 실시한다.

12. 윗글을 바탕으로 했을 때, [재보궐선거]에 대한 설명으로 적절하지 않은 것은? (단, 재보궐선거가 아닌 국회의원 선거나 대통령 선거는 없다고 가정한다.) [3점]

① 1994년에는 국회의원 재보궐선거와 지방 의원 재보궐선거가 모두 이루어질 수 있었다.
② 1999년 10월 직위가 공석 상태가 되었을 경우, 그 직위의 재보궐선거는 1999년 12월이 되기 전에 치러진다.
③ 충분한 준비 기간이 30일이라고 결정되었다면, 2010년 9월 둘째 주에 발생한 궐위에 대한 재보궐선거는 2010년 10월 마지막 주 수요일에 치러질 것이다.
④ 충분한 준비 기간이 60일이라고 결정되었다면, 2016년 2월 셋째 주에 발생한 궐위에 대한 재보궐선거는 2016년 4월 첫째 주 수요일에 치러질 것이다.
⑤ 충분한 준비 기간이 60일이라고 결정되었다면, 2020년 2월 마지막 주에 발생한 궐위에 대한 재보궐선거는 2021년 4월 첫째 주 수요일에 치러질 것이다.

13. 다음 중 ⓐ와 문맥상 뜻이 가장 가깝게 쓰인 것은?

① 나는 여행 일정을 친구의 일정에 맞추기로 했다.
② 저기 멀리 떨어져 있던 문짝을 문틀에 맞추었다.
③ 나는 눈을 감고 아내에게 살며시 입을 맞추었다.
④ 나는 가장 친한 친구와 함께 답을 맞추어 보았다.
⑤ 자, 우리 놀이를 시작하기 전에 인원을 맞추어 보자.

[14~17] 다음 글을 읽고 물음에 답하시오.

인공지능(AI)은 인간의 학습, 추론, 지각 능력 등을 모방하여 만든 시스템 혹은 기술을 의미한다. 인공지능 연구의 한 분야인 머신러닝(Machine Learning)은 사람이 경험을 통해 배우는 것처럼 빅데이터를 기반으로 AI가 학습을 함으로써 데이터에 대해서 추론을 하는 분야이다. 입력값과 정답을 포함한 데이터를 제공하며 학습시켰을 때 이를 바탕으로 기계가 결과를 도출하려는 방법을 ㉠지도학습이라고 하고, 기계가 스스로 AI를 바탕으로 데이터에서 유의미한 정보를 찾아내거나 데이터가 어떻게 분포되었는지를 파악하는 방법을 비지도학습이라 한다. 머신러닝을 거쳤다고 반드시 정확한 값을 도출해 내는 것은 아니지만, 학습을 진행할수록 원하는 값에 근사한 값을 도출할 확률을 높일 수 있다.

지도학습의 사례는 크게 분류 방식과 회귀 방식으로 나뉜다. 분류 방식은 분류하고 싶은 대상을 정수값인 이산변수로 나타낼 수 있을 때 이뤄진다. 예를 들어 자동차, 비행기, 강아지, 고양이를 각각 0, 1, 2, 3이라는 이산변수로 나타내어 분류할 경우에는 분류 방식을 이용할 수 있다. 회귀 방식은 입력된 데이터를 바탕으로 부동산 가격이나 주식 가격 등의 경우를 예측할 때처럼 대상이 연속성을 가지는 변수일 경우에 사용된다.

딥러닝(Deep Learning)은 머신러닝의 한 분야로 다층구조 형태의 신경망을 기반으로 다량의 데이터로부터 높은 수준의 추상화 모델을 구축하고자 하는 기법이다. 딥러닝을 거친 AI는 데이터를 제공하면 인간의 가르침이라는 과정을 거치지 않아도 스스로 학습하고 새로운 상황에 대한 판단을 내릴 수 있다. 딥러닝을 활용한 AI는 이제 사람을 돕기만 하는 수준을 넘어서고 있다. 그리고 어떠한 면에서는 사람보다 더 뛰어난 면모를 보인다.

GAN(Generative Adversarial Network)이라고 불리는 생성적 적대 신경망 기술은 딥러닝을 통해 이미지를 생성하거나 조합, 변형하는 알고리즘이다. 이 기술을 이용하면 적은 양의 정보로 원본 이미지를 예측할 수 있고, 사진을 특정한 방식의 이미지로 전환하는 것도 가능하며, 이미지 정보들의 변환과 재구축으로 '진짜처럼 보이는 가짜' 이미지도 형성이 가능하다. 2014년 신경정보 처리 시스템학회에서의 GAN에 대한 논문의 발표 이후 지도학습 중심이었던 AI의 패러다임이 비지도학습으로 바뀌고 있다. 또한 GAN에 대한 활발한 연구들이 지금까지도 진행되고 있다. 대표적으로 컴퓨터와 사람의 언어 사이의 상호작용에 대해 연구하는 컴퓨터 과학과 어학의 한 분야인 자연어처리 및 이미지 생성 등에 다양하게 응용되고 있다.

GAN은 이미지를 생성하는 생성모델과, 생성모델이 만든 이미지를 판별하고자 시도하는 판별모델이라는 두 모델을 대립시켜서 서로의 성능을 올릴 수 있다는 개념을 포함하고 있다. GAN의 이러한 작업은 생성모델이 완벽하게 판별모델을 속이는 데에 목적을 두고 진행된다. 판별모델을 먼저 진짜 데이터에 대해 학습시킨 후 학습된 판별모델을 속이는 방향으로 생성모델을 학습시킨다. 판별모델은 진짜 데이터를 입력해서 해당 데이터를 진짜로 판별하도록 학습하는 것과 생성모델이 생성한 가짜 데이터를 입력해서 해당 데이터를 가짜로 판별하는 학습을 하게 된다.

그 다음에는 판별모델을 속이는 방향으로 생성모델을 학습시킨다. 생성모델이 만들어 낸 가짜 데이터를 판별모델에 입력하고, 가짜 데이터를 진짜라고 분류할 만큼 진짜 같은 데이터를 만들도록 생성모델을 학습시킨다. 이러한 학습이 반복되면서 판별모델과 생성모델은 모델 간에 이루어지는 상호작용을 바탕으로 서로를 적대적인 경쟁자로 인식하여 발전할 수 있게 된다. 생성모델은 판별모델이 가짜와 진짜를 구별하거나 구별하지 못할 때마다 더욱 진짜 같은 가짜를 만들어 낸다. 판별모델은 진짜와 가짜를 구분하는 것에 대해 성공과 실패를 반복하며 판별모델이 더 이상 진짜와 가짜를 판별하지 못할 때 종료된다.

GAN은 현재 가장 인기 있는 AI 알고리즘이기는 하지만 문제점이 존재한다. 학습 불안정 등의 한계가 존재하며 기술을 악용할 가능성에 대한 우려들이 나타나고 있다. 최근 이 기술을 활용한 딥페이크(Deep fake) 영상들이 유통되면서 디지털 성범죄가 많아질 것이라는 우려가 나오고 있으며 윤리적인 문제 또한 존재한다. 여러 논란이 있지만 AI가 스스로 이미지를 생성한다는 것 자체로 AI 패러다임에 큰 영향을 주고 있는 것은 확실하다. 그러나 그 과정에서 사회적 문제나 윤리적 문제에 대한 방안이 함께 고려될 필요가 있다.

14. 윗글에서 알 수 있는 내용으로 적절한 것은?

① GAN을 이용할 때 많지 않은 정보로 원본 이미지를 예측할 수 없다.
② GAN은 윤리적인 문제를 해결하기 위해 개발되었다.
③ 생성모델이 판별모델을 속이는 데에 성공한다면, 진짜와 닮은 가짜의 생성은 이뤄질 수 없다.
④ 현재 진행되는 인공지능의 연구는 지도학습보다 비지도학습에 초점을 두고 있다.
⑤ 지도학습은 스스로 데이터 중에서 의미 있는 정보를 찾아내는 방법이다.

15. ㉠에 대해 이해한 반응으로 적절하지 않은 것은?

① 입력값이 없는 상태에서는 ㉠이 충분히 이뤄질 수 없다.
② ㉠이 충분히 이뤄질 때, 주어진 사진이 고양이 사진인지 판별하도록 학습시킨 AI에 고양이 사진을 제공했을 경우 고양이를 다리가 4개인 동물로 분류할 것이다.
③ ㉠이 충분히 이뤄질 때, 지난해 자동차 총 판매 대수에 따른 데이터를 바탕으로 올해 자동차 총 판매 대수를 계산하는 학습이 진행됐다면 회귀 방식을 이용했을 것이다.
④ ㉠이 충분히 이뤄질 때, 주어진 사진이 고양이 사진인지 판별하도록 학습시킨 AI는 강아지 사진을 보고 고양이가 아니라는 결과를 도출할 것이다.
⑤ ㉠이 충분히 이뤄질 때, 고양이의 몸무게에 대한 데이터를 바탕으로 고양이의 몸무게를 예측하는 학습을 진행했다면 회귀 방식을 이용했을 것이다.

16. 윗글을 바탕으로 <보기>를 이해한 반응으로 적절하지 않은 것은?

<보 기>

(ㄱ) 두 개의 변수 x, y 사이에서 x가 일정한 범위 내에서 값이 변하는 데 따라서 y의 값이 종속적으로 정해질 때, x에 대하여 y를 이르는 말을 함수라고 한다.

(ㄴ) y=2x라는 함수가 결과로 존재한다고 가정해보자. AI는 해당 함수를 모르는 상태이다.

(ㄷ) 입력할 데이터 집합 Z = {(1, 2), (2, 4), (3, 6), (4, 8)}

(ㄹ) 모든 데이터는 확률분포를 가지고 있는 랜덤변수이다. 랜덤변수는 측정할 때마다 다른 값이 나온다. 랜덤변수는 특정한 확률분포를 따른다.

① AI가 y=2x라는 함수를 통해 Z를 유추하는 과정은 지도학습이다.
② AI에 Z를 입력하여 학습한 후에 x에 8을 입력하면 항상 16이라는 값을 도출하지는 않을 것이다.
③ Z가 존재하지 않는다면 AI는 Z가 존재했을 때보다 y=2x라는 함수를 도출할 확률이 낮을 것이다.
④ Z에 (5, 10)이라는 데이터를 추가한다면 y=2x라는 함수를 도출할 확률이 높아질 것이다.
⑤ AI가 Z에 추가적인 데이터를 입력받으면서 x값이 어떻게 구성되었는지를 파악해 나간다면 이는 비지도학습에 해당한다.

17. 윗글을 바탕으로 <보기1>를 이해한 반응으로 적절한 것을 <보기2>에서 있는 대로 고른 것은? [3점]

<보기1>

GAN의 모델을 위조지폐범과 경찰의 예시를 통해서 설명할 수 있다. 위조지폐범은 위조지폐를 진짜 지폐와 최대한 비슷하게 만들어서 경찰을 속이려고 노력한다. 반면, 경찰은 진짜 지폐와 위조지폐를 완벽히 판별하여 위조지폐범을 검거하는 것을 목표로 한다. 이러한 경쟁이 계속될 때마다 위조지폐범과 경찰은 적대적인 학습을 진행한다.

<보기2>

ㄱ. 위조지폐범은 경찰을 속이지 못한 경우를 바탕으로 학습한다.
ㄴ. 해당 작업은 경찰이 처음으로 위조지폐범이 만든 위조지폐를 보고 속을 때 종료된다.
ㄷ. 해당 작업이 반복될수록 위조지폐범이 만드는 위조지폐는 정교해진다.
ㄹ. 해당 작업은 위조지폐범이 위조지폐로 경찰을 속이는 방법을 학습하면서 시작된다.

① ㄱ, ㄴ　② ㄱ, ㄷ　③ ㄴ, ㄷ
④ ㄱ, ㄷ, ㄹ　⑤ ㄴ, ㄷ, ㄹ

[18~21] 다음 글을 읽고 물음에 답하시오.

[앞부분의 줄거리] '나'는 할아버지 제사 때문에 8년 만에 제주를 방문한다. '나'는 순이 삼촌*이 옴팡밭에서 스스로 목숨을 끊었다는 소식을 듣게 되고, 큰집에 도착한 '나'는 그가 한 달 전까지만 해도 '나'의 집에 머무르며 어려운 서울 생활을 했던 기억을 떠올린다.

문득 큰당숙 어른의 갈기 쉰 목소리가 들려왔다. ㉠나는 누웠던 몸을 일으키고 바로 앉았다.

"순이아지망은 죽어도 벌써 죽을 사름이여. 밭을 에워싸고 베락같이 총질해댔는디 그 아지망만 살 한점 안 상하고 살아났으니 참 신통한 일이랐쥬."

"아마도 사격 직전에 기절해연 쓰러진 모양입니다. 깨난 보니 자기 위에 죽은 사람이 여럿이 포개져 덮여 있었댄 허는 걸 보민…… 그때 벌써 그 아지망은 정신이 어긋나버린 거라 마씸." 하고 작은당숙어른이 말을 받았다.

"㉡하필 그 밭이 순이아지망네 밭이었으니."

"그 밭이서 죽은 사름들이 몽창몽창 썩어 거름되연 이듬해엔 고구마 농사는 참 잘되어서. 고구마가 목침덩어리만씩 큼직큼직해시니까."

"그핸 흉년이라, 보릿겨범벅 먹던 때랐지만 그 아지망네 밭에서 난 고구마는 사름 죽은 밭엣 거라고 사름들이 사먹질 안했쥬."

"그 아지망이 필경엔 바로 그 밭이서 죽고 말아시니, 쯧쯧."

어른들의 이런 이야기를 들으며 나는 야릇한 착각에 사로잡혔다. 순이 삼촌은 한달 보름 전에 죽은 게 아니라 이미 삼십 년 전 그날 그 밭에서 죽은 게 아닐까 하고.

㉢이렇게 순이 삼촌이 단서(端緖)가 되어 이야기는 시작되었

다. 그 흉물스럽던 까마귀들도 사라져 버리고, 세월이 삼십 년이니 이제 괴로운 기억을 잊고 지낼 만도 하건만 고향 어른들은 그렇지가 않았다. 오히려 잊을까 봐 제삿날마다 모여 이렇게 이야기를 하며 그때 일을 명심해 두는 것이었다.

어린 시절 제사 때마다 귀에 못이 박힐 정도로 들었던 그 이야기들이 다시 머릿속에 무성하게 피어올랐다.

ⓐ그 사건은 당시 일곱 살 나이이던 내게도 큰 충격을 주었다. 사건 바로 전해에 폐병으로 시름시름 앓던 어머니가 돌아가시고 도피자라는 낙인을 받고 노상 마룻장 밑에 숨어 살던 아버지마저 일본으로 밀항해 가 버려 졸지에 고아가 되어 버린 나는 큰집에 얹혀살고 있었다. 죽은 어머니 생각에 걸핏하면 남몰래 눈물짓던 내가 그 울음을 졸업한 것은 음력 섣달 열여드렛날의 그 사건이 내 어린 가슴팍을 짓밟고 지나간 뒤였다. 말하자면 너무 놀란 나머지 울음이 뚝 떨어진 거였다. 그리고 일주 도로변 옴팡진 밭마다 흔전만전 허옇게 널려 있던 시체를 직접 내 눈으로 보고 나자 나는 어머니의 죽음이 유독 나에게만 닥쳐온 불행이 아니고 그 숱한 죽음 중의 하나일 뿐이라고 생각되었다. 사실 어머니가 폐병으로 죽지 않고 살아 있었다 하더라도 그날 그 사건에 말려 어짜피 죽고 말았을 것이다.

[중략 부분의 줄거리] 삼십여 년 전 군경은 공비를 토벌하기 위해 순이 삼촌의 옴팡밭에서 마을 사람들 오륙백 명을 사살했다. 임신 중이었던 순이 삼촌은 끌려간 사람 중 유일하게 살아남았지만 뱃속의 아이를 제외한 자식들을 잃었다. '나'는 그런 순이 삼촌의 모습을 떠올리며 생각에 잠긴다.

[A] 더운 여름날 당신은 그 고구마밭에서 아기 구덕을 지고 김을 매었다. 옴팡진 밭이라 바람이 넘나들지 않았다. 고구마 잎줄기는 후줄근하게 늘어진 채 꼼짝도 하지 않았다. 바람 한 점 없는 대낮, 사위는 언제나 조용했다. 두 오누이가 묻힌 봉분의 뗏장이 더위 먹어 독한 풀냄새를 내뿜었다. 돌담 그늘에는 구덕에 아기가 자고 있었다. ㉣당신은 아기 구덕에 까마귀가 날아들까 봐 힐끗힐끗 눈을 주면서 김을 매었다. 이랑을 타고 아기 구덕에서 아득히 멀어졌다가 다시 이랑을 타고 돌아오곤 했다. 호미 끝에 때때로 흰 잔뼈가 튕겨 나오고 녹슨 납 탄환이 부딪쳤다. 조용한 대낮일수록 콩 볶는 듯한 총소리의 환청은 자주 일어났다. 눈에 띄는 대로 주워냈건만 잔뼈와 납 탄환은 삼십 년 동안 끊임없이 출토되었다. 당신은 그것들을 밭담 밖의 자갈더미 속에다 묻었다.

그 옴팡밭에 붙박인 인고의 삼십 년, 삼십 년이라면 그럭저럭 잊고 지낼 만한 세월이건만 순이 삼촌은 그렇지를 못했다. 흰 뼈와 총알이 출토되는 그 옴팡밭에 발이 묶여 도무지 벗어날 수가 없었다. ㉤당신이 딸네 모르게 서울 우리 집에 올라온 것도 당신을 붙잡고 놓지 않는 그 옴팡밭을 팽개쳐 보려는 마지막 안간힘이 아니었을까?

그러나 오누이가 묻혀 있는 그 옴팡밭은 당신의 숙명이었다. 깊은 소(沼) 물귀신에게 채여 가듯 당신은 머리끄덩이를 잡혀 다시 그 밭으로 끌리어 갔다. 그렇다. 그 죽음은 한 달 전의 죽음이 아니라 이미 삼십 년 전의 해묵은 ⓑ죽음이었다. 당신은 그때 이미 죽은 사람이었다. 다만 삼십 년 전 그 옴팡밭에서의 구구식 총구에서 나간 총알이 삼십 년의 우여곡절한 유예(猶豫)를 보내고 오늘에야 당신의 가슴 한복판을 꿰뚫었을 뿐이었다.

- 현기영, 「순이 삼촌」 -

* 삼촌: 제주도에서 가깝게 지내던 친척을 성별에 상관없이 부르던 명칭.

18. [A]의 서술상 특징으로 가장 적절한 것은?

① 이야기 내부의 서술자가 인물의 행동을 객관적으로 서술하고 있다.
② 이야기 내부의 서술자가 비유적 표현을 활용하여 인물에 대한 태도를 드러내고 있다.
③ 이야기 내부의 서술자가 인물의 내면을 묘사하여 인물 간의 갈등이 지속되고 있음을 서술하고 있다.
④ 이야기 외부의 서술자가 인물에 대한 평가를 관념적으로 서술하고 있다.
⑤ 이야기 외부의 서술자가 외양과 특성을 바탕으로 인물에 대한 인상을 제시하고 있다.

19. 서사의 흐름을 고려할 때, ㉠~㉤에 대한 이해로 적절하지 않은 것은?

① ㉠: 웃어른께 예의를 갖추기 위해 자세를 바꾸는 인물의 행위를 드러내고 있다.
② ㉡: 비극이 특정 인물에게 더욱 크게 다가왔던 이유 중 하나를 언급하고 있다.
③ ㉢: 인물을 언급함으로써 과거부터 제삿날이면 모여 이야기했던 내용이 바뀌기 시작하는 것을 암시하고 있다.
④ ㉣: 비극을 기억하는 인물이 소중한 존재가 다치는 것을 걱정하는 모습을 표현하고 있다.
⑤ ㉤: 인물이 보여주었던 표면적인 행동 속에 숨어 있는 뜻을 해석하고 있다.

20. ⓐ, ⓑ에 대한 설명으로 가장 적절한 것은?

① ⓐ는 '나'가 제주에 온 이유이고, ⓑ는 순이 삼촌의 죽음의 원인에 대한 '나'의 추측이다.
② ⓐ는 '나'의 어머니가 죽게 된 이유이고, ⓑ는 옴팡밭에서 일어난 사건의 결과이다.
③ ⓐ는 어릴 적 내가 큰 충격을 받은 원인이고, ⓑ는 순이 삼촌의 죽음에 대해 어른들이 내린 결론이다.
④ ⓐ는 어머니의 죽음에 대한 '나'의 인식이 바뀐 계기이고, ⓑ는 오누이의 죽음이 순이 삼촌에게 끼친 영향이다.
⑤ ⓐ는 마을 사람들이 고구마를 사지 않았던 이유이고, ⓑ는 지속된 총소리의 환청이 유발한 결과이다.

21. <보기>를 참고하여 윗글을 감상한 내용으로 적절하지 않은 것은? [3점]

<보 기>

「순이 삼촌」은 제주도 북촌리에서 벌어진 양민 학살인 제주 4·3사건을 바탕으로 하는 1970년대의 대표적인 문제 소설이다. 「순이 삼촌」은 유서 한 장 남기지 않고 자신이 일구던 밭에서 생을 마감한 '순이 삼촌'의 자살 원인을 찾아 나아가는 '의문-추적'의 형식을 취하고 있으며, 이는 숨겨지고 왜곡된 진실을 탐구해 나가겠다는 작가 정신을 드러낸다.

① 작은당숙 어른이 '죽은 사람이 여럿이 포개져 덮여 있었'다고 말하는 것에서, 제주 4·3사건의 희생자가 적지 않았음을 짐작할 수 있겠군.
② '나'가 '8년 만에 제주를 방문'한 것은, 순이 삼촌의 자살에 의문을 품는 계기가 되는군.
③ '나'가 '어머니의 죽음이 유독 나에게만 닥쳐온 불행이 아니'라고 생각하는 것은, 제주 4·3사건이 일어날 수밖에 없었음을 알았기 때문이겠군.
④ 옴팡진 밭에서 '잔뼈와 납 탄환은 삼십 년 동안 끊임없이 출토되었'던 것에서, 순이 삼촌이 이후로도 제주 4·3사건의 참상과 마주 보고 있었음을 확인할 수 있겠군.
⑤ '나'가 순이 삼촌에 대해 회상하며 '이미 죽은 사람이었다'고 단정짓는 것은, 그녀의 자살 원인에 대한 추적의 일환이겠군.

[22~27] 다음 글을 읽고 물음에 답하시오.

(가)

산촌(山村)에 ⓐ눈이 오니 돌길이 묻혔어라
시비(柴扉)를 열지 마라 **날 찾을 이** 뉘 있으리
밤중만 **일편명월**(一片明月)이 내 벗인가 하노라

<제1수>

사호(四皓)*의 진심인가 유후(留候)의 기계(奇計)*로다
진실(眞實)로 사호(四皓)이면 일정(一定) 아니 나오려니
그려도 아닌 양하고 여씨객(呂氏客)이 되었구나

<제4수>

어젯밤 ⓑ눈 온 후(後)에 달이 좋아 비추었다
눈 후(後) 달빛이 맑음이 끝이 없다
엇더타 천말부운(天末浮雲)은 오락가락 하느뇨

<제6수>

술 먹고 노는 일을 나도 왼 줄 알건마는
신릉군(信陵君) 무덤 위에 밭 가는 줄 못 보신가
백 년(百年)이 역초초(亦草草)하니 아니 놀고 어찌하리

<제10수>

시비(是非) 없은 후(後)라 영욕(榮辱)이 다 부관(不關)타
금서(琴書)를 흩은 후(後)에 이 몸이 한가(閑暇)하다
백구(白鷗)야 기사(機事)*를 잊음은 너와 낸가 하노라

<제14수>

- 신흠, 「방옹시여(放翁詩餘)」 -

* 사호: 진나라 말기 난리를 피하여 상산에 들어가서 은거한 네 사람인 상산사호(동원공, 기리계, 하황공, 녹리 선생)의 준말. 훗날 유후(留候)를 따라 여씨 정권으로 복귀함.
* 기계: 기묘한 꾀. 계략.
* 기사: 욕심

(나)

狂奔疊石吼重巒
첩첩 바위 사이를 미친 듯 달려 겹겹 봉우리 울리니
人語難分咫尺間
지척에서 하는 **말소리**도 분간키 어려워라
常恐是非聲到耳
늘 시비(是非)하는 소리 귀에 들릴세라
故敎流水盡籠山
일부러 흐르는 물로 온 산을 둘러싸게 했네

- 최치원, 「제가야산독서당」 -

(다)

올라가 볼 만한 산천의 경지는 반드시 모두 궁벽하고 거리가 먼 지방에만 있는 것이 아니라, 왕자(王者)의 도성이나 대중이 모인 도회지에도 본래 좋은 산천이 없는 것이 아니다. 명성을 노리는 사람은 조정에, 이익을 노리는 사람은 시장에 묻혀, 비록 형(衡)·여(廬)·호(湖)·상(湘)이 굽어보고 쳐다볼 수 있는 가까운 거리에 널려 있어 장차 우연히 만나게 된다 하더라도, 그런 것이 있음을 알지 못하는 것이다. ㉠<u>왜냐하면, 사슴만 쫓느라 산을 보지 못하고, 돈만 움키느라 사람을 보지 못하고, 아주 작은 것은 살피면서도 수레의 짐은 보지 못하니, 이는 마음에 쏠리는 일이 있어 눈이 다른 데를 볼 겨를이 없기 때문이다.</u> 일을 좋아하는 세력 있는 사람들은 **관**(關)을 넘고 **진**(津)을 건너 터를 잡고는 **산수놀이에 몰두**하면서 스스로 고매(高邁)한 체하지만, 강락(康樂)이 길을 내자 주민들이 놀랐고, 허사(許汜)가 집터를 묻자 호사(豪士)들이 꺼렸으니, 그러지 않는 것이 도리어 고매하다.

서울 남쪽에 너비가 1백 묘(畝)쯤 되는 못이 있는데, 살림하는 여염집들이 빙 둘러 있어 즐비하고, 이거나 지고 타거나 걸어 그 옆으로 왕래하는 사람들이 앞뒤에 연락부절한다. ㉡<u>어찌 뛰어나게 그윽하고 훤칠하게 넓은 지역이 이 안에 있을 줄 알랴?</u> 후(後) 지원(至元) 정축년 여름 연꽃이 만발했을 때에 현복군(玄福君) 권렴(權廉)이 보고는 사랑하여 바로 못 동쪽에 땅을 사서 누각을 세웠다. 높이는 두 길이나 되고, 연장(延長)은 세 발[丈]이나 되는데, 주추가 없이 기둥을 마련하였음은 썩지 않도록 한 것이요, 기와를 덮지 않고 띠로 이었음은 새지 않도록 한 것이었다. ㉢<u>서까래는 다듬지 않았지만 굵지도 않고 약하지도 않으며, 벽토는 단청(丹靑)하지 않았지만 화려하지도 않고</u>

누추하지도 않아 대략 이러한데, 온 못의 연꽃을 모두 차지하고 있다.

이에 그의 아버지 길창공(吉昌公)과 형제·인아(姻婭)들을 초청하여 그 위에서 술을 마시며 화평하고 유쾌하게 놀아 하루해가 지는데도 돌아갈 줄 몰랐는데, 대자(大字)를 잘 쓰는 아들이 있으므로 '운금(雲錦)' 두 자를 쓰도록 하여 누각 이름으로 걸었었다.

[A] 나는 한번 가 보니 향기로운 붉은 꽃과 푸른 잎의 그림자가 가없이 펼쳐져 이슬을 머금고 바람에 흔들리며, 연기 낀 파도에 일렁이어 소문이 헛되지 않다고 할 만했다. ㉣어찌 그것뿐이랴? 푸르른 용산(龍山)의 여러 봉우리가 처마 앞에 몰렸는데 밝은 아침 어두운 저녁이면 매양 형상이 달라지며, 건너편 여염집들의 집자리 모양을 가만히 앉아서 볼 수 있으며, 지거나 이고 타거나 걸어 왕래하는 사람들 중의 달려가는 사람, 쉬는 사람, 돌아다보는 사람, 손짓해 부르는 사람과 친구를 만나자 서서 이야기하는 사람, 존장(尊長)을 만나자 달려가 절하는 사람들이 또한 모두 모습을 감출 수 없어 **바라보**노라면 **즐겁**기 그지없다. 저쪽에서는 한 갓 못이 있는 것만 보이고 누각이 있음은 알지 못하니, 또한 어찌 누각에 있는 사람을 알겠는가? ㉤진실로 올라가 구경할 만한 경치가 반드시 궁벽하고 거리가 먼 지방에만 있는 것이 아닌데, 조정이나 시장에만 마음이 쏠리고 눈이 팔려 우연히 만나면서도 있는 줄을 알지 못한 것이며, 또한 하늘이 만들고 땅이 숨겨 경솔히 사람들에게 보이지 않는 것이 아니겠는가?

- 이제현, 「운금루기」 -

22. (가)와 (나)의 공통점으로 가장 적절한 것은?

① 명령문을 활용하여 화자의 굳건한 의지를 드러내고 있다.
② 상황을 가정하여 화자가 추구하는 삶의 자세를 강조하고 있다.
③ 설의적 표현을 통해 화자의 삶의 태도를 공유하도록 설득하고 있다.
④ 주변의 자연물을 활용하여 화자의 태도 변화를 드러내고 있다.
⑤ 대비되는 의미의 시어를 활용하여 화자의 지향을 드러내고 있다.

23. (가)에 대한 이해로 적절하지 <u>않은</u> 것은?

① <제1수>의 중장에서는 명령적 어조를 통해 자신이 추구하는 삶의 자세를 강조하고 있다.
② <제4수>에서는 화자의 지향과 반대되는 행동을 한 인물의 고사를 인용하여 안타까움을 드러내고 있다.
③ <제6수>의 초장과 중장에서는 변화한 주변 풍경을 묘사하여 그에 대한 화자의 만족감을 드러내고 있다.
④ <제10수>에서는 설의적 표현을 통해 자신이 옳다고 생각하는 일을 따르는 자세를 강조하고 있다.
⑤ <제14수>의 종장에서는 자연물과의 공통점을 제시하여 화자의 자부심을 드러내고 있다.

24. 문맥을 고려하여 ㉠~㉤에 대해 이해한 내용으로 적절하지 <u>않은</u> 것은?

① ㉠: 작은 일에만 몰두해 넓은 시야를 가지지 못하는 사람들의 모습을 비판하고 있다.
② ㉡: 많은 사람들이 뛰어난 지역에 가까이 있으면서도 지나친다는 점을 보여 준다.
③ ㉢: 누각을 특별히 꾸미지 않아도 자연스러운 아름다움이 조성되어 있다는 것을 보여 준다.
④ ㉣: 아름답고 정적인 자연을 감상할 수 있는 누각의 장점을 추가적으로 제시할 것임을 암시한다.
⑤ ㉤: 구경할만한 좋은 경치를 발견하기 어려운 이유는 인간의 잘못 뿐 아니라 지형 구조의 영향도 있음을 제시한다.

25. ⓐ와 ⓑ를 비교한 내용으로 가장 적절한 것은?

① ⓐ는 화자를 외부로 나갈 수 없게 막는 역할을, ⓑ는 부정적 자연물을 이끌어 내는 역할을 나타낸다.
② ⓐ는 외부의 것을 단절하는 역할을, ⓑ는 화자의 내적 혼란을 야기하는 역할을 나타낸다.
③ ⓐ는 화자를 자연 경치에 더욱 몰입시키는 역할을, ⓑ는 특정 자연물의 부정적 속성을 강화하는 역할을 한다.
④ ⓐ는 주변 풍광을 더욱 아름답게 만드는 역할을, ⓑ는 화자의 고독감을 강화하는 역할을 한다.
⑤ ⓐ는 외부와의 단절을 강화하는 역할을, ⓑ는 특정 자연물의 긍정적 속성을 강화하는 역할을 수행한다.

26. (나)와 [A]에 대한 감상으로 가장 적절한 것은?

① (나)에서는 아주 가까운 곳의 소리조차 들리지 않는 것에 대한 한탄이 드러난다.
② (나)에서 화자는 시비하는 소리와 물소리 모두를 부정적으로 인식하고 있다.
③ [A]에서는 특정 장소에서 바라볼 수 있는 자연과 인간들의 모습을 나열하고 있다.
④ [A]에서는 자신의 모습을 숨기고자 하지만 숨길 수 없는 인간들의 모습을 비판하고 있다.
⑤ (나)와 [A]에서는 모두 현재 상황을 변화시키기 위한 노력이 제시되어 있다.

27. <보기>를 참고하여 (가)~(다)를 감상한 내용으로 적절하지 않은 것은? [3점]

<보 기>

문학 작품에서 공간은 화자가 추구하는 삶의 지향점으로서 드러날 수 있다. 이때 그 지향점은 우리의 일상적 삶에서 멀리 떨어진 곳에 위치할 수도 있고, 우리의 일상적 삶 안에 존재하지만 쉽게 발견하지 못하는 경우도 있다. 전자의 경우 지향점은 대다수 사람들이 일상적으로 보내는 공간을 떠나 고립되어 지내야 한다는 단점이 존재하기도 한다. 이때 고립을 오히려 긍정적으로 인식하거나 주어진 상황에서 인간 외의 존재들에 의지하는 것을 통해 단점을 극복할 수 있다.

① (가)에서 화자가 '일편명월'을 벗으로 여기는 모습은 고립된 생활의 단점을 극복하려는 노력 중 하나로 볼 수 있겠군.
② (가)에서 화자가 '날 찾을 이'가 누구일지 묻는 것은 지향점에서의 고립을 벗어나고자 하는 바람이 드러난 행위라 볼 수 있겠군.
③ (나)에서 '말소리'를 분간키 어려운 현재 상황을 '일부러' 만들었다는 점을 통해 화자는 고립된 상황을 오히려 긍정적으로 인식하고 있음을 알 수 있겠군.
④ (다)에서 '관'과 '진'을 넘어 '산수놀이에 몰두'한 사람들은 일상적 삶 안에 존재하는 지향점을 발견하지 못한 이들이라 볼 수 있겠군.
⑤ (다)에서 여러 사람들의 다양한 모습을 '바라보'는 것을 '즐겁'게 여기는 것을 보아 일상적 삶 안에 위치한 지향점에서서는 고립감을 느끼지 않아도 된다는 점을 알 수 있겠군.

[28~31] 다음 글을 읽고 물음에 답하시오.

[앞부분의 줄거리] 명나라의 충신 유심은 자손이 없어 슬퍼하던 중 부인 장씨의 말을 듣고 남악 형산에 발원하기로 한다.

주부 이 말을 듣고 삼칠일 재계를 정히 하고 소복을 정제하여 제물을 갖추고 축문을 지어 가지고 부인과 함께 남악산을 찾아가니, 산세 웅장하여 봉봉이 높은 곳에 청송은 울울하여 태고시를 띄고 있고, 강수는 잔잔하여 탄금성을 도도웠다. 칠천십이 봉은 구름밖에 솟아 있고 층암절벽 상에 각색 백화 다 피었고, 소상강 아침 안개 동정호로 돌아가고 창오산 저문 구름 호산대로 돌아들며 강수성을 바라보며, 수양가지 부여잡고 육칠 리를 들어가니 연화봉이 중계로다. 상대에 올라서서 사방을 살펴보니, 옛날 하우씨가 구년지수 다스리고 층암절벽 파던 터가 어제 하듯 완연하고 산천이 심히 엄숙한 곳에 천제당을 높이 묻고 백마를 잡던 곳이 완연하였고, 추연*을 돌아보니, 옛날 위부인이 선동 오륙 인을 거느리고 도학 하던 일층 단이 무너졌다.

일층단 별로 모아 노구밥*을 정결히 담아 놓고 부인은 단하에 궤좌*하고 주부는 단상에 궤좌하여 분향 후 축문을 내어 옥성으로 축수할 제, 그 축문(祝文)에 하였으되,

[A] "유세차갑자년 갑자월 갑자일에 대명국 동성문 내에 거하는 유심은 형산 신령 전에 비나이다. 오호라 대명 태조 창국공 신지손이라 선대의 공덕으로 부귀를 겸전하고 일신이 무양하나 연광(年光)*이 반이 넘도록 일점 혈육이 없었으니 사후 백골인들 뉘라서 엄토하며 선영 행화를 뉘라서 봉사하리오. 인간에 죄인이요, 지하에 악귀로다. 이러한 일을 생각하니 원한이 만심이라 이러한 고로 더러운 정성을 신령 전에 발원하오니 황천은 감동하와 자식 하나 점지하옵소서."

빌기를 다함에 지성이면 감천이라 황천인들 무심할까. 단상의 오색 구름이 사면에 옹위하고 산중에 백발 신령이 일절히 하강하여 정결케 지은 제물 모두 다 흠향한다. 길조가 여차하니 귀자(貴子)가 없을쏘냐.

빌기를 다한 후에 만심 고대하던 차에 일일은 한 꿈을 얻으니, 천상으로서 오운이 영롱하고, 일원 선관이 청룡을 타고 내려와 말하되,

[B] "나는 청룡을 차지한 선관(仙官)이더니 익성이 무도한 고로 상제께 아뢰되 익성을 치죄(治罪)하야 다른 방으로 귀양을 보냈더니 익성이 이 길로 합심하여 백옥루 잔치 시에 익성과 대전한 후로 상제 전에 득죄하여 인간에 내치심에 갈 바를 모르더니 남악산 신령들이 부인 댁으로 지시하기로 왔사오니 부인은 애휼*하옵소서."

하고 타고 온 청룡을 오운간에 방송하며 왈,

"일후 풍진 중에 너를 다시 찾으리라."

하고 부인 품에 달려들거늘 놀라 깨달으니 일장춘몽(一場春夢) 황홀하다.

[중략 부분의 줄거리] 정한담, 최일귀 무리는 유심을 모함하여 귀양 보내고, 아들 충렬을 제거하려 시도하나 실패한다. 충렬은 이후 노승을 만나 무예를 기르고, 이때 명나라에는 남적이 쳐들어온다.

한담이 대희하여 일귀와 더불어 갑주를 갖추고 궐문으로 들어가는지라.

이때 천자 제신과 방적할 꾀를 의논하더니 장안에 바람이 일어나며 일원대장이 계하에 복지 주왈,

"소장 등이 비록 재주 없사오나 한번 나가 남적을 함몰하여 황상의 근심을 덜고 소장의 공을 세워지이다."

하거늘 모두 보니 신장이 십여 척이요 면목이 웅장한데, 황금투구에 녹운포를 입은 것은 도총대장 정한담이요, 면상이 숯먹 같고 안채가 황홀하며 백금투구에 홍운포를 입은 것은 병부상서 최일귀라.

천자 대희하사 양장의 손을 잡고 왈,

"경 등의 충성 지략은 짐이 이미 아는지라 남적을 함몰하여 짐의 근심을 덜게 하라."

양장이 청영하고 각각 물러나와 정병 오천씩 거느려 행군하여 진남관에 유진하고 그날 밤에 군사 한 명만 잠을 깨워 가만히 항서(降書)를 써 주며 또한 편지를 써서 적진 중에 보내고 회답을 기다리는지라.

그 군사 적진에 들어가 적장을 보고 항서를 올린 후에, 또 편지를 드리거늘 적장이 대희하여 즉시 개탁하니 하였으되,

"남경 장사 정한담 최일귀는 일장서간을 남진 대장소에 올리

나이다. 우리 양인 등이 갈충 진심하여 천자를 도와 국가에 유공하고 백성에게 덕이 있어 지성으로 봉공하되 지기하는 인군을 못 만나 항시 앙앙한 마음이 있는지라 대장부 세상에 나서 어찌 남의 신하 오래 되리오. 남아유방백세할진대 역당유취만년이라 하였으니 이 때를 당하여 어찌 묘계 없으리오. 우리 양인을 선봉을 삼으시면 항복할 것이니 그대 뜻이 어떠하뇨? 회답을 보내라."

- 작자 미상, 「유충렬전」 -

* 추연 : 웅덩이.
* 노구밥 : 산천의 신령에게 제사하기 위하여 노구솥에 지은 밥.
* 궤좌 : 무릎을 꿇고 앉음.
* 연광 : 나이.
* 애휼 : 사랑하고 불쌍히 여김.

28. 윗글의 서술상 특징으로 가장 적절한 것은?

① 공간적 배경을 묘사하여 상황의 긴박함을 부각하고 있다.
② 꿈과 현실의 교차를 통해 인물 간의 갈등 해소의 실마리를 제공하고 있다.
③ 초월적 공간을 설정하여 사건의 국면을 전환하고 있다.
④ 편집자적 논평을 통해 특정 상황에 대한 서술자의 시각을 드러내고 있다.
⑤ 시간의 역전을 통해 사건의 진상을 밝히고 있다.

29. 윗글의 내용에 대한 이해로 적절하지 <u>않은</u> 것은?

① '천자'는 '정한담'과 '최일귀'를 신뢰하고 있다.
② '선관'은 득죄하여 '충렬'로 환생하였다.
③ '유 주부'는 자식을 갖고자 남악산에 소원을 빌었다.
④ '양장'은 남적에게 항복을 권유하는 서신을 보낸다.
⑤ '장씨'는 '충렬'의 출생을 암시하는 꿈을 꾸게 된다.

30. [A], [B]에 대한 분석으로 적절하지 <u>않은</u> 것은?

① [A]의 화자는 '선관'에게 한의 해소를 요청하고 있다.
② [A]의 화자는 자신의 정체를 밝히면서 지나온 생애를 언급한다.
③ [B]에서는 '충렬'의 기이한 출생의 과정이 나타난다.
④ [B]에서는 [A]의 초월적 존재에 의한 적강 사실이 드러난다.
⑤ [B]의 화자는 청자에게 자신에게 맡겨진 일에 충실할 것을 부탁한다.

31. <보기>를 참고하여 윗글을 감상한 내용으로 적절하지 <u>않은</u> 것은? [3점]

<보 기>

「유충렬전」은 영웅의 일생이라는 서사 구조를 완비한 우리나라의 대표적인 영웅 소설이다. 영웅의 일대기 구조는 영웅의 고귀한 혈통이 드러나거나, 천상계와 지상계의 이원적인 공간 구성이 나타나거나, 비정상적인 출생 배경이 있거나, 비범한 능력을 지니거나, 위기와 시련을 겪거나, 조력자를 만나거나, 위업을 달성한 후 행복한 결말을 맺는 등의 몇 가지 전형적인 특징을 지닌다.

① '장 부인'이 발원한 후 '일장춘몽'을 통해 '선관'을 만나는 것에서, 영웅의 평범하지 않은 출생 배경이 드러나는군.
② 모함으로 인해 유심이 귀양가고 충렬이 죽을 위기를 겪은 것에서, 영웅이 극복해야 하는 시련이 나타남을 알 수 있군.
③ '충렬'이 고난 이후 '노승'을 만나 무예를 기르는 것에서, 충렬의 영웅적 능력에 개연성을 부여하려 하는 소설적 설정이 드러나는군.
④ '천자'가 '한담'과 '일귀'에게 병사를 보내는 것에서, '천자'가 영웅의 시련을 더욱 심화시키는 인물임을 확인할 수 있군.
⑤ 선관이 '일후 풍진' 중에 '청룡'을 '다시 찾'겠다고 말하는 것을 보아, 앞으로 있을 시련에서 조력자의 도움을 추측해볼 수 있겠군.

[32~34] 다음 글을 읽고 물음에 답하시오.

(가)

할머니 꽃씨를 받으신다.
방공호 위에
어쩌다 핀
채송화 꽃씨를 받으신다.

호 안에는
아예 들어오시질 않고
말이 숫제 적어지신
할머니는 그저 노여우시다.

진작 죽었더라면
이런 꼴
저런 꼴
다 보지 않았으련만…….

글쎄 할머니
그걸 어쩌란 말씀이셔요.
숫제 말이 적어지신
할머니의 노여움을
풀 수는 없었다.

할머니 꽃씨를 받으신다.
인젠 지구가 깨어져 없어진대도
할머니는 역시 살아 계시는 동안은
그 작은 꽃씨를 받으시리라.

- 박남수, 「할머니 꽃씨를 받으시다」 -

(나)
현기증 나는 **활주로**의
최후의 절정에서 흰나비는
돌진의 방향을 잊어버리고
피 묻은 육체의 파편들을 굽어본다.

기계처럼 작열한 작은 심장을 축일
한 모금 샘물도 없는 허망한 광장에서
어린 나비의 안막을 차단하는 건
투명한 광선의 바다뿐이었기에—

진공의 해안에서처럼 과묵한 묘지 사이사이
숨가쁜 제트기의 백선과 이동하는 계절 속
불길처럼 일어나는 인광의 조수에 밀려
이제 흰나비는 말없이 이즈러진 날개를 파닥거린다.

하-얀 미래의 어느 지점에
아름다운 영토는 기다리고 있는 것인가.
푸르른 활주로의 어느 지표에
화려한 희망은 피고 있는 것일까.

신도 기적도 이미
승천하여 버린 지 오랜 유역—
그 어느 마지막 종점을 향하여 흰나비는
또 한 번 스스로의 신화와 더불어 대결하여 본다.

- 김규동, 「나비와 광장」 -

32. (가)와 (나)에 대한 설명으로 가장 적절한 것은?

① (가)는 (나)와 달리 대조적인 시어를 활용하여 화자의 인식을 드러내고 있다.
② (나)는 (가)와 달리 색채어를 사용하여 공간이 주는 긍정적인 이미지를 부각하고 있다.
③ (가)는 특정 시행의 반복을 통해, (나)는 의문의 형식을 통해 화자의 정서를 강조하고 있다.
④ (가)와 (나)는 모두 대화의 형식을 통해 화자의 무기력한 태도를 드러내고 있다.
⑤ (가)와 (나)는 모두 수미상관의 형식을 통해 주제 의식을 강조하고 있다.

33. (가), (나)의 시어에 대한 이해로 적절하지 않은 것은?

① (가)에서 '꽃씨'는 '채송화 꽃씨'로 변주되며, 연약함과 강인함을 동시에 지닌 대상의 성질을 강조한다.
② (가)에서 '어쩌다'는 생명의 탄생이 쉽지 않은 위태로운 상황을 부각한다.
③ (나)에서 '투명한'은 '나비'가 도달하고자 하는 공간의 순수함을 나타낸다.
④ (가)에서 '방공호'는 폐쇄적인 느낌을, (나)에서 '활주로'는 개방적인 느낌을 주며 공간의 분위기를 조성한다.
⑤ (가)에서 '진즉'은 당면한 상황이 이전부터 지속되어 왔음을, (나)에서 '또 한 번'은 '흰나비'의 노력이 이전에도 존재했음을 암시한다.

34. <보기>를 참고하여 (가), (나)를 감상한 내용으로 적절하지 않은 것은? [3점]

<보 기>

한국 전쟁을 소재로 창작된 문학 작품은 전쟁이 초래한 비극적인 현실, 전쟁에 대한 비판적 시각, 극복에 대한 희망 등 다양한 주제 의식을 보인다. 특히, 「할머니 꽃씨를 받으시다」에서는 전쟁의 참혹함과 그 속에서도 전쟁 상황을 거부하며 희망을 놓지 않는 할머니의 모습이 그려지고, 「나비와 광장」에서는 전후 상황의 피폐함과 동시에 현대 문명의 도래로 인한 삭막한 현실의 모습이 드러난다.

① (가)에서 '할머니'가 '호 안에는 아예 들어오시질' 않은 채로 '꽃씨를 받으'시는 것은, 회복에 대한 소망을 품으면서도 전쟁 상황 자체는 받아들이지 않기 때문이겠군.
② (나)에서 '현기증 나는 활주로'에서 '피 묻은 육체의 파편들'을 보는 움직임은 현대 문명으로 인한 혼란과 전후 상황으로 인한 아픔이 중첩되어 있음을 짐작하게 하는군.
③ (나)에서 '하-얀 미래'는 '한 모금 샘물'이 결핍되어 있는 상황이 지속되고 있는 미래를 뜻하겠군.
④ (가)에서 '할머니'가 '말이 숫제 적어지신' 것과, (나)에서 '흰나비'가 '말없이' '날개를 파닥'거리는 것은 모두 현실의 참혹함에서 비롯된 침묵이라고 이해할 수 있겠군.
⑤ (가)에서 '할머니의 노여움을 풀 수는 없었다'고 한 것과, (나)에서 '화려한 희망'이 '피고 있는 것'일지 의문을 제기하는 것은 비극적인 미래를 예측하는 화자의 태도를 보여주는군.

* 확인 사항
○ 답안지의 해당란에 필요한 내용을 정확히 기입(표기)했는지 확인하시오.
○ 이어서, 「선택과목(화법과 작문)」 문제가 제시되오니, 자신이 선택한 과목인지 확인하시오.

제 1 교시

국어 영역(화법과 작문)

[35~37] 다음은 교내 말하기 대회 중 강연자의 발표이다. 물음에 답하시오.

> 발표 시작에 앞서 여러분에게 질문을 드리고자 합니다. 여러분이 생각하시기에 최근 논란이 되는 세계적인 이슈가 무엇일까요? (대답을 듣고) 네, 성차별 논란, 흑인 차별 논란 등 말씀해주신 많은 이슈가 차별과 관련이 있는데요. 이러한 차별에 대해서 우리가 생각해야 할 점은 바로 '인권'입니다. 다음 주 12월 10일에 세계 인권 선언 기념일을 맞아 교내에서 인권 존중 행사가 진행될 예정입니다. 그래서 저는 행사에 참여할 여러분에게 도움을 드리고자 오늘 인권 성장 역사에 대해 발표하려고 합니다.
>
> (사진을 보여주며) 여러분, 이 그림 역사 시간에 본 적 있으시죠? 이 작품은 외젠 들라크루아의 '민중을 이끄는 자유의 여신'이라는 작품으로 프랑스 혁명을 기념하기 위해 그린 그림입니다. 프랑스 혁명이 발생한 계기에 대해 기억하시는 분이 있나요? (반응을 듣고) 네, 다들 역사 수업을 열심히 들으셨군요. 근대에 접어들면서 천부 인권 사상이 시민을 중심으로 확산하였고, 자유롭고 평등한 시민 계급이 지배하는 사회를 건설하는 혁명이 일어났습니다. 대표적으로 영국의 명예혁명, 미국의 독립혁명과 프랑스 혁명이 있습니다. 이러한 혁명의 결과 시민의 자유권과 평등권이 보장되었습니다.
>
> 하지만 시민들은 모두가 정치에 참여할 수 있는 권리, 즉 참정권을 보장받지 못했습니다. 영국에서 노동자는 투표에 참여할 수 없었는데요, 보통선거를 바탕으로 한 의회민주주의의 실시를 요구하며 차티스트 운동이 발생했습니다. 프랑스와 미국에서는 여성들도 사회생활을 할 수 있다고 외치는 여성 참정권 운동이 일어났습니다. 참정권에 대한 시민들의 요구가 이어지자 20세기 이후에 여러 국가에서 시민들의 참정권이 확립되었습니다.
>
> 자유권, 평등권 그리고 참정권을 보장받은 시민들은 사회권을 국가에 요구하기 시작했습니다. 산업 혁명 이후 열악한 노동 환경과 빈부 격차 등으로 최소한의 인간다운 생활을 할 수 없었기 때문입니다. 그래서 시민들은 국민의 생존권을 국가가 보장해 달라고 요구했습니다. 사회권은 독일 바이마르 헌법에 처음으로 명시되었습니다. 그리고 세계 인권 선언에서 모든 인간의 천부적 존엄성은 세계의 자유, 정의, 평등의 기반임을 인정하면서 시민들은 사회권을 보장받을 수 있었습니다.
>
> 현대에는 시민들 간의 차별 문제가 심화되면서 이를 해결하기 위한 여러 약속이 맺어졌습니다. 대표적으로 인종 차별 철폐 협약, 국제 인권 규약, 세계 이주민의 날 제정 그리고 장애인 권리 협약이 있습니다. 최근 여러 차별 문제가 일어나면서 인권에 대해 다시 생각할 시간이 필요하다고 생각합니다. 우리가 인권의 의미를 잘 이해한다면 사회가 겪고 있는 차별 문제가 해결될 수 있다고 생각합니다. 이상 발표를 마칩니다.

35. 위 강연자의 발표 전략으로 가장 적절한 것은?

① 발표 내용에 대한 청중의 이해 여부를 확인하기 위해 청중의 반응을 확인하며 발표를 마무리하고 있다.
② 권위 있는 문헌의 내용을 직접 인용하여 발표 내용의 신뢰도를 높이고 있다.
③ 발표의 순서를 미리 안내하여 청중이 발표 내용을 예측하며 듣도록 하고 있다.
④ 질문을 던지고 답하는 방식을 활용하여 청중이 발표에 집중하도록 하고 있다.
⑤ 발표를 마무리하기 전에 발표 내용을 요약하여 발표 내용에 대해 청중이 쉽게 기억하도록 돕고 있다.

36. 다음은 교내 말하기 대회 기획자가 강연자에게 보낸 전자 우편이다. 이를 바탕으로 세운 강연자의 계획 중 발표에 반영되지 <u>않은</u> 것은?

> 안녕하세요. 저는 이번 교내 말하기 대회의 기획을 맡게 된 ○학년 ○반 ○○○입니다. 교내 인권 존중 행사를 위해 12월 10일이 무슨 의미를 가지는지, 인권이 어떤 순서로 성장했는지, 현대에는 어떤 인권 약속이 있는지 강연을 부탁드립니다. 강연하실 때 학생들이 역사 시간에 배운 자료를 활용해 주시면 도움이 될 것 같습니다. 감사합니다.

① 청중이 12월 10일에 교내 인권 존중 행사에 참여하므로 그 날이 가지는 의미를 안내한다.
② 청중이 인권이 어떤 순서로 성장했는지 알고자 하므로 인권 성장의 역사에 대해 발표한다.
③ 청중이 현대에는 어떤 인권 약속이 있는지 알고자 하므로 현대에 맺어진 여러 약속을 나열한다.
④ 청중이 역사 시간에 배운 자료의 활용을 희망하므로 청중들의 배경지식을 확인할 수 있는 사진 자료를 제시한다.
⑤ 청중이 교내 인권 존중 행사에 참여하므로 사회가 겪고 있는 차별 문제를 해결하기 위한 다양한 방안을 주장한다.

37. 발표 내용에 대한 이해를 바탕으로 추가 설명을 요청하는 학생의 질문으로 적절하지 <u>않은</u> 것은? [3점]

① 시민들이 국민의 생존권을 국가에 보장해 달라고 요구했다고 하셨는데, 그 요구의 원인에 관해 설명해 주실 수 있나요?
② 세계 인권 선언에 대해 말씀하셨는데, 세계 인권 선언이 만들어진 계기에 관해 설명해 주실 수 있나요?
③ '천부 인권', '보통선거'라는 말을 이해하지 못했는데, 그 말의 의미에 대해 설명해 주실 수 있나요?
④ 사회권이 독일 바이마르 헌법에 처음 명시됐다고 하셨는데, 자유권·평등권이 처음 명시된 자료도 설명해 주실 수 있나요?
⑤ 현대에 맺어진 여러 인권 약속에 관해 설명하셨는데, 각각 어떤 내용을 담고 있는지 구체적으로 설명해 주실 수 있나요?

[38～42] (가)는 학생들의 대화이고, (나)와 (다)는 대화에 참여한 학생들이 작성한 초고이다. 물음에 답하시오.

(가)

학생 1: 이번 과제가 '교내 공동체 문제의 해결을 위한 글쓰기'잖아. 혹시 이번 과제에 대해서 생각해 본 거 있어?

학생 2: 나는 이번에 교내 공용 자습실의 문제점에 대해 쓰려고 자료를 찾아보고 있어. 너는?

학생 1: 오, 교내 공용 자습실에 불편함을 느끼는 친구들이 많은 것 같은데, 나도 그 주제로 글을 쓰면 안 될까?

학생 2: 어…, 내가 먼저 생각한 주제인데…. 같은 주제로 글을 쓰면 아무래도 안 좋을 것 같은데, 선생님께서 같은 주제로 글을 작성해도 된다고 하셨어? [A]

학생 1: 응. 동일한 주제로 글쓰기를 해도 되고, 필요한 경우에는 같은 주제를 가진 사람들끼리 조를 구성해서 자료를 공유해도 괜찮다고 말씀하셨어.

학생 2: 알겠어. 그러면 우리 같은 주제를 가지고 글을 쓰니까 같이 조를 구성하자.

학생 1: 좋아. 그렇게 하자. 그런데 넌 왜 교내 공용 자습실에 대해 쓰려고 해?

학생 2: 작년에 학교에서 공용 자습실을 처음 운영했을 때부터 문제가 많다고 생각했어.

학생 1: ㉠나도 너와 같은 생각이야. 큰 기대를 갖고 교내 공용 자습실을 이용했는데 자습은커녕 학생들의 만남의 광장이 되어 버렸잖아.

학생 2: 맞아. 교내 공용 자습실이 본래의 목적에 맞지 않게 운영되고 있어. 공부를 목적으로 자습실에 오는 학생들도 이젠 보기 힘들고. 너는 이 문제를 해결할 수 있는 방법에 대해 알아본 자료가 있니?

학생 1: ㉡며칠 전에 인터넷에서 ○○고등학교에서도 비슷한 문제가 있었지만, 학생회에서 자습실 관리팀을 꾸려 노력한 결과 본래의 목적에 맞게 자습실을 운영했다는 기사를 봤어.

학생 2: ㉢○○고등학교 학생회는 어떤 노력을 한 거야?

학생 1: 자습실 올바르게 이용하기 캠페인을 진행하고 자습실 관리 감독을 뽑아 자습실을 공부 외의 목적으로 이용하는 학생들에게 벌점을 부과하는 제도를 도입했대.

학생 2: 학생회에서 직접 관리를 해야만 자습실이 제대로 운영될 수 있을까?

학생 1: ㉣무슨 말이야?

학생 2: ○○고등학교의 사례를 보니 학생들 스스로 문제를 인식하고 해결할 수는 없을까 궁금해서.

학생 1: ㉤나는 이 문제를 해결하려면 학생회와 같은 조직이 조처를 해야 한다고 생각하는데, 너는 다르게 생각하는구나. 그럼 각자 생각하는 대로 해결 방안을 구상해서 글을 써 보는 건 어떨까?

학생 2: 좋아.

(나) 학생 1의 초고

교내 자습실 관리에 관한 건의 

□□고등학교 학생회 여러분, 안녕하세요. 저는 3학년 학생입니다. 교내 공용 자습실 관리에 대해 건의할 사항이 있습니다.

교내 공용 자습실은 학교 학생들의 쾌적한 공부 환경을 목적으로 설치되었지만, 설치된 작년부터 목적에 맞지 않게 학생들이 웃고 떠드는 만남의 광장으로 이용되고 있습니다.

반면에 이 인터넷 기사(https://www.gungmuni.co.kr/e5QW3e)에서 알 수 있듯이, 인근 ○○고등학교에서도 유사한 문제가 있었지만, 캠페인과 벌점제 운영 등 학생회가 노력한 결과, 교내 공용 자습실의 이용이 본래의 목적에 맞게 운영될 수 있었다고 합니다.

따라서 우리 학교에서도 ○○고등학교와 같은 조치를 했으면 합니다. 건의 드린 내용에 대한 답변을 기다리겠습니다.

(다) 학생 2의 초고

학생들의 교내 공부할 수 있는 환경에 대한 불만이 이만저만이 아니다. 교내 공용 자습실이 몇몇 학생들로 인하여 공부를 위한 공간이 아닌 웃고 떠드는 공간으로 사용되고 있기 때문이다. 이에 공용 자습실의 올바른 이용에 대한 관심이 요구되고 있다.

교내 공용 자습실 운영의 본래 목적은 다음과 같다. 첫째, 학생들의 쾌적한 공부 환경 조성을 위해서다. 둘째, 학생들이 공부할 수 있는 환경을 조성하여 학업 성취도를 향상하기 위함이다. 셋째, 독서실 또는 스터디 카페와 같은 시설에 대해 경제적 부담이 있는 학생들에게 공부 환경을 마련해 주기 위함이다. 따라서 이러한 목적에 맞게 자습실이 운영되기 위해서 학생들이 문제를 인식하고 해결하려는 노력이 필요하다.

그렇다면 학생인 우리가 할 수 있는 일은 무엇일까? 먼저 자습실에서 공부에 방해되는 행위를 하는 학우들에게 주의를 시켜야 한다. 다음으로 자습실 운영 취지를 학우들에게 설명하여 자습실을 올바르게 사용하지 않는 학생들이 자습실을 본래 목적에 맞게 사용할 수 있도록 한다.

교내 공용 자습실을 올바르게 이용하기 위해 선생님과 학생회의 행동만을 기다릴 일은 아니다. 우리 스스로가 관심을 가지고 실천에 나선다면 교내 공용 자습실이 본래 목적에 맞게 운영되어 그 결과 우리에게 높은 학업 성취도를 가져다줄 것이다.

38. 대화의 흐름을 고려할 때, ㉠~㉤에 대한 설명으로 적절하지 <u>않은</u> 것은?

① ㉠: 상대와 같은 의견을 갖고 있음을 밝히고 있다.
② ㉡: 자료의 유무를 묻는 상대에게 신문 기사의 내용으로 답하고 있다.
③ ㉢: 상대가 언급한 신문 기사의 내용에 대한 세부적인 정보를 요청하고 있다.
④ ㉣: 상대의 말에 대해 자신이 이해한 바가 맞는지 확인하고 있다.
⑤ ㉤: 자신이 생각한 방법과 상대의 의견이 다름을 밝히고 있다.

39. [A]의 학생 1의 발화에 대한 설명으로 가장 적절한 것은?

① 상대와의 의견을 일치시킨 것에 대한 긍정적인 반응을 보고, 질문의 방식으로 상대의 의견을 구하고 있다.
② 상대에게 바라는 행동을 제안한 것에 대한 부정적인 반응을 보고, 상대에게 동조의 뜻을 표현하고 있다.
③ 상대에게 의사를 명료하게 드러낸 것에 대한 긍정적인 반응을 보고, 자신의 정서에 공감해 주기를 요구하고 있다.
④ 상대에게 원하는 바를 밝힌 것에 대한 부정적인 반응을 보고, 선생님의 의견을 제시하여 상대의 동의를 구하고 있다.
⑤ 상대의 상황을 생각하며 자신의 요구를 철회한 것에 대한 긍정적인 반응을 보고, 상대의 정서에 적극 공감하고 있다.

40. <보기>는 (가)의 대화에 참여한 학생들이 (다)를 쓰고 담임 선생님의 조언을 들은 뒤 나눈 대화이다. ㉮와 ㉯의 내용으로 가장 적절한 것은?

<보 기>

학생 1: 선생님께서 글에 문제의 심각성을 알릴 수 있는 ㉮제목과 우리들의 행동 변화를 권유하는 ㉯문구를 넣으면 독자들이 더욱 관심을 가지고 글을 읽을 수 있을 것 같다고 말씀하셨어.
학생 2: 그러면 제목에는 질문하는 방식을 활용하자.
학생 1: 그래. 문구에는 가정적 표현을 활용하자.
학생 2: 좋아. 그렇게 하자.

① ㉮: 학교 공용 자습실, 더 이상 놀이동산이 아니다.
㉯: 학생회가 나설 필요 없이, 우리 스스로 문제를 해결하자!
② ㉮: 우리는 왜 자습실에서 공부를 할 수 없을까?
㉯: 학생회가 성실하게 노력한다면, 자습실 문제를 해결 할 수 있습니다.
③ ㉮: 선생님, 저는 학교 공용 자습실에서 공부하고 싶어요.
㉯: 교외 시설에서 공부하기에는 경제적 부담이 있는 친구들을 위해 자습실을 올바르게 사용하자!
④ ㉮: 학교 공용 자습실은 누굴 위한 공간일까요?
㉯: 우리 스스로 문제에 관심을 갖고 해결하고자 하는 태도를 가집시다.
⑤ ㉮: 학교 공용 자습실, 놀기 위해 만들어진 공간일까요?
㉯: 우리 스스로 관심을 가진다면, 우리 스스로 문제를 해결할 수 있습니다.

41. (가)의 대화 내용을 바탕으로 (나), (다)를 작성했다고 할 때, (나), (다)에 반영된 양상으로 적절하지 <u>않은</u> 것은?

① (가)에서 학생 2가 교내 공용 자습실의 문제에 대해 언급한 내용이 (나)의 2문단에 문제 제기의 내용으로 제시되었다.
② (가)에서 학생 2가 문제 해결 주체에 대해 언급한 내용이 (다)의 4문단에 학생 스스로의 문제 인식의 필요성으로 제시되었다.
③ (가)에서 학생 1이 학생회의 영향력에 대해 언급한 내용이 (나)의 3문단에 건의 수용의 기대 효과로 제시되었다.
④ (가)에서 학생 1이 신문 기사에 대해 언급한 내용이 (나)의 3문단에 문제 해결 사례로 제시되었다.
⑤ (가)에서 학생 2가 교내 공용 자습실 운영 본래의 목적에 대해 언급한 내용이 (다)의 2문단에 부가 설명과 함께 제시되었다.

42. 작문 맥락을 고려할 때 (나), (다)에 대한 이해로 적절하지 <u>않은</u> 것은? [3점]

① 작문 목적 면에서, (나)는 현재 문제의 실태를 제시하며 예상 독자에게 문제의 심각성을 알리고 있다.
② 글의 주제 면에서, (나)는 학생회의 노력으로 해결할 수 있는 문제와 조처를 촉구하는 내용을 중심으로 제시하고 있다.
③ 글의 유형 면에서, (다)는 구체적이고 실행 가능한 방안을 제시하며 공동의 실천으로 문제 해결을 촉구하는 형식의 글이다.
④ 작문 매체 면에서, (다)는 필자가 언급한 내용을 하이퍼링크를 통해 예상 독자가 확인할 수 있도록 하고 있다.
⑤ 예상 독자 면에서, (다)는 문제 해결의 필요성을 알리기 위해 학교 공동체의 학생 구성원을 독자로 상정하고 있다.

[43~45] 다음은 작문 상황과 이를 바탕으로 작성한 학생의 초고이다. 물음에 답하시오.

◦ **작문 상황** : 종이책을 읽는 것의 효과를 소개하는 글을 써서 교지에 실으려 함.

◦ **학생의 초고**

'종이책'이란 '전자책'이 나오면서 이에 대응하기 위해 만들어진 말로, 종이로 제본이 된 책을 일컫는다. 21세기 전자책이 개발되면서 종이책이 사라진다는 여러 경고가 있었다. 최근에는 모바일 산업이 발달하면서 우리 주변에서 디지털 기기를 이용하여 전자책을 읽는 사람들을 쉽게 볼 수 있다. 그러나 21세기가 된 지 수십 년이 지난 지금도 종이책 산업은 활발히 이루어지고 있다. 전자책에 맞서는 종이책만의 매력은 무엇일까?

종이책은 전자책을 읽을 때보다 책 내용에 더 집중할 수 있다. 한 연구에 따르면 참가자 50명 중 절반은 종이책, 나머지 절반은 전자책을 읽힌 결과 종이책을 읽은 참여자들이 책 내용을 더 잘 기억했다. 실험을 진행한 OO대학의 교수진은 종이책을 읽을 때 독자는 손가락으로 종이의 두께를 감지하고, 책을 읽어 나갈수록 진도가 나가는 것을 시각뿐만 아니라 촉각으로 느낄 수 있다고 밝혔다. 다양한 감각 기관을 이용하여 읽을 수 있는 종이책이 책의 내용을 이해하는 데 더욱 효과적인 것이다.

모바일 산업이 더욱 커지면서 전자책 시장도 더욱 커질 전망이다. 하지만 전자책을 읽으면서 얻을 수 없는 종이책의 효과는 매우 크다. [A]

43. 다음은 초고를 작성하기 전에 학생이 떠올린 생각이다. ⓐ~ⓔ 중 학생의 초고에 반영되지 않은 것은?

- 종이책의 개념을 정의하며 글을 시작한다. ………… ⓐ
- 전자책을 이용한 독서가 상용화된 우리의 일상을 언급한다. ………… ⓑ
- 종이책과 전자책을 읽는 것의 차이를 실험 결과를 활용하여 설명한다. ………… ⓒ
- 전문가의 말을 인용하여 전자책을 읽는 것보다 종이책을 읽으면서 얻을 수 있는 효과를 설명한다. ………… ⓓ
- 청소년기에 종이책을 읽는 것의 효과를 언급한다. … ⓔ

① ⓐ ② ⓑ ③ ⓒ ④ ⓓ ⑤ ⓔ

44. <보기>를 고려할 때, [A]에 들어갈 내용으로 가장 적절한 것은?

<보 기>

◦ **친구의 조언** : 글에서 제시된 종이책 읽기의 특징을 언급하고 종이책 읽기를 권유하면서 마무리하면 좋겠다.

① 전자책을 읽으면 종이책을 읽을 때보다 책 내용을 더 잘 이해할 수 있다.
② 전자책보다 다양한 감각 기관을 이용하는 종이책을 읽도록 하자.
③ 종이책을 읽는 것은 양날의 검과 같은 효과를 가지고 있음을 기억하자.
④ 종이책을 읽으면서 가질 수 있는 효과를 우리는 전자책을 통해서도 얻을 수 있다.
⑤ 종이책을 읽을 때 다양한 감각 기관을 활용해 뇌 발달에 도움이 된다.

45. <보기>는 학생이 초고를 보완하기 위해 추가로 수집한 자료이다. 자료의 활용 방안으로 적절하지 않은 것은?

<보 기>

ㄱ. 신문 기사

미국출판협회 집계에 따르면, 20○○년 1월부터 9월까지 도서 판매에서 전자책 매출은 18% 감소하고, 종이책은 7% 증가했다고 발표했다. 영국출판협회도 20○○년 영국의 전자책 판매가 17% 감소, 종이책은 7% 증가했다고 발표했다. 전자책 시장 정체의 주요 원인으로는 다수의 독자들이 느끼는 전자 기기를 통한 장문 읽기의 부담감과 다양한 멀티미디어와 엔터테인먼트 콘텐츠 이용률의 증가를 들 수 있다.

ㄴ. 대학 교수 인터뷰

"종이책은 전자책과 달리 다양하게 감각을 자극하는 매체이다. 책 한 권을 들고 손가락을 자유자재로 움직일 때 촉각이 동원되고, 책장이 넘어갈 때 들리는 소리에 청각이 동원되고, 종이 냄새를 맡을 때 후각이 동원된다."

ㄷ. 연구 자료

연구는 참가자 50명에게 특정 소설을 똑같이 읽히는 방식으로 진행됐다. 참가자 절반은 전자책으로 소설을 읽었고 나머지 절반은 종이책으로 읽었다. 연구진은 소설을 다 읽은 참가자에게 줄거리, 등장인물, 배경 등을 물었다. 그 결과, 소설 속 사건을 시간 순서로 정렬하라는 항목에서 전자책 독자는 종이책 독자보다 상당이 낮은 점수를 받았다.

① ㄱ을 활용하여, 21세기에 전자책 시장이 더욱 커질 전망이라는 3문단의 내용을 뒷받침한다.
② ㄱ을 활용하여, 종이책 산업은 지금도 활발히 이루어지고 있다는 1문단의 내용을 뒷받침한다.
③ ㄴ을 활용하여, 다양한 감각 기관을 이용하여 책을 읽을 수 있다는 2문단의 내용을 구체화한다.
④ ㄴ을 활용하여, 전자책을 읽으면서 얻을 수 없는 종이책의 효과는 매우 크다는 3문단의 내용을 보강한다.
⑤ ㄷ을 활용하여, 실험 결과 종이책을 읽은 참여자들이 책 내용을 더 잘 기억했다는 2문단의 내용을 뒷받침한다.

* 확인 사항

○ 답안지의 해당란에 필요한 내용을 정확히 기입(표기)했는지 확인하시오.

○ 이어서, 「**선택과목(언어와 매체)**」 문제가 제시되오니, 자신이 선택한 과목인지 확인하시오.

제 1 교시

국어 영역(언어와 매체)

[35~36] 다음 글을 읽고 물음에 답하시오.

합성어의 종류는 의미 관계에 따라 [A]**대등 합성어**, 종속 합성어, 융합 합성어로 나눌 수 있다. 대등 합성어란 어근들이 각각 본래의 의미를 유지하면서 대등하게 결합된 합성어이다. 예를 들어 '앞뒤'라는 말은 앞과 뒤를 아울러 이르는 말로 '앞'과 '뒤'가 모두 본래의 의미를 유지하면서 결합된 대등 합성어이다. 다음으로 종속 합성어는 한쪽의 어근이 다른 한쪽의 어근을 꾸며주는 형태의 합성어이다. '책가방'이라는 단어는 책을 넣어서 들거나 메고 다니는 가방이라는 뜻으로 '책'이 '가방'을 꾸며주는 형태의 합성어이다. 종속 합성어는 수식 합성어라고도 부른다. 마지막으로 융합 합성어는 어근들이 완전히 하나로 융합하여 어근 본래의 의미와는 다른 새로운 의미를 지니게 된 합성어이다. '춘추'라는 단어는 '봄 춘(春)'자와 '가을 추(秋)'자가 합쳐진 합성어로 봄과 가을이라는 본래의 뜻과는 다른 새로운 의미인 어른의 나이를 높여 이르는 말로 사용된다.

한편, 합성어 가운데는 합성어를 이루는 요소들의 결합 방식이 국어의 정상적인 통사적 구성 방식과 일치하는 것도 있고 그렇지 않은 것도 있다. 합성어의 결합 방식이 국어의 정상적인 통사적 구성 방식과 일치하는 합성어를 ㉠통사적 합성어, 통사적 구성 방식과 일치하지 않는 합성어를 ㉡비통사적 합성어라고 한다. 여기에서 정상적인 통사적 구성 방식이란 국어의 정상적인 단어 배열법, 구를 이루는 방식, 또는 국어의 정상적인 문장 구성에서 볼 수 있는 방식을 뜻한다.

35. [A]에 해당하는 예로 적절하지 않은 것은?

① 쌀밥
② 손발
③ 한두
④ 여닫다
⑤ 똥오줌

36. 윗글을 바탕으로 윗글의 ㉠, ㉡과 <보기>의 ⓐ~ⓖ에 대해 설명한 내용으로 적절하지 않은 것은? [3점]

<보 기>

(세 친구가 만나서 등교를 하는 상황)

유진: 1교시 수업이 수학인데 아직 숙제를 못 끝냈어. 빨리 학교에 가서 숙제를 해야겠다.
영균: (이어폰을 빼며) 너는 왜 이렇게 ⓐ게을러빠졌니?
유진: (울컥하며) 그게 뭔 소리야? 학교 가서도 수업 전까지 ⓑ손쉽게 끝낼 수 있어.
영균: (머쓱해하며) 아, 그럼 숙제 끝내고 매점 갈까?
유진: 음, 매점을 ⓒ오가는 시간이 있을 만큼 여유롭지는 않을 것 같아. 네가 매점까지 ⓓ뛰어가서 빵을 사 오는 건 어때?
영균: 알겠어. 친구가 ⓔ굶주리는 건 볼 수가 없지. 다음에는 네가 사줘. 그리고 새해에는 숙제 좀 미리 해. (지민을 바라보며) 그나저나 계단 ⓕ오르내리는 거 너무 힘들지 않아?
지민: (다른 생각을 하다가) 오늘 급식 제육 ⓖ덮밥이래!

① ⓐ의 원형인 '게을러빠지다'는 용언의 연결형과 용언이 결합한 구조이므로 ㉠에 속하겠군.
② ⓑ의 원형인 '손쉽다'는 명사와 형용사가 조사가 생략된 채로 결합한 구조이므로 ㉠에 속하겠군.
③ ⓒ의 원형인 '오가다'와 ⓓ의 원형인 '뛰어가다'는 모두 용언의 연결형과 용언이 결합한 구조이므로 ㉠에 속하겠군.
④ ⓔ의 원형인 '굶주리다'와 ⓕ의 원형인 '오르내리다'는 모두 용언의 어간과 용언이 결합한 구조이므로 ㉡에 속하겠군.
⑤ ⓖ의 '덮밥'은 용언의 어간과 명사가 결합한 구조이므로 ㉡에 속하겠군.

37. <보기>의 밑줄 친 부분에 해당하는 예로 적절하지 않은 것은?

<보 기>

국어의 조사는 크게 격 조사, 접속 조사, 보조사로 나뉜다.

① '공부라도 하렴.'에서의 '라도'
② '진우는 천사처럼 착하다.'에서의 '처럼'
③ '치킨만 먹어서는 안 된다.'에서의 '만'
④ '주식은 은성이가 전문이지.'에서의 '은'
⑤ '1학기 성적을 보니 재수강뿐이야.'에서의 '뿐'

38. <보기>의 ㉠~㉣에 대한 이해로 적절하지 않은 것은?

<보 기>

높임 표현은 화자가 어떤 대상에 대해 높이거나 낮추는 태도를 나타내는 표현으로 높이려는 대상에 따라 주체 높임, 상대 높임, 객체 높임으로 나뉜다.

㉠ 어머니께서는 약속이 있으시다.
㉡ 어서 선생님께 가 보아라.
㉢ 고객님, 안내 드리겠습니다.
㉣ 아버지께서 할아버지를 모시러 가셨다.

① ㉠은 주체인 '어머니'를 간접적으로 높이고 있다.
② ㉡은 격 조사를 사용해 객체인 '선생님'을 높이고 있다.
③ ㉡과 ㉢에서는 모두 상대 높임이 실현되고 있다.
④ ㉢과 ㉣은 특수 어휘를 사용해 문장의 객체를 높이고 있다.
⑤ ㉣은 선어말 어미 '-(으)시-'를 사용해 문장의 객체를 높이고 있다.

39. <보기>를 바탕으로 할 때, 단어 간의 관계가 다른 하나는?

<보 기>

서로 의미적 연관성을 갖는 둘 이상의 의미를 지닌 하나의 단어를 다의어라고 하고, 같은 발음이 나지만 의미적 연관성이 없는 둘 이상의 단어를 동음어라고 한다. 다의어는 하나의 표제어 하에 여러 의미를 병기하는 반면 동음어는 서로 다른 표제어로 각각 등재한다.

손1
• 사람의 팔목 끝에 달린 부분.
• 일을 하는 사람. =일손.
• 어떤 일을 하는 데 드는 사람의 힘이나 노력, 기술.
• 어떤 사람의 영향력이나 권한이 미치는 범위.
• 사람의 수완이나 꾀.

손2
• 다른 곳에서 찾아온 사람.
• 여관이나 음식점 따위의 영업하는 장소에 찾아온 사람.

① 손은 섬섬옥수는 아니었지만 두둑하고 부드러워 보였다.
② 김장철에는 온 가족이 모여도 손이 부족하다.
③ 나는 부모님이 돌아가셔서 할머니의 손에서 자랐다.
④ 그 가게는 늘 손이 많다.
⑤ 장사꾼의 손에 완전히 놀아났다.

[40~42] (가)는 라디오 방송이고, (나)는 (가)의 '사연'을 바탕으로 기획된 극작품의 모습이다. 물음에 답하시오. (단, 문자 사연 특성 상 (가)의 사연자는 호스트의 조언에 즉각적인 반응을 보일 수 없음.)

(가)

(잔잔한 음악이 배경 음악으로 나오며)

호스트: 다음 사연 읽어볼게요. 서울에 사는 OO님이 보내주신 사연입니다.

"(여성의 목소리로) 안녕하세요, 저는 만난 지 100일이 조금 넘은 남자친구가 있어요. 처음 사귀게 되었을 때는 한없이 다정하고 좋은 사람이었어요. 사소한 것까지 잘 챙겨주는 모습에 조금의 다툼조차 생길 일이 없었지요. 그런데 얼마 전부터 남자친구가 저를 대하는 태도가 달라졌어요. 조금만 일이 틀어져도 화를 내며 폭언을 하고, 연락도 뜸해지고, 저 아닌 다른 사람과의 술자리에 참석하는 빈도가 늘었어요. 그러고는 하는 말이, 이게 다 저를 위한 거라는 거예요. 자기가 사람들과 인맥을 쌓고 외부 활동을 많이 할수록 결국 자기 가치가 올라가는 것이고 그렇다면 좋은 게 아니냐는 식으로 말하는데 저는 처음엔 이해할 수가 없었어요. 다 전부 저를 위해서, 또 사랑해서 하는 거라는데 그 말을 들으니 또 믿게 되고, 어떻게 하면 좋을까요? 도와주세요."

남자친구와의 관계에서 어려움을 겪고 계신 시청자분의 사연입니다. 정말 마음이 심란하시겠네요. 이런 말을 드리기 조심스럽지만, 남자친구분의 태도에 문제가 있는 것 같네요. 사연을 보내주신 분께서는 본인이 어떻게 남자친구분의 태도 변화에 대처해야 할 것인지 질문을 주셨는데, 먼저 바뀌어야 할 것은 남자친구분의 태도 같아요. 남자친구분이 요즘 연락이 뜸하고 다른 사람들과 만나는 시간이 늘어난 것에 대한 본인의 감정과 생각을 밝히며 진지하게 대화해보는 시간이 필요해 보여요. 그리고 아무리 연인 관계라고 하더라도 폭언을 하는 건 이해가 안 되네요. 이러한 모습이 반복된다면, 앞으로의 관계 지속 여부에 관해서도 진지하게 고민해 보셔야 할 것 같아요.

다시 한번 안타깝고 화가 나네요. 사연 속 고민이 해결되시기를 간절히 바라며, 신청곡 들려드릴게요.

(나)

40. 매체의 특성을 고려하여 (가)에 대해 이해한 내용으로 적절하지 않은 것은?

① (가)에서 호스트가 사연자의 감정에 이입하는 모습에서, 쌍방향적 의사소통이 이뤄지는 매체의 특성을 파악할 수 있군.
② (가)가 현장 관람이 가능한 '보이는 라디오' 형식으로 진행되었다면 사연에 대한 호스트의 반응을 청중이 더 생생히 느낄 수 있었겠군.
③ (가)에서 호스트가 '사연'을 낭독하는 동안 실시간으로 문자를 수신했다면, 호스트는 이를 통해 청취자의 반응을 살필 수 있었겠군.
④ (가)의 호스트가 만일 남성이었다면, '여성의 목소리로' 사연을 낭독한 것은 청취자의 몰입을 끌어내기 위함이라고 할 수 있겠군.
⑤ (가) 매체의 특성상 사연자의 '신청곡'이라는 요소는 사연과 사연을 구분해주며 분위기를 환기하는 역할을 하는군.

41. 다음은 (가)의 청취자들이 시청자 게시판에 남긴 댓글이다. 이에 대한 이해로 적절하지 않은 것은?

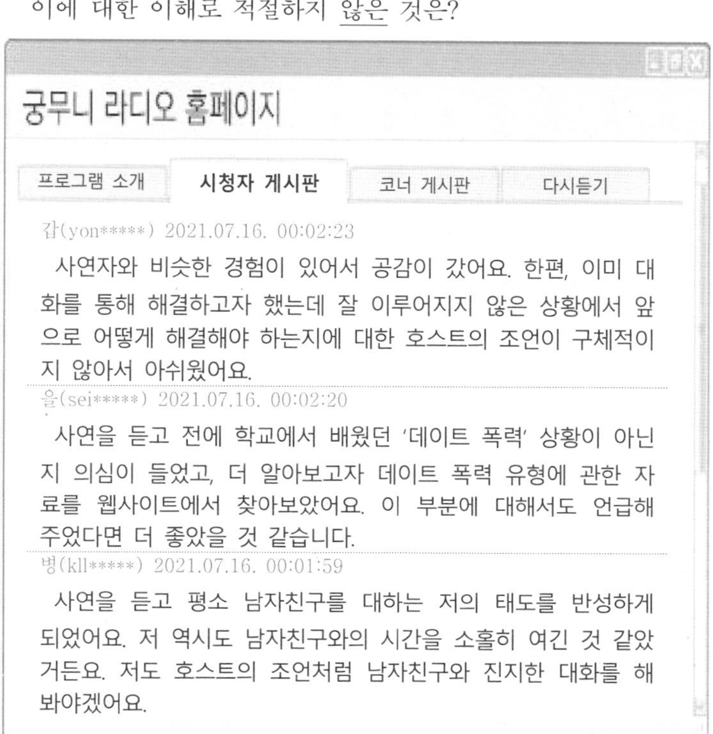
궁무니 라디오 홈페이지

프로그램 소개 | 시청자 게시판 | 코너 게시판 | 다시듣기

갑(yon*****) 2021.07.16. 00:02:23
사연자와 비슷한 경험이 있어서 공감이 갔어요. 한편, 이미 대화를 통해 해결하고자 했는데 잘 이루어지지 않은 상황에서 앞으로 어떻게 해결해야 하는지에 대한 호스트의 조언이 구체적이지 않아서 아쉬웠어요.

을(sej*****) 2021.07.16. 00:02:20
사연을 듣고 전에 학교에서 배웠던 '데이트 폭력' 상황이 아닌지 의심이 들었고, 더 알아보고자 데이트 폭력 유형에 관한 자료를 웹사이트에서 찾아보았어요. 이 부분에 대해서도 언급해 주었다면 더 좋았을 것 같습니다.

병(kll*****) 2021.07.16. 00:01:59
사연을 듣고 평소 남자친구를 대하는 저의 태도를 반성하게 되었어요. 저 역시도 남자친구와의 시간을 소홀히 여긴 것 같았거든요. 저도 호스트의 조언처럼 남자친구와 진지한 대화를 해 봐야겠어요.

① 갑, 을, 병은 모두 (가)의 사연과 관련하여 자신의 개인적 경험을 떠올리고 있군.
② 갑, 을은 각각 구체적이지 않거나 제시되지 않은 내용에 주목하여 의견을 드러내고 있군.
③ 을, 병은 각각 (가)를 청취하는 것에서 끝나지 않고, 추가 자료를 찾아보거나 새로운 활동을 계획하는 등 주체적인 수용 태도를 보이고 있군.
④ 갑이 호스트의 조언에 아쉬움을 느낀 이유는 (가)의 사연자와 같은 상황을 해소하기에는 호스트의 조언이 구체적이지 못한 것에서 비롯되었겠군.
⑤ 병은 (가)의 사연을 듣고 자신이 사연자와 동일한 처지에 놓여있다고 생각했기 때문에 호스트의 조언을 따라야겠다고 판단하였군.

42. (가)의 '사연'을 바탕으로 제작된 (나)의 매체별 특징을 설명한 것으로 가장 적절한 것은?

① (나)가 인터넷 영상이라면, 텔레비전 방송에 비해 전달에 있어 시공간적 제약이 더 많을 것이다.
② (나)가 실시간 댓글 기능이 포함된 인터넷 방송이라면, 극에 대한 청중의 반응을 확인하기는 어려울 것이다.
③ (나)가 인터넷 영상이라면, 라디오 사연에 비해 더 복합적인 매체 언어를 이용한 전달이 가능할 것이다.
④ (나)가 텔레비전 방송이라면, 라디오 사연과는 달리 불특정 다수에게 전달되기는 어려울 것이다.
⑤ (나)가 인터넷 영상이라면, 텔레비전 방송에 비해 쌍방향적 의사소통이 이뤄지기 어려울 것이다.

[43~45] 다음은 영상 제작 과제를 수행하기 위해 학생이 인터넷에서 열람한 뉴스 기사이다. 물음에 답하시오.

<△△신문>

코로나 백신, 접종 시 델타형 등 변이 80% 이상 예방

– 연구원·의학회 효과 신속검토...교차 접종 전신 반응 수용 가능 –

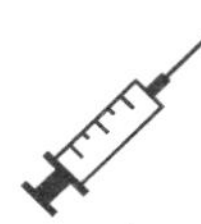

코로나19 백신을 2회 접종 완료시 변이 바이러스에 대해서도 80% 이상 예방 효과가 있다는 분석 결과가 나왔다.

한국☆☆연구원(이하 연구원)과 □□의학회(이하 의학회)가 공동으로 연구해 15일 발표한 '코로나바이러스 감염증-19(이하 코로나19) 백신 이슈 관련 신속검토'에서는 이 같은 내용이 포함됐다.

코로나19는 현재 치료제가 개발되어 있지 않은 신종 바이러스로 백신이 개발됐으나, 백신의 안전성과 감염 예방 효과에 대한 궁금증과 더불어 최근 바이러스 변이에 대한 불안감이 확산되고 있다.

이에 연구원·의학회는 7월 8일까지 국내외 의학 논문 데이터베이스와 출판전 문헌 데이터베이스에서 확인된 문헌들을 대상으로 코로나19 백신 '교차 접종의 효과 및 안전성'과 '기존 백신의 변이형 바이러스 예방 효과'에 관한 신속 문헌 고찰을 수행했다.

주요 연구 결과를 보면, 우선 백신의 교차 접종은 동일 백신 접종 완료군에 비해 중화항체 반응이 증가하지만 수용 가능한 수준으로 확인됐다.

	비변이	알파 변이	델타 변이	베타/감마 변이
H사	96% 입원/사망 예방	95% 입원/사망 예방	96% 입원/사망 예방	95% 입원/사망 예방
A사	95% 입원/사망 예방	86% 입원/사망 예방	92% 입원/사망 예방	83% 입원/사망 예방
M사	96% 입원/사망 예방	94% 입원/사망 예방	96% 입원/사망 예방	89% 입원/사망 예방

한편, 기존 백신에 대한 변이형 바이러스 예방 효과를 확인한 결과, 백신 접종을 완료한 경우 모든 변이 바이러스에 대해 임상적 의미가 있는 효과를 발휘하는 것으로 확인됐다.

연구원은 의학회 및 전문가들과 협업해 한 달 간격으로 최신 근거를 바탕으로 한 연구 결과를 지속적으로 발표할 계획이다.

연구원 연구 책임자 ○○○ 임상 근거 연구팀장은 "추후 대규모

코호트 연구들이 계속 보고될 예정이므로 신속하게 최신의 문헌들을 반영한 연구 결과를 지속적으로 발표할 것"이라고 말했다.

한편, 의학회 XXX 정책 이사는 "정부·의료계가 협업한 공신력 있는 연구결과는 불안감을 감소시키고 대유행 상황을 이겨 내는 데 큰 도움이 될 것"이라고 밝혔다.

2021.07.15. 17:14 입력/ 2021.07.15. 17:22 수정
△△신문 ★★★기자

좋아요(213) 싫어요(3) SNS에 공유 스크랩

43. 위 화면을 통해 매체의 특성을 이해한 학생의 반응으로 가장 적절한 것은?

① 기사가 문자, 이미지 등 복합 양식으로 구성되어 있다는 점에서 수용자는 공감각적으로 기사 내용을 이해할 수 있겠군.
② 기사에 포함된 정보를 일반인들이 생산하기는 어렵다는 점에서 쌍방향적 의사소통의 시공간적 제약이 전통적인 매체에 비해 엄격해졌군.
③ 기사에 포함된 정보의 구체성과 신뢰도를 높이기 위해서 내용과 관련된 분야의 전문가 인터뷰가 포함되기도 하는군.
④ 기사의 생산자가 명시되어 있다는 점에서 한번 입력된 기사의 수정은 불가능하겠군.
⑤ 기사를 누리 소통망(SNS)에 공유할 수 있다는 점에서 정보 전달 과정에서 수용자의 정서적 반응이 개입하기는 어렵겠군.

44. <보기>를 참고할 때, 위 기사에 대한 반응으로 적절하지 않은 것은?

<보 기>

효과적인 내용 전달을 위해 기자는 전체 취재 내용 중 일부분만을 활용하고 그 중 특정한 부분을 부각하는 방식으로 기사를 제작한다. 그러므로 기사를 분석할 때에는 기사의 내용만이 아니라 정보가 배치되는 방식, 시각 자료의 이미지 활용 방식 등 정보가 제시되는 양상에도 주목해야 한다.

① 코로나19 백신 접종에 관한 내용을 다룬다는 것을 부각하기 위해 백신을 상징하는 주사기 모양의 시각 자료를 기사 앞부분에 배치한 것이겠군.
② 연구원과 의학회에서 진행한 문헌 고찰의 결과를 부각하기 위해 결과를 이어지는 문단에서 곧바로 언급하고 있는 것이겠군.
③ 기존 백신의 변이형 바이러스 예방 효과에 관한 연구결과를 부각하기 위해 백신 및 변이 유형별 입원/사망 예방 효과를 담은 표를 제시한 것이겠군.
④ 코로나19에 관한 연구원과 의학회의 의견 충돌을 부각하기 위해 연구원과 의학회의 전문가 인터뷰를 모두 배치한 것이겠군.
⑤ 연구 결과를 지속적으로 발표할 계획이라는 발언을 부각하기 위해 이어지는 문단에 해당 내용이 담긴 연구원 연구 책임자의 인터뷰를 직접 인용한 것이겠군.

45. 다음은 학생이 영상 제작 과제 수행을 위해 작성한 메모이다. 메모를 반영하여 영상을 제작했을 때 얻을 수 있는 효과로 적절하지 않은 것은? [3점]

수행 과제: '코로나19' 관련 영상 제작하기
바탕 자료: '<△△신문> - 코로나 백신, 접종 완료시 델타형 등 변이 80% 이상 예방' 기사 내용
영상 내용: 코로나19 백신 접종 홍보
- 첫째 장면(#1): 코로나19의 치료제가 개발되지 않은 현재 상황
- 둘째 장면(#2): 백신 접종의 유용성
- 셋째 장면(#3): 교차 접종의 효과 및 안정성
- 넷째 장면(#4): 기존 백신의 변이형 바이러스 예방 효과
- 다섯째 장면(#5): 백신 접종 권유

① #1: 사람들이 늘어서 있는 진료소의 모습과 함께 치료제 개발 속도가 더디다는 내용의 자막을 달아 장면을 구성한다면, 영상의 복합 양식성을 제고할 수 있겠군.
② #2: 백신 접종의 유용성을 다룬 내용을 음성뿐만 아니라 수화 언어로도 전달한다면, 내용이 보다 더 많은 수용자에게 효과적으로 전달될 수 있겠군.
③ #3: 중화항체 반응과 전신 반응에 변화를 다룬 전문 기관의 그래프를 시각 자료로 제시한다면, 내용의 구체성과 신빙성을 보강할 수 있겠군.
④ #4: '백신별 코로나19 입원/사망 예방 효과표'에 관한 음성 해설을 덧붙인다면, 표만 제시되었을 때에 비해 독자의 몰입도와 이해도를 높일 수 있겠군.
⑤ #5: 백신 접종이 필요하다는 전문가의 전화 인터뷰 녹취록을 이용한다면, 학생이 동일한 내용을 음성으로 녹음해 전달했을 때보다 더 다양한 매체 언어를 활용한 전달이 가능하겠군.

* 확인 사항
○ 답안지의 해당란에 필요한 내용을 정확히 기입(표기)했는지 확인하시오.

※ 시험이 시작되기 전까지 표지를 넘기지 마시오.

제 1 교시

2022학년도 대학수학능력시험 궁무니 모의고사 문제지(3회)

국어 영역

성명	

수험 번호					—				

○ 문제지의 해당란에 성명과 수험 번호를 정확히 쓰시오.

○ 답안지의 필적 확인란에 다음의 문구를 정자로 기재하시오.

우리의 이야기에 봄이 있다면

○ 답안지의 해당란에 성명과 수험 번호를 쓰고, 답을 정확히 표시하시오.

○ 문항에 따라 배점이 다릅니다. 3점 문항에는 점수가 표시되어 있습니다. 점수 표시가 없는 문항은 모두 2점입니다.

※ 공통 과목 및 자신이 선택한 과목의 문제지를 확인하고, 답을 정확히 표시하시오.

※ 시험이 시작되기 전까지 표지를 넘기지 마시오.

궁무니 국어 연구팀

제 1 교시

국어 영역

[1~3] 다음 글을 읽고 물음에 답하시오.

조선 시대에는 독서 주체에 따라 ㉠독서 공간에 차이가 있었다. 조선 시대 사대부 남성은 유일하게 한문 문식성을 가진 계층으로, 독서를 위한 독립적 공간을 마련하여 독서에 매진하였다. 이 공간은 독서를 중시하였기 때문에 매우 고귀하면서 순전한 성격을 지닌 이상적인 공간으로 여겨졌다. 이 공간은 공적 공간과 사적 공간으로 나뉘었다.

독서를 위한 공적 공간은 과거 응시라는 목적성을 지닌다는 점에서 독서 자체를 목적으로 하는 사적 공간과는 차이가 있었다. 관학이나 서원, 향교와 같은 교육 기관, 독서당에서의 독서는 학습을 목표로 하였다. 독서는 관직으로 진출하기 위해 필수였고, 유교적 이념을 갖춘 인재가 되는 방법이었다. 독서가 그 자체로 학습의 과정이고, 일정한 독서에 대한 검증이 과거 시험의 응시라고 받아들여졌기 때문이다.

사대부의 한옥에는 독서를 위한 사적 공간이 마련되기도 하였는데, 대표적으로는 집안의 서재가 있다. 서재는 크게 사랑류와 정사류로 나뉜다. 사랑류는 사랑방을 의미하며, 정사류는 독서를 위해 생활 공간인 한옥과 분리해 지은 건물을 의미한다. 한옥의 공간 구성은 침실 기능을 하는 방과 손님을 맞이하는 사랑방으로 이루어지는데, 보통 사랑방에는 독서 공간으로 활용할 수 있도록 책과 서안, 문방사우 등이 놓였다.

집단 유희적 독서 공간은 여성, 평민 남성 등 다양한 독서 주체가 모여 독서가 집단적으로 이루어졌던 공간이다. 이 공간은 훈민정음이 창제되고 나타난 공간으로, 유희로서 즐거움을 위한 독서를 목표하였다. 이 공간에서는 한글 소설과 함께 등장한 소설을 낭독해 주는 전기수의 말을 들으며 독서가 이루어졌으며, 사대부의 공간과 다르게 건물 밖에 위치하였다.

1. 윗글을 읽고 ㉠에 대해 이해한 내용으로 가장 적절한 것은?

① 조선 시대의 독서 공간은 모두 독립적 공간이었다.
② 사랑류에는 문방사우가 놓여 있지 않았다.
③ 훈민정음이 창제되기 전에도 전기수가 존재했다.
④ 독서 주체의 계층에 따라 독서 공간이 달라지기도 했다.
⑤ 정사류는 독서를 위한 공적 공간이었다.

2. 윗글을 읽고 <보기>의 (가)와 (나)에서 드러난 독서 공간을 이해한 것으로 적절하지 않은 것은? [3점]

<보 기>

(가) 독서당은 세종조에 창설한 것인데, 서적을 내려 장수 유식(藏修游息)하게 하되, 인재를 대소에 따라 양성하여 한때 인재가 울연히 볼 만하였으며, 모두 사학을 숭상했었으니, 사학을 통해서도 성학을 이룰 수 있습니다. 우리나라는 사대할 뿐 아니라 교린을 하는 데 있어서도 사화가 중요하니, 권면하고 장려하지 않을 수 없습니다.

-「중종실록」-

(나) 죽은 벗 난곡(蘭谷) 김탁이가 매양 나에게 이렇게 말하곤 하였다. "평소 한옥과 떨어진 토실(土室) 하나를 지어 책 수천 권을 소장하고 그 가운데 거처하면서 여생을 보내고자 하지만 힘이 미치지 못합니다." 나는 토실과 비슷한 곳을 지었고, 거처한 지 두 해가 지났다. 대체로 겨울은 따뜻하고 여름은 시원하였으며, 낮에는 조용하고 밤에는 적막하였다. 이에 독서하는 곳으로 삼기에 딱 맞았다.

- 유도원(柳道源),「노애의 토실에 대한 기록」-

① (가)의 독서당은 매우 고귀하면서 순전한 성격을 지닌 이상적인 공간으로 여겨졌다.
② (가)의 독서당에서 이루어졌던 독서는 그 자체로 학습의 과정으로 여겨졌다.
③ (가)의 독서당에서 독서하던 사람들은 과거 응시를 목적으로 하여 관직으로 진출하고자 했다.
④ (나)의 토실에 거처한 사람은 독서 자체를 목적으로 하여 독서에 매진하였다.
⑤ (나)의 토실에서는 다양한 독서 주체가 모였으며 한문 문식성을 가진 이에 의해 독서가 이루어졌다.

3. 다음은 윗글을 읽은 학생의 반응이다. 이에 대한 설명으로 가장 적절한 것은?

조선 시대에 독서 공간에는 어떤 종류가 있었는지 알게 되었어. 그렇다면 현대의 독서 공간에는 어떤 종류가 있을까? 그리고 조선 시대와 현대의 독서 공간의 차이는 무엇이 있을까? 이에 대해 순서대로 조사해봐야겠다.

① 윗글과 관련된 내용을 추가로 조사할 계획을 세우고 있다.
② 글에서 언급되었던 구체적인 독서 방법을 궁금해하고 있다.
③ 독서 주체와 관계없는 독서 공간을 확인하고 있다.
④ 학습 경험과 연관지어 독서 공간의 의미를 인식하고 있다.
⑤ 독서에서 얻은 지식을 전파하려는 모습을 보이고 있다.

[4~9] 다음 글을 읽고 물음에 답하시오.

(가)

'역사는 진보한다'는 믿음은 오래전부터 이어져 왔다. 진보한다는 것은 앞으로 나아가는 것이며, 어느 방향이 앞이 되는지에 대한 논의가 전제되지 않는다면 세상에는 진보가 아닌 변화만이 존재할 것이다. 따라서 이와 같은 믿음은 세계가 어떠한 목적을 향해 나아가고 있다는 목적론적 결론에 도달하는데, 그 이유는 사람들 사이에 암묵적으로 그러한 논의가 이루어졌기 때문이다. 일반적으로 사람들은 이성이 완전하게 ⓐ발현되고 인간의 자유가 최대로 보장된 이상적인 상태를 목적으로 추구해왔다. 이러한 논의 뒤에 이어진 물음은 '어떻게 목적에 도달하게 되는가'였으며, 헤겔은 독자적인 변증법적 논리를 정립하여 이를 설명하고자 했다.

변증법이란 이성적 주장을 통해 진리를 확립하고자 하는, 주제에 대해 서로 다른 견해를 가진 두 명 이상의 사람들 사이의 담론(談論)이다. 헤겔은 이러한 변증법을 더 발전시켜 진리의 인식뿐만 아니라 세계의 변화를 설명하고자 했는데, 그는 변증법이 이루어지는 과정 또는 그 결과물을 정반합이라고 부르며, 테제, 안티테제, 진테제의 개념을 ⓑ제시했다. '테제'란 정명제, 즉 논리를 전개하기 위한 최초의 명제 또는 주장을 의미하며, 정반합에서 '정'에 해당한다. 그에 따르면 사회에서 어떤 현상이나 대상에 대한 부분적 요소가 정설로 굳어진 것이 바로 테제이다. '안티테제'는 이러한 테제에 반대되는 명제인 반명제, 즉 정명제의 모순을 드러내기 위한 정명제의 역을 의미하며, 정반합에서 '반'에 해당한다. 안티테제는 그 자체가 진테제가 되어 테제로 발전할 수는 있어도, 기본적으로 테제가 있어야만 존재할 수 있다. 테제와 안티테제가 충돌하여 모순을 일으키면 그 모순을 극복하기 위해 그것이 통일된 상태인 합명제, 즉 진테제로 발전하게 되며, 여기서 진테제가 바로 정반합에서 '합'에 해당한다. 정반합은 항상 발전하는 방향으로 이루어진다.

헤겔은 정반합의 과정에서 테제와 안티테제의 통일을 설명하며 '㉠지양'의 개념을 제시한다. 지양은 독일어인 '아우프헤벤'을 우리말로 번역한 것인데, '폐기하다', '보관하다', '고양하다' 등의 여러 의미를 지닌다. 이러한 아우프헤벤의 특성은 헤겔이 주장하는 바를 잘 반영한다. 변증법에서 A가 B가 되기 위해서, 즉 발전하기 위해서는 A는 A를 그만두어야 한다. 즉 A의 일부를 폐기해야 한다. 하지만 A가 A를 그만두게 되는 순간, A는 더 이상 A가 아니게 되어, 이전의 A로부터 발전했다고 볼 수 없다. 따라서 A는 A였을 때의 일부를 보관한다. 마지막으로 A가 본연 그대로 존재한다면 발전할 수 없으므로, 그 자신을 ⓒ고양하여 변화를 통해 B로의 발전을 이룩해야 한다. 이러한 지양을 통해 테제의 부분적 이해와 안티테제의 비판적 이견이 종합되며, 헤겔은 세상의 모든 것들은 이 과정을 반복하여 끊임없이 발전해 나간다고 주장했다.

(나)

논리학은 "무엇이 올바른 추론인가?"라는 문제를 해결하기 위해 출발한 학문이며, 그중 고대에 아리스토텔레스가 이룬 논증의 기본적 원리인 형식 논리학은 수천 년에 걸쳐 서양 학문의 중심이 되어 왔다. 형식 논리학은 판단과 추리의 참과 거짓을 확인하기 위해 추론의 타당성 성립 조건을 형식의 측면에서 연구하는 논리학이다. 아리스토텔레스는 형식 논리학의 사유법칙으로서 모순율*, 동일률, 배중률을 제시했는데, 헤겔의 변증법은 이러한 아리스토텔레스의 사유법칙 중 모순율을 위반한다는 비판에 직면했다.

아리스토텔레스는 모순율을 존재 및 사유의 원리 또는 법칙으로 생각했으며, 현실의 사물들이 모순율을 위반하며 존재할 수 없다고 하였다. 즉 모순개념으로서의 '모순' 혹은 모순진술로서의 '모순'은 어떤 사물이나 현상 속에 혹은 사물들이나 현상들 사이에 존재하는 것이 아니라 그것들에 관한 우리의 사유나 진술들 사이에 성립하는 관계라는 것이다. 하지만 헤겔은 존재에 관해서도 변증법적 전개가 가능하기에 존재 그 자체에 모순이 실재하며, 심지어 '만물은 자기 자신에 있어서 모순적이다'라고도 표현했다. 그렇다면 진정 헤겔은 모순율을 부정하는 것일까? 답은 '아니다'이다. 이는 '모순'의 용어 사용 시 발생했던 헤겔의 오류가 ⓓ야기한 판단이다.

칸트는 이러한 혼란을 초래하지 않기 위해 대립을 크게 논리적 대립, 실재적 대립, 변증적 대립으로 구분했다. 먼저 '논리적 대립'은 논리적으로 양립할 수 없는 두 사실 사이의 관계를 말한다. 이는 모순율과 같이 'A는 A인 동시에 ~A일 수 없다'라는 명제로 표현된다. 존재론적으로는 '모순적인 것은 존재할 수 없다'는 것을 증명하며, 인식론적으로는 이를 ⓔ위반했을 때 '판단의 오류나 결함'을 의미하게 된다. '실재적 대립'은 능력, 힘, 이유 등의 상호 대립적인 관계를 말한다. 이는 논리적 대립과 같이 논리적인 상호 부정을 의미하는 것이 아니라 결과와 작용 간의 실재적인 대립을 의미하며, 대표적인 예시로는 작용과 반작용, 수학적 긍정량과 부정량 등이 있다. ㉡변증적 대립은 형식적으로 서로 반대되는 주어, 술어, 판단들 간의 관계, 즉 명제와 이에 대한 반대 명제 간의 가상적인 대립을 말한다. 예를 들어, '이 물체는 냄새가 좋다'와 '이 물체는 냄새가 나쁘다'라는 두 명제는 서로 변증적 대립 관계에 속하며, 논리적 대립과 달리 모두 거짓이거나 참일 수 있다. 칸트는 이 세 가지 대립 중 논리적 대립에만 '모순'이라는 표현을 사용했고, 헤겔의 모순은 변증적 대립에 해당한다고 보았다. 그러나 헤겔은 모든 대립을 모순으로 표현하였고, 모순 개념의 모호한 정립이라는 비판을 피할 수 없었다.

* 모순율: 모든 사물은 그 자체와 같은 동시에 그 반대의 것과는 같을 수 없다는 원리. 'A는 A인 동시에 ~A가 아니다'의 형식으로 표현된다. (기호 '~'은 부정을 나타낸다.)

4. (가)의 정반합에 대한 이해로 올바르지 않은 것은?

① 세상의 모든 것들은 정반합의 과정을 거쳐 발전한다.
② 테제가 정반합의 과정을 거쳐 그대로 진테제가 될 수 있다.
③ 정반합을 거친 진테제는 테제가 될 수 있다.
④ 변증법은 모순을 전제한다.
⑤ 테제는 안티테제 없이도 존재할 수 있다.

5. (가), (나)에 대한 설명으로 가장 적절한 것은?

① (가)는 변증법의 원리에 대해 설명하면서 해당 원리가 지닌 가치와 문제점을 분석하고 있다.
② (가)는 역사를 바라보는 기존 이론의 문제점을 밝히고 새로운 이론을 제시하고 있다.
③ (나)는 변증법을 바라보는 학자들의 견해를 제시하면서 견해를 절충하여 중립적인 결론을 도출하고 있다.
④ (나)는 변증법에 대한 비판과 그 형성 배경 및 원인에 대해 설명하고 있다.
⑤ (가)와 (나)는 모두 헤겔의 변증법을 비판적 시각에서 바라보며 그 의의와 한계를 비교하고 있다.

6. (가), (나)를 참고할 때, ㉠에 대한 설명으로 적절하지 않은 것은?

① 변증법의 전개에 필수적이다.
② 모순율을 지키며 발전을 야기한다.
③ 전개되는 과정에서 변증적 대립을 내포하고 있다.
④ 칸트에 따르면 양립할 수 없는 두 사실은 ㉠을 거칠 수 없다.
⑤ 칸트에 따르면 모순 관계에 있는 두 명제를 필요로 한다.

7. (나)를 참고할 때, <보기>의 a~f에서 ㉠**변증적 대립**에 대한 것만을 고른 것은?

<보 기>

a. 철수의 판단은 미숙하다. / 철수의 판단은 적절하다.
b. 소크라테스는 인간이다. / 소크라테스는 인간이 아니다.
c. 영희는 예쁘다. / 영희는 못생겼다.
d. 책상 위에 빵이 한 개이다. / 책상 위에 빵이 두 개이다.
e. 하늘이 파랗다. / 하늘이 파랗지 않다.
f. 이 문제는 쉽다. / 이 문제는 어렵다.

① b, d, e ② c, d, f ③ a, c, f
④ a, c, e, f ⑤ a, c, d, f

8. 다음 <보기>는 변증법에 따라 예술사의 체계를 나눈 것이다. (가)와 (나)를 읽은 학생이 <보기>에 대해 보인 반응으로 적절한 것은? [3점]

<보 기>

정명제: 고대 그리스 이전의 이집트나 메소포타미아, 기타 오리엔트 지역에서 종교적 숭배를 위해 제작된, 피라미드나 스핑크스 등의 예술 작품으로 대표되는 단계이다. 감관을 압도하는 거대 구조물이 건립되지만, 신에 대한 구체적인 통찰이나 깨달음이 없다.
반명제: 고대 그리스 지역의 조각으로 대표되는 단계이다. 내용과 형식의 완전한 일치를 이룸으로써 그리스의 조각은 더 이상 재연될 수 없는 미의 극치로 평가된다. 나아가 예술 그 자체가 신성의 직접적 구현이기 때문에 이 단계의 예술은 그 자체가 이미 종교이다.
합명제: 중세 기독교의 회화로 대표되는 예술의 단계이다. 이 단계에서 예술은 감각적 형식으로는 담을 수 없을 정도의 고차적 내용이 지배하기 때문에 새로운 더 높은 단계가 존재하지 않는, 정신과 역사의 최종 지점에 도달한다.

① 헤겔은 '피라미드와 스핑크스'에서 '조각'으로, '조각'에서 '회화'로 예술이 발전한다고 생각하겠군.
② 헤겔은 만일 '피라미드와 스핑크스'가 존재하지 않았다면, '조각' 또한 존재할 수 없었을 것이라고 판단하겠군.
③ 헤겔에 따르면 '회화'에는 더 이상 모순이 존재하지 않는다고 생각하겠군.
④ 칸트는 '피라미드와 스핑크스'와 '조각'을 실재적 대립 관계라고 생각하겠군.
⑤ 칸트는 '조각'과 '회화'는 여전히 변증적 대립 관계를 유지할 것이라 판단하겠군.

9. 문맥상 ⓐ~ⓔ와 바꿔 쓸 말로 적절하지 않은 것은?

① ⓐ: 드러나고
② ⓑ: 고안했다
③ ⓒ: 추켜세워
④ ⓓ: 초래한
⑤ ⓔ: 어겼을

[10~13] 다음 글을 읽고 물음에 답하시오.

인류는 '나는 누구인가?'에 대해 끊임없이 질문하고 그 답을 찾기 위해 인간과 인간이 아닌 것의 분류 기준을 세우고자 노력해왔다. 인간만이 가지는 가장 큰 특징 중 하나는 다른 생명체들보다 매우 높은 지능이었다. 그래서 인간은 그러한 특성을 활용하여 과학기술을 점차 발전시켜왔고, 현재 인간과 비슷한 수준의 인공지능을 개발해내고 있다. 바로 여기서 아이러니가 발생한다. 인공지능은 우리의 능력을 검증해주고 일상을 편리하게 만들어주는 동시에 자신을 특별한 존재로 규정하고자 하는 인간의 근원적인 욕구를 위협하기 시작했다. 그러한 위협으로부터 인간의 정체성을 지켜내기 위해 일차적으로 생물과 무생물의 판별 기준을 확실시하는 것이 중요해졌다. 인간과 인공지능의 차이를 가장 명확하게 드러내줄 것으로 기대되는 기준이 생명의 유무이기 때문이다.

과학자들은 생명만이 가지는 특성에 대해 몇 가지 기준들을 제시했는데, 그 중 대사적 관점, 생화학적 관점, 열역학적 관점이 대표적이다. 먼저 대사적 관점은 생물을 외부의 에너지를 받아들여 내부의 에너지로 사용하는 물질대사 과정을 따르는 존재로 정의한다. 이때 물질대사는 저분자 물질을 고분자 화합물로 합성하는 동화작용과 고분자 물질을 저분자 물질로 분해하는 이화작용을 포함한다. 다음으로 생화학적 관점에서는 생명의 핵심을 유전자로 이해한다. 따라서 생명을 유전자를 가지고 있으며 효소의 촉매작용을 통해 생화학적 반응과 대사 작용을 하는 유기체로 정의한다. 이러한 관점은 생명을 미시적으로 바라보는 분자 생물학의 발전에 의해 등장한 것이다. 마지막으로 열역학적 관점에서는 생물을 열역학 제2법칙, 즉 엔트로피 증가의 법칙을 따르지 않는 존재로 정의한다. 엔트로피 증가의 법칙에 따르면 모든 계에서는 시간이 흐름에 따라 항상 무질서도가 증가해야 한다. 그런데 생명체는 외부와 물질과 에너지를 주고받는 열린계이면서도, 엔트로피가 낮은 물질을 흡수하고 엔트로피가 높은 물질을 배출하여 질서가 유지된다는 것이다. 따라서 열역학적 관점에서는 생명이 일반 물리화학적 법칙에 위배되는 특수한 체계라는 점을 통해 생명의 정교함과 특별함을 역설하고자 한다.

그러나 각 관점들이 생명의 기준으로 엄밀하게 적용될 경우 우리의 상식적인 생명의 기준을 벗어나거나, 그 기준 자체에 비판의 여지가 있다는 문제점이 존재한다. 가령 대사적 관점은 대사 작용 없이도 보존될 수 있는 식물의 종자나 포자 등의 경우를 생명이 아닌 것으로 분류해야 한다는 문제점이 있다. 또한, 대사적 관점에 따를 경우 외부 에너지를 이용하여 자신에게 필요한 에너지를 만드는 촛불도 생명체로 포함시켜야 한다. 한편 생화학적 관점에서는 인공지능 로봇은 기계 장치일 뿐 유기체가 아니므로 인공지능 로봇은 절대 생명체가 될 수 없을 것이다. 이는 마치 생명의 기준을 잘 제시한 듯 보이지만, 생명이 단지 유기체에 국한된다고 단정할 수는 없다. 만일 생명이 지구 외부에도 존재한다면 지구의 생물체와는 전혀 다른 물질적 구성을 가질 수도 있기 때문이다. 또한, 열역학적 관점은 질서 유지의 상대성 때문에 특정 조건을 갖춘 로봇도 생명체로 분류해야 한다는 문제가 발생한다. 상식적으로 통용되는 생명체들 역시 무한정으로 질서를 유지하는 것이 아니고 시간의 경과에 따라 무질서가 증가하여 죽음에 도달한다. 이는 미래에 부품의 물리적 손상을 막을 수 있는 스마트 소재가 개발된다면, 인공지능 로봇이 오히려 질서 유지 측면에서 인간보다 유리해질 수 있다는 것을 의미한다.

이처럼 과학적 관점에서는 생물에 대한 하나의 완벽한 정의를 내리지 못하고 있다. 하지만 과학 연구는 개념들의 완벽하고 빈틈없는 정의를 전제 조건으로 하지는 않는다. 생명에 대한 견해의 충돌이 있더라도 과학 영역 자체에는 큰 문제가 되지 않는다. 오히려 생물의 기준이 중요한 곳은 가치 판단의 영역이다. 인공지능의 발전으로 생물과 무생물의 구분이 우리의 정체성에 매우 중요한 요소가 된 포스트휴먼 시대에는 생명에 대한 철학적, 가치론적 탐구가 더욱 중요시될 것으로 전망된다.

10. 독서의 목적을 고려하여 윗글을 추천하고자 할 때, ㉮에 들어갈 내용으로 가장 적절한 것은?

(㉮)분에게 추천합니다.

① 전문적인 지식을 얻기 위해 기술에 적용된 원리를 소개하는 글을 읽으려는
② 인간의 본질을 이해하기 위해 특정 관점들에 대해 비판적으로 전개하는 글을 읽으려는
③ 과학이 필요한 근거를 찾기 위해 성공적인 과학 기술의 예시를 나열하는 글을 읽으려는
④ 과학적인 지식을 쌓기 위해 과학 개념에 대한 하나의 확고한 정의를 설명하는 글을 읽으려는
⑤ 공감 능력을 기르기 위해 다른 생명체와 공존하는 방법을 다루는 글을 읽으려는

11. 윗글의 내용과 일치하지 않는 것은?

① 생명의 기준은 인공지능과 인간의 차이를 드러내기 위한 근거가 될 수 있다는 기대를 받았다.
② 분자 생물학의 발전에 의해 등장한 관점으로 생명의 기준을 정하면 인공지능은 생명이 아니다.
③ 물리적 손상을 막는 기술이 더 이상 발전하지 않는다면, 열역학적 관점은 생명의 기준이 될 수 있다.
④ 대사적 관점에서 생물은 동화작용과 이화작용을 필수적으로 따른다.
⑤ 열역학적 관점에서 생물은 계에 포함되지 않으므로 엔트로피 증가의 법칙을 따르지 않는다.

12. 윗글의 아이러니가 의미하는 것으로 가장 적절한 것은?

① 낮은 지능을 가진 인간도 높은 지능을 가진 인공지능 로봇을 만들어낼 수 있다.
② 인공지능은 우리 삶을 편리하게 해주는 동시에 삶을 통제할 위험성을 가지고 있다.
③ 인공지능은 무생물이지만 생물로 파악될 수 있다는 특성을 동시에 갖는다.
④ 인간은 인공지능을 만드는 주체이지만 미래에는 인공지능의 뛰어난 지능에 의존할 수밖에 없다.
⑤ 지능은 인간 정체성의 근거이기도 하지만 지능을 사용해 만든 결과물이 인간의 정체성을 위협한다.

13. 윗글을 참고하여 <보기>를 이해한 내용으로 적절하지 않은 것은? [3점]

<보 기>

대사적 관점에서 생물을 정의하는 과학자 A와 열역학적 관점에서 생물을 정의하는 과학자 B가 있다. 과학자 A와 B는 자신의 관점을 엄밀하게 따르며, 각각 다음의 두 상황 (가), (나)에 대해 자신의 생각을 제시할 수 있다.

(가) 대사 작용이 멈출 정도로 충분히 낮은 온도에서 냉동되었다가 100년 후에 깨어난 물고기가 존재한다. 냉동은 물고기의 질서 유지에 특별한 영향을 주지 않는다.
(나) 로봇강아지는 스스로 대사 작용을 할 수 없지만, 물리적인 손상 없이 약 300년 동안 지속될 수 있는 첨단 소재가 개발되어 로봇강아지에 탑재되었다.

① 과학자 A와 B의 생명에 대한 관점이 서로 충돌하더라도, 생명에 대한 과학 연구는 지속될 수 있겠군.
② 과학자 A는 (가)의 냉동 상태의 물고기를 촛불과 달리, 생명체로 분류하지 않겠군.
③ 과학자 B는 (가)의 물고기를 생명으로 인정하지만, (나)의 로봇강아지는 생명이 아니라고 판단하겠군.
④ (나)의 로봇강아지는 인간보다 엔트로피 증가의 법칙을 더 많이 벗어난다고 볼 수 있겠군.
⑤ 과학자 A와 과학자 B는 (나)의 로봇강아지가 생명체인지에 대해 서로 반대되는 견해를 제시하겠군.

[14～17] 다음 글을 읽고 물음에 답하시오.

현재 본인이 완전히 물건을 소유하고 있진 않지만 타인의 물건을 빌려와 거래를 하고 있는 사람들을 본다면 누구나 의아하게 생각할 것이다. 하지만 주식 시장에서 이런 거래들은 매우 자연스럽게 행해지고 있다. 이처럼 소유하지 않은 물건인 타인의 증권*을 일시적 소유, 즉 차입*해 매도하는 행위를 공매도라고 한다. 투자자는 자신이 보유한 증권의 가격 하락에 따른 손실을 회피하거나, 고평가된 증권의 매도를 통한 차익을 얻기 위해 공매도를 활용하고 있다. 예를 들어 투자자 A가 현재 100원인 주식의 가격 하락이 예상되어 현재 가격에 공매도했고, 훗날 정말로 주가가 하락한다면 A는 공매도 한 가격보다 더 낮은 가격으로 주식을 다시 매입해 상환함으로써 거래 차익을 얻을 수 있다. 이론상 주가는 0원 이하로 떨어질 수 없기에 공매도로 인한 수익은 제한이 있는 반면, 주가의 상승에는 제한이 없기에 손실은 무한대가 될 수 있다. 즉 주가가 급등하는 경우엔 원금 이상의 손실 가능성도 존재한다는 점을 주의해야 한다.

공매도는 주식 시장에 추가적인 유동성을 공급하여 가격발견의 효율성을 제고하고 투자자의 거래 비용을 절감한다. 또한, 부정적인 정보가 가격에 빠르게 반영될 수 있도록 하여 주가의 거품 형성을 방지하고 변동성을 줄이는 등 순기능이 있다. 다만, 소유하지 않은 증권을 매도하여 결제일에 결제 불이행 발생의 우려가 있고, 시장 불안 시 공매도가 집중될 경우 주가 하락 가속화 및 변동성 확대 등 안정적인 시장의 운영에 잠재적인 위험 요인으로 작용할 수 있다. 이에 따라, 각국의 증권 시장에서는 공매도 제도를 수용하되 공매도에 따른 잠재적인 위험을 관리하기 위해 관리 수단을 도입하고 있고, 우리 증권 시장에서도 각각의 위험을 방지하기 위한 시장 관리 방안을 마련하고 있다.

공매도는 차입 여부에 따라 무차입 공매도와 차입 공매도로 구분된다. 무차입 공매도란 차입하지 않은 증권을 매도하는 것으로, 차입하지 않은 증권을 매도하여 결제일에 결제 불이행 발생의 우려가 있기에 이는 자본 시장법으로 금지되어 있다. 따라서 시장 참여자는 차입 공매도만을 행할 수 있고 공매도를 행하기 전에 주식 대여자가 보유하고 있는 주식의 차입이 선행되어야 한다.

주식을 차입하는 방법은 차입하는 주체와 신용도 차이에 따라 크게 ㉠신용대주거래와 ㉡대차 거래로 나뉜다. 신용대주거래의 주 이용 주체는 개인 투자자이며 증권 회사 등이 보유 중인 증권을 관련 절차에 의해 대여하는 거래이다. 이때 대여한 주식은 최대 60일 안에 상환해야 하며 증권사에 따라 대여 가능한 종목과 수량에 제한이 있을 수 있다. 대차 거래는 대차 중개 기관을 통해 거래 당사자 간 증권을 대여, 차입하는 거래로 주로 개인 투자자보다 결제 이행 능력과 신용도가 높고 거래 규모가 월등히 큰 기관 투자자와 외국인 투자자 등이 이용한다. 대차 거래는 상환 기간을 자유롭게 설정이 가능하며 만약 차입 기간을 제한하더라도 주식을 차입한 기관이 다른 대여자에게 주식을 다시 대여해 주식을 상환하는 방식으로 만기 연장이 가능하기에 사실상 무제한으로 주식을 차입할 수 있다. 대여 가능한 종목과 수량도 당사자 간 합의만 이루어진다면 제한이 없다. 하지만 대여자의 중도 상환 요청이 있을 경우 차입자는 반드시 상환해야 한다는 점에서 신용대주거래와의 차이가 있다.

시장 불안을 방지하기 위한 방안으로는 직전 체결 가격 이하의 가격으로 호가할 수 없도록 규제해 주가의 지나친 하락을 방지하는 업틱룰(Uptick Rule)을 두고 있다. 또한 비정상적으로 공매도가 급증하고 동시에 가격이 급락하는 종목에 대해 투자자의 주의를 환기하기 위해 공매도 과열 종목 지정 제도를 통해 관리하고 있다.

* 증권: 주식이나 채권 등 재산적인 가치가 있는 문서.

* 차입: 돈이나 물건을 꾸어 들임.

14. 윗글에 대한 이해로 적절하지 않은 것은?

① 공매도 한 주식의 가격이 하락하면 투자자는 낮은 가격에 주식을 매입한 후 상환함으로써 차익을 얻을 수 있다.
② 공매도 제도를 수용하는 국가들은 공매도를 관리하는 수단을 가지고 있다.
③ 무차입 공매도를 금지하는 이유는 결제 불이행 사태의 발생을 우려해서이다.
④ 신용대주거래와 대차 거래 간 차이가 발생하는 이유는 이용 주체의 신용도 차이 때문이다.
⑤ 신용대주거래를 통해 차입한 주식은 다시 상환하지 않아도 된다.

15. 윗글의 ㉠과 ㉡에 대한 설명으로 가장 적절한 것은?

① ㉠은 거래 당사자 간의 합의를 통해 주식을 차입하는 제도이다.
② ㉡은 상환 기간이 최대 60일로 정해져 있는 거래이다.
③ ㉠은 ㉡보다 결제 불이행 가능성이 낮기에 최대 60일이라는 상환 기간을 두어 관리하고 있다.
④ ㉠의 주 이용 주체인 개인 투자자들은 공매도가 원칙적으로 금지되어 있기에 증권사와 연계된 시스템을 통한 간접 공매도만이 예외적으로 허용되어 있다.
⑤ ㉡은 상환 기간이 다가왔을 때 다른 기관으로부터 주식을 대여해 상환하는 방식으로 대차 만기를 연장할 수 있다.

16. 윗글과 <보기>를 바탕으로 업틱룰에 대해 이해한 내용으로 적절한 것은? [3점]

<보 기>

공매도 참여자들이 차입해온 주식을 최저가에 대량 매도한다면 주가는 큰 폭으로 하락할 것이다. 업틱룰(Uptick Rule)은 주가의 지나친 하락을 방지하기 위한 제도로 여기서 틱(tick)은 주가의 거래 단위를 의미한다. 일정 조건을 충족하면 업틱룰이 발동하게 되고 참여자들이 직전 체결 가격보다 한 틱 높은 가격으로 매도하게 만들어 주가의 지나친 하락을 방지한다. 즉, 현재 주식의 가격 이하로는 공매도를 할 수 없게 만드는 제도이다. 하지만 시장의 유동성을 증가시키고 균형 가격의 원활한 발견을 위해, 시장 조성자의 지위를 가진 기관 투자자나 외국인 투자자 등의 차익을 위한 거래나 위험 회피 거래에는 예외적으로 이 규정을 적용하지 않는다. 업틱룰은 주가 하락 방지를 위한 적절한 방안처럼 보이나, 공매도가 아닌 기존 주식의 매도는 제한하지 않을 뿐더러 예외 항목들이 많이 존재하기에 투자자들은 이를 유의해야 한다.

① 업틱룰은 공매도 투자자들의 결제 불이행을 방지하기 위한 공매도 관리 방안 중 하나이군.
② 업틱룰이 적용 중일지라도 누군가가 보유 중인 주식을 직전 체결가 이하로 계속해서 매도한다면 주가는 큰 폭으로 하락할 수도 있겠군.
③ 신용대주거래를 이용해 차입한 주식은 예외적으로 업틱룰이 적용되지 않겠군.
④ 업틱룰이 적용 중이라면 특정 주식은 가격이 지나치게 하락하는 일은 없겠군.
⑤ 업틱룰이 적용 중일지라도 현재 가격이 상승 중인 주식에 대해서는 직전 체결가 이하로도 공매도를 할 수 있겠군.

17. <보기>는 윗글을 읽고 학생들이 진행한 토의의 일부이다. 학생들이 이해한 반응으로 적절하지 않은 것을 있는 대로 고른 것은?

<보 기>

학생 1: 주식을 전혀 보유하지 않고서는 공매도를 할 수 없겠구나.
학생 2: 주가는 0원 미만으로 떨어질 수 없다고 하니 공매도로 인해 손해를 보더라도 손해액은 원금에서 그치겠구나.
학생 3: 개인 투자자와 기관 투자자 간에는 신용도 차이가 있기 때문에 서로 다른 주식 차입 방법이 적용되는구나.
학생 4: 주식을 대여할 때 개인 투자자들은 다른 개인 투자자들과 중개기관을 거치지 않고 개인적으로 거래할 수도 있겠군.

① 학생 1 ② 학생 2 ③ 학생 2, 학생 3
④ 학생 2, 학생 4 ⑤ 학생 3, 학생 4

[18～21] 다음 글을 읽고 물음에 답하시오.

창섭의 아버지는 근검(勤儉)으로 근방에 소문난 영감이다. 그러나 자기 대에 와서는 밭 하루갈이도 늘쿠지는 못한 것으로도 소문난 영감이다. 곡식값보다는 다른 물가들이 높아졌을 뿐 아니라 전대(前代)에는 모르던 아들의 유학이란 것이 큰 부담인 데다가,

"할아버니와 아버니께서 나를 부자 소린 못 들어도 굶는단 소린 안 듣고 살도록 물려주시구 가셨다. 드럭드럭 탐내 모아선 뭘 허니, 할아버니께서 쇠똥을 맨손으로 움켜다 넣시던 논, 아버니께서 멍덜을 손수 이룩허신 밭을 더 건 논으로 더 기름진 밭이 되도록, 닦달만 해 가기에도 내겐 벅찬 일일 게다."

하고 절용해 쓰고 남는 돈이 있으면 그 돈으로는 품을 몇씩 들여서까지 비뚠 논배미를 바로잡기, 밭에 돌을 추려 바람맞이로 담을 두르기, 개울엔 둑막이하기, 그리다가 아들이 의사가 된 후로는, 아들 학비로 쓰던 몫까지 들여서 동네 길들은 물론, 읍길과 정거장 길까지 닦아 놓았다. 남을 주면 땅을 버린다고 여간 근실한 자국이 아니면 소작을 주지 않았고, 소를 두 필이나 매고 일꾼을 세 명씩이나 두고 적지 않은 전답을 전부 자농(自農)으로 버티어 왔다. 실속이 타작(打作)만 못하다는 둥, 일

꾼 셋이 저희 농사 해 가지고 나간다는 둥 이해만을 따져 비평하는 소리가 많았으나 창섭의 아버지는 땅을 위해서는 자기의 이해만으로 타산하려 하지 않았다. 이와 같은 임자를 가진 땅들이라 곡식은 거둔 뒤 그루만 남은 논과 밭이되, 그 바닥들의 고름, 그 언저리들의 바름, 흙의 부드러움이 마치 시루떡 모판이나 대하는 것처럼 누구의 눈에나 탐스럽게 흐뭇해 보였다.

[A] 이런 땅을 팔기에는, 아무리 수입은 몇 배 더 나은 병원을 늘쿠기 위해서나 아버지께 미안하지 않을 수 없었다. 그러나 잡히기나 해가지고는 삼만 원 돈을 만들 수가 없었고, 서울서 큰 양관(洋館)을 손에 넣기란 돈만 있다고도 아무 때나 될 일이 아니었다.
'아버지께선 내년이 환갑이시다! 어머니께선 겨울이면 해마다 기침이 도지신다. 진작부터 내가 모셔야 했을 거다. 그런데 내가 시굴로 올 순 없고, 천생 부모님이 서울로 가시어야 한다. 한동네서도 땅을 당신만치 못 거둘 사람에겐 소작을 주지 않으셨다. 땅 전부를 소작을 내어맡기고는 서울가 편안히 계실 날이 하루도 없으실 게다. 아버님의 말년을 편안히 해드리기 위해서도 땅은 전부 없애 버릴 필요가 있는 거다!' (중략)

아버지는 아들의 의견을 끝까지 잠잠히 들었다. 그리고,
"점심이나 먹어라. 나두 좀 생각해 봐야 대답허겠다."
하고는 다시 개울로 나갔고, 떨어졌던 다릿돌을 올려놓고야 들어와 그도 점심상을 받았다.
점심을 자시면서였다.
"원, 요즘 사람들은 힘두 줄었나 봐! ⓐ그 다리 첨 놀 제 내가 어려서 봤는데 불과 여남은이서 거들던 돌인데 장정 수십 명이 한나잘을 씨름을 허다니!"
"ⓑ나무다리가 있는데 건 왜 고치시나요?"
"너두 그런 소릴 허는구나. 나무가 돌만허다든? 넌 그 다리서 고기 잡던 생각두 안 나니? 서울루 공부 갈 때 그 다리 건너서 떠나던 생각 안 나니? 시쳇사람들은 모두 인정이란 게 사람헌테만 쓰는 건 줄 알드라! 내 할아버니 산소에 상돌을 그 다리로 건네다 모셨구, 내가 천잘 끼구 그 다리루 글 읽으러 댕겼다. 네 어미두 그 다리루 가말 타구 내 집에 왔어. 나 죽건 그 다리루 건네다 묻어라…… 난 서울 갈 생각 없다."
"네?"
"천금이 쏟아진대두 난 땅은 못 팔겠다. 내 아버님께서 손수 이룩허시는 걸 내 눈으루 본 밭이구, 내 할아버님께서 손수 피땀을 흘려 모신 돈으루 장만허신 논들이야. 돈 있다고 어디가 느르지논 같은 게 있구, 독시장밭 같은 걸 사? 느르지 논둑에 선 느티나문 할아버님께서 심으신 거구, 저 사랑마당엣 은행나무는 아버님께서 심으신 거다. 그 나무 밑에를 설 때마다 난 그 어룬들 동상(銅像)이나 다름없이 경건한 마음이 솟아 우러러보군 헌다. 땅이란 걸 어떻게 일시 이해를 따져 사구 팔구 허느냐? 땅 없어 봐라, 집이 어딨으며 나라가 어딨는 줄 아니? 땅이란 천지만물의 근거야. 돈 있다구 땅이 뭔지두 모르구 욕심만 내 문서쪽으로 사 모기만 하는 사람들, 돈놀이처럼 변리만 생각허구 제 조상들과 그 땅과 어떤 인연이란 건 도시 생각지 않구 헌신짝 버리듯 하는 사람들, 다 내 눈엔 괴이한 사람들루밖엔 뵈지 않드라."
"……"
"네가 뉘 덕으루 오늘 의사가 됐니? 내 덕인 줄만 아느냐? 내가 땅 없이 뭘루? 밭에 가 절하구 논에 가 절해야 쓴다. 자고로 하눌 하눌 허나 하눌의 덕이 땅을 통허지 않군 사람헌테 미치는 줄 아니? 땅을 파는 건 그게 하눌을 파나 다름없는 거다."
"……"

[B] "땅을 밟구 다니니까 땅을 우섭게들 여기지? 땅처럼 응과(應果)가 분명헌 게 무어냐? 하눌은 차라리 못 믿을 때두 많다. 그러나 힘들이는 사람에겐 힘들이는 만큼 땅은 반드시 후헌 보답을 주시는 거다. 세상에 흔해 빠진 지주들, 땅은 작인들헌테나 맡겨 버리구, 떡 도회지에 가 앉어 소출은 팔어다 모다 도회지에 낭비해 버리구, 땅 가꾸는 덴 단돈 일 원을 벌벌 떨구, 땅으루 살며 땅에 야박한 놈은 자식으로 치면 후레자식 셈이야. 땅이 말을 할 줄 알어 봐라? 배가 고프단 땅이 얼마나 많을 테냐? 해마다 걷어만 가구, 땅은 자갈밭이 되니 아나? 둑이 떠나가니 아나? 거름 한번을 제대로 넣나? 정 급허게 돼 작인이 우는 소리나 해야 요즘 너이 신의들 주사침 놓듯, 애꿎인 금비만 갖다 털어넣지. 그렇게 땅을 홀댈 허군 인제 죽어서 땅이 무서서 어디루들 갈 텐구!"

창섭은 입이 얼어 버리었다. 손만 부비었다. 자기의 생각은 너무나 자기 본위였던 것을 대뜸 깨달았다. 땅에는 이해를 초월한 일종 종교적 신념을 가진 아버지에게 아들의 이단적(異端的)인 계획이 용납될 리 만무였다. 아버지는 상을 물리고도 말을 계속하였다.

- 이태준, 「돌다리」 -

18. [A]와 [B]에 대한 설명으로 가장 적절한 것은?

① [A]의 땅에 대한 경제적 가치관은 [B]에서 땅에 대한 전통적 신념에 의해 부인되고 있다.
② [A]에서 땅의 가치에 대해 의혹을 제기하는 것과 달리, [B]에서는 땅의 가치에 대해 확신을 표현하고 있다.
③ [A]에서는 땅에 대한 금전적 접근이, [B]에서는 땅에 대한 자기 합리적 접근이 이루어지고 있다.
④ [A]에서는 땅을 지켜야 하는 이유를, [B]에서는 땅을 팔아야 하는 이유를 제기하고 있다.
⑤ [A]에서는 땅을 소작하는 사람의 능력을, [B]에서는 땅을 우습게 여기는 사람들의 태도를 고찰하고 있다.

19. ⓐ, ⓑ에 대한 이해로 가장 적절한 것은?

① '아버지'는 ⓑ보다 ⓐ를 더 가치 있는 대상으로 여기고 있다.
② '아버지'는 '창섭'이 ⓑ를 고치는 행위를 이해하지 못한다.
③ '아버지'는 ⓐ가 있음에도 불구하고 ⓑ를 고치고 있다.
④ '창섭'은 자신이 ⓑ에서 고기를 잡던 생각을 하지 못한다.
⑤ '창섭'은 자신이 어렸을 때 ⓑ를 처음 놓던 상황을 보았다.

20. 윗글에 대한 이해로 적절하지 <u>않은</u> 것은?

① '아버지'는 평소 부지런하기로 소문났지만 자기 대에 와서 밭을 넓히지 못한 것으로 소문이 퍼진다.
② '창섭'은 병원을 넓히기 위해 부모님을 서울로 모시고 '아버지'를 위해서 땅을 팔아야 한다는 생각을 가진다.
③ '아버지'는 '창섭'의 의견을 잠잠히 듣고 점심상을 받기 전에 자신의 생각을 아들에게 전한다.
④ '아버지'는 조상과 땅의 인연을 밝히며 땅을 사고파는 사람들에 대해 괴이함을 느낀다.
⑤ '창섭'은 '아버지'의 생각을 듣고 자신의 생각이 자기 본위였다는 충격을 받는다.

21. <보기>를 참고하여 윗글을 감상한 내용으로 적절하지 <u>않은</u> 것은? [3점]

<보 기>

「돌다리」의 이야기는 전통적 가치와 물질적 가치 중 무엇을 추구하는지에 대한 아버지와 아들 창섭의 갈등으로 전개된다. 이 갈등은 아들의 병원 확장을 위한 제안과 그 제안에 대한 아버지의 거절을 통해 구체화된다. 「돌다리」가 창작될 무렵, 서구의 물질주의 가치관이 들어오면서 전통적인 가치관이 붕괴되었다. 이런 배경에서 이 작품은 금전적 가치를 중시하는 근대 물질주의를 비판하고 전통적인 가치관의 소중함을 보여 주고 있다.

① '시쳇사람'이 '인정'을 '사람'한테만 쓰는 줄 안다고 생각하는 데에서, 물질주의 가치관이 들어오면서 붕괴된 전통적인 가치관의 모습이 나타나고 있군.
② '할아버니'와 '아버니'로부터 물려받은 '논과 밭'에서 '저희 농사'를 하는 '일꾼 셋'을 '이해'를 따져 비평하는 데에서, 물질적인 가치를 추구하는 '아버지'의 모습이 나타나고 있군.
③ '서울'에 있는 '큰 양관'을 구하기 위해 '땅'을 팔기로 결정하는 데에서, 물질적 가치를 추구하는 '창섭'의 모습이 나타나고 있군.
④ '아버지'가 '아들'의 제안을 '잠잠히' 듣고 '서울'로 '갈 생각'이 없다고 전하는 데에서, '아들'의 병원 확장을 위한 제안을 거절하는 '아버지'의 모습이 나타나고 있군.
⑤ '아버지'가 '땅'을 '일시 이해'를 따지며 '변리'만 생각하는 사람들을 '후레자식'으로 생각하는 데에서, 금전적 가치를 중시하는 근대 물질주의를 비판하는 모습이 나타나고 있군.

[22~25] 다음 글을 읽고 물음에 답하시오.

(가)

산촌(山村**)**에 눈이 오니 돌길이 뭇쳐셰라
시비(柴扉)를 여지 마라 **날 ᄎᆞ즈리 뉘 이스리**
밤중만 **일편명월(**一片明月**)**이 긔 벗인가 ᄒᆞ노라

공명(功名)이 긔 무엇고 헌 신짝 버슨니로다
전원(田園)에 도라오니 **미록(**麋鹿**)**이 벗이로다
백년(百年)을 이리 지냄도 **역군은(**亦君恩**)**이로다

[A] 초목(草木)이 다 매몰(埋沒)ᄒᆞᆫ 제 **송죽(**松竹**)**만 푸르럿다
풍상(風霜)이 섯거친 제 네 무스 일 혼ᄌᆞ 푸른가
두어라 ᄂᆡ 성(性)이어니 물어 무슴ᄒᆞ리

- 신흠, 「방옹시여(放翁詩餘)」 -

(나)

동풍(凍風)이 건 듯 불어 ㉠<u>적설(積雪)을 헤쳐 내니</u>
창(窓) 밧긔 심근 ᄆᆡ화(梅花) 두세 가지 픠여셰라.
ᄀᆞᆺ득 ᄂᆡᆼ담(冷淡)한데 ㉡<u>암향(暗香)은 므ᄉᆞ 일고.</u>
황혼(黃昏)에 ᄃᆞᆯ이 조차 벼마틔 빗최니
늣기ᄂᆞᆫ ᄃᆞᆺ 반기ᄂᆞᆫ ᄃᆞᆺ. 님이신가 아니신가.
뎌 ᄆᆡ화(梅花) 것거내여 님 겨신 ᄃᆡ 보내오져.
님이 너를 보고 ㉢<u>엇더타 너기실고.</u>
ᄭᅩᆺ 디고 새닙 나니 녹음(綠陰)이 ᄭᆞᆯ렷ᄂᆞᆫᄃᆡ,
㉣<u>나위(羅幃)* 적막하고 수막(繡幕)*이 비어있다.</u>
부용(芙蓉)을 거더 노코 공작(孔雀)을 둘러 두니,
ᄀᆞᆺ득 시름 한ᄃᆡ 날은 엇디 기돗던고.
원앙금(鴛鴦衾) 버혀 노코 오ᄉᆡᆨ션(五色線) 풀어내어,
금자헤 겨누어서 ㉤<u>임의 옷 지어 내니,</u>
슈품(手品)*은 ᄏᆞ니와 제도(制度)도 ᄀᆞ졸시고.
산호슈(珊瑚樹) 지게 우헤 ᄇᆡᆨ옥함(白玉函)의 다마 두고,
[B] 님에게 보내오려 님 겨신 ᄃᆡ ᄇᆞ라보니,
산(山)인가 구름인가 머흐도 머흘시고.
천리(千里)만리(萬里) 길흘 뉘라셔 ᄎᆞ자 갈고.
니거든 여러 두고 나인가 반기실가.

- 정철, 「사미인곡」 -

* 나위(羅幃): 엷은 비단으로 만든 휘장.
* 수막(繡幕): 수놓은 장막.　* 슈품(手品): 솜씨.

22. (가)와 (나)에 대한 설명으로 가장 적절한 것은?

① (가)는 유사한 시구를 반복하여 주제를 강조하고 있다.
② (나)는 이질적인 공간을 대비하여 화자의 이상향을 강조하고 있다.
③ (가)는 (나)와 달리 계절적 시어를 활용하여 시적 배경을 드러내고 있다.
④ (가)와 (나) 모두 자연물을 통해 정서를 심화시키고 있다.
⑤ (가)와 (나) 모두 음성 상징어를 통해 화자의 상황을 보여주고 있다.

23. ㉠~㉤에 대한 설명으로 가장 적절한 것은?

① ㉠: 부정적인 상황에서 좌절하는 모습을 보여준다.
② ㉡: 앞으로 화자에게 전개될 어두운 미래를 암시한다.
③ ㉢: '님'의 반응에 대해 확신하지 못하는 모습을 보여준다.
④ ㉣: 이질적인 두 공간을 대비하여 화자의 상황을 강조한다.
⑤ ㉤: 대상의 행동에 대한 화자의 의구심을 드러낸다.

24. [A]와 [B]에 대한 감상으로 적절하지 않은 것은?

① [A]에서는 '초목'과 '송죽'을 대비하며 '송죽'이 '푸르'른 것을 강조하고 있어.
② [A]에서는 화자가 처한 부정적 상황의 원인이 '풍상'이라는 외부적 요인 때문임을 알 수 있어.
③ [B]에서는 '님 겨신 듸'까지의 길이 쉽지 않다는 것을 보여주고 있어.
④ [B]에서는 '나인가 반기실가'를 통해 '님'의 마음을 알 수 없는 화자의 상황을 보여주고 있어.
⑤ [A]와 [B]에서는 모두 이상적 상황을 방해하는 장애물이 있어.

25. <보기>를 참고하여 (가)를 이해한 내용으로 적절하지 않은 것은? [3점]

<보 기>

내 이미 전원으로 돌아오매 세상이 진실로 나를 버렸고 나 또한 세상사에 진력났기 때문이다. 되돌아보면 지난날의 부귀와 공명은 한갓 겨와 쭉정이나 두엄 풀같이 쓸 데가 없는 것이 되었다. 다만 자연물을 만나 노래를 읊고자 하는 것은 지나치지 못하는 병이 있다.

- 신흠, 「방옹시여서(放翁詩餘序)」 -

① '눈'이 온 '산촌'의 공간은 화자가 '전원으로 돌아'온 공간이라고 할 수 있겠군.
② '날 추즈리 뉘 이스리'에서 화자가 '세상이 진실로' 자신을 '버렸'다는 생각을 하고 있음을 알 수 있겠군.
③ '일편명월'과 '미록'은 화자에게는 '겨와 쭉정이나 두엄 풀같'은 존재였음을 알 수 있겠군.
④ '노래를 읊'는 와중에도 작가는 '역군은'을 통해 임금에 대한 충정을 드러내고 있군.
⑤ 화자는 '송죽'을 보고 그냥 '지나치지 못하'였을 것이라고 생각할 수 있겠군.

[26~30] 다음 글을 읽고 물음에 답하시오.

(가)

[앞부분의 줄거리] 천상에서 죄를 얻어 인간 세상으로 쫓겨난 김원은 좌승상 김규와 유씨 부인 사이에서 수박 모양으로 태어난다. 세월이 지나 허물을 벗은 김원은 아귀에게 납치된 공주를 구하러 지하국으로 내려가 공주를 구해낸다.

동천을 다 불태우고 공주와 모든 여자들을 데리고 둥우리에 나아가 가로되,

"세 분 공주는 둥우리에 오르소서. 황상의 기다리심이 일각이 삼추 같사오니 모름지기 수이 오르시고 둥우리를 내려 보내시면 모든 여자들을 내보내고 신은 나중에 올라가겠습니다."

공주가 가로되,

"원수가 큰 공을 세워 잔명을 보전하였으니 먼저 올라가시면 우리는 뒤좇아 올라가겠습니다."

원수가 머리를 숙이고 사양하기를,

"신은 신자(臣者)라. 공이 무엇이길래 어찌 감히 먼저 올라가리이까? 낭낭은 바삐 오르소서."

공주가 말하기를,

"먼저 오르소서 한 뜻은 뒷근심이 있을까 함이었사오니, 그러하면 장군과 함께 가사이다."

원수가 크게 놀라고 듣지 않으니 하릴없어 모든 여자를 분배하고 방울을 일시에 흔드니, ㉠지혈을 지키는 군사가 방울 소리를 듣고 일시에 줄을 당기어 지혈 밖으로 올렸다. 공주를 막차(幕次)에 안돈하게 하고, 다시 둥우리를 내리우는데 부장 강문추가 마음에 생각하되,

'이제 김원이 지혈에 들어가 큰 공을 이루고 공주를 모셔 내었으니 경사에 돌아가면 일등 공신이 될 것이오 나는 아뢸 공이 없으니 차라리 원을 지혈에서 나오지 못하여 죽게 하고 저의 공을 빼앗음만 같지 못하다.' 하고, 심복 군사를 불러 여차여차 하라 약속을 한 후 둥우리를 내리우다가 군사가 그 줄을 놓아 버렸다.

강문추가 놀라는 체 하며 공주께 아뢰기를,

"큰 변이 났나이다. 지혈에 둥우리를 조심하여 내리옵더니 그 속에서 찬 바람이 일어나며 사슬을 잡아당기니, 군사가 견디지 못하여 놓아 버렸나이다."라고 하였다.

공주와 모든 여자들이 모두 놀라며 간담이 떨어져 통곡하다가 막내 공주가 첫 공주께 고하기를,

"일이 여차하니 빨리 서울에 올라가 황상께 이 연유를 고하여 다시 둥우리를 준비하여 김 원수를 구하여냄이 옳을까 하나이다."

두 공주가 대답하기를,

"김원이 그때까지 살아 있을 줄을 어찌 알리오?"

눈물을 흘리며 금덩에 올라 모든 여자를 거느리고 황성으로 행하니, 강문추가 군사에게 분부하여 흙과 돌을 운반하여 지혈을 메웠다.

이때 원수가 세 공주를 먼저 보내고 다시 둥우리가 내려오기를 기다리는데, 둥우리가 떨어지며 흙과 돌이 무수히 떨어졌다.

(중략)

차설. 공주의 일행이 여러 날만에 ㉡황성에 도달하니, 성내의 백성과 딸을 잃은 사람들이 이 소문을 듣고 천 리를 멀다 하지 않고 사방에서 모여드니 성중이 ⓐ분분하여 반기며 우는 소리가 많았다. 세 공주가 바로 대궐에 들어가매 상과 황후가 공주의 손을 잡고 반기며 울으시니 황제의 눈물 두 줄기가 흐르며, 육궁 비빈과 삼천 궁녀들이 반가움을 이기지 못하여 서로 붙들고 통곡하니 도리어 상을 당한 집 같았다.

상과 황후가 마음을 진정하고 공주에게 지난 고생을 물으시니, 공주가 눈물을 거두고 당초 아귀에게 잡혀갈 때 산에서 소년을 만났던 일이며, 지혈에 들어가 시녀로 부림당하던 일이며, 시냇가에서 피묻은 수건을 빨다가 김 원수를 만났던 일과 김원이 홍깁선 부치던 일이며, 둥우리를 타고 올라온 후 군사가 사슬을 놓아 김원이 나오지 못한 연유를 다 아뢰었다. 상이 크게 놀라 탄식하며 즉시 강문추와 정양을 불러

"빨리 지혈에 나아가 김원을 구해내라."

하시니, 두 사람이 성지를 받자와 지혈에 나아가 보니, 지혈이 벌써 메이었고 김원의 종적을 알 길이 없었다.

도로 돌아와 이 사연을 아뢰니, 상이 더욱 놀라며 참혹히 여겨 문무 백관을 모아 의논하셨다. 우승상 송방이 아뢰기를,

"신이 생각하오니 김원의 공을 꺼려 해치고자 하는 자가 있어 지혈을 메운가 싶사오니, 강문추와 사슬을 놓쳤던 군사를 국문하시면 진위를 아올까 하나이다."

상이 옳게 여겨 친국을 배설하고 강문추와 군사를 엄형으로 물으시니 위엄이 뇌성과 같았다. 어찌 감히 속이리오? 매를 한 대 때리기도 전에 군사가 자초지종을 낱낱이 고백하니 강문추가 또한 하릴없어 죄를 자복(自服)하였다. 상이 통분하여 강문추와 군사 등을 다 능지처참하셨다.

그리고 승상 김규를 입시하라 하시어 위로하시기를,

"경의 아들이 나라를 위하여 사지(死地)에 들어가 공주를 구하였거늘 짐은 명민하지 못하여 원수를 보지 못하고 그 종적을 모르니 경을 보기에 어찌 부끄럽지 아니하리오?"

승상은 간장이 녹는 듯하나 임금과 신하의 사이로서 자기 심정을 겉으로 드러내지 못하여 땅에 엎드려 아뢰기를,

"신이 대대로 나라의 은혜를 입사와 갚사올 바를 만에 하나도 얻지 못하였삽더니, 이제 미천한 자식이 황명으로 나랏일에 죽사오니 도리어 영광이옵니다. 성교(聖教)가 이와 같사오니 황공하옴을 이기지 못하겠나이다."

상이 재삼 위로하고 내전에 들어가 이 사연을 전하시니, 황후와 세 공주가 강문추를 천만 통한하며 원수를 차탄하였다.

- 작자 미상, 「김원전」 -

(나)

옛날 한 사람의 한량(閑良)이 과거를 보려고 서울로 향하였다. 중도에서 그는 어떤 큰 부자가 어떤 대적(大賊)에게 딸을 잃어버리고 비탄(悲嘆)하고 있다는 말을 들었다. "딸을 찾아오는 사람에게는 내 재산의 반과 딸을 주리라." 하는 방(榜)을 팔도에 붙였다는 것이었다. 한량은 그 여자를 구하여 보리라고 결심하였다. 그러나 그 도적이 어디 있는지도 알 수 없었다. 방향도 없이 찾아다니던 중, 어느 날 그는 노중(路中)에서 세 사람의 초립동(草笠童)을 만나서, 그들과 결의형제(結義兄弟)를 하였다.

네 사람의 한량은 도적의 집을 찾으러 출발하였다. 도중에서 그들은 다리 부러진 한 마리의 까치를 만났다. 그들은 까치의 다리를 헝겊으로 매어 주었다. 그 까치는 독수리에게 집과 알을 잃어버리고 다리까지 부러진 것이었다.

까치는 무사들에게 향하여

"당신들은 아마 대적의 집을 찾으시겠지요. 여기서 저쪽에 보이는 산을 넘어가면, 거기에는 큰 바위가 있고, 그 바위 밑에는 흰 조개껍질이 있습니다. 그것을 들어내고 보면, 조개껍질 밑에 바늘귀만 한 구멍이 있을 것입니다. 그 곳이 바로 대적이 사는 곳입니다." 하였다.

그들은 까치와 작별하고 그 산을 넘고 바위를 발견하여 그 밑에 있는 흰 조개껍질을 들어 보았다. 정말 거기에는 조그마한 구멍이 있었다. 그 구멍은 파내려갈수록 커져, 그 밑바닥에는 넓은 별계가 보였다. 그러나 그 구멍은 매우 깊었으므로 쉽게 내려갈 수 없었다. 그들은 풀과 칡을 구하여 기다란 줄을 만들었다.

(중략)

세 번 만에 여자는 나무 위를 쳐다보았다. 그래서 '이 세상 사람'을 발견하고 놀라면서 물었다.

"당신은 어떻게 해서 이런 곳에 들어왔습니까?"

한량은 그가 온 이유를 말하였다. 여자는 다시 놀라면서,

"당신이 찾으시는 사람이 바로 접니다. 그러나 대적은 무서운 장수이므로 죽이기는 어렵습니다. 그러니 나를 따라 오십시오."

하고 한량을 컴컴한 도장 속에 감추고 커다란 철판을 가지고 와서 그것을 한량 앞에 놓으면서,

"당신의 힘이 얼마나 되는지 이것을 들어 보십시오."

하였다. 그는 겨우 그 철판을 들어올렸다.

"그래서는 도저히 대적을 당할 수 없습니다."

그렇게 말하고 여자는 도적의 집에 있는 동삼수(童蔘水)를 매일 몇 병씩 가져다주었다. 그는 그 동삼수를 날마다 먹었다. 그래서 필경은 대철퇴(大鐵槌) 둘을 양손에 쥐고 자유로이 사용하게 되었다. 어떤 날 여자는 큰 칼을 가지고 와서,

"이것은 대적이 쓰는 것입니다. 대적은 지금 잠자는 중입니다. 그 놈은 한번 자기 시작하면 석달 열흘씩 자고, 도적질을 시작하여도 석달 열흘 동안 하며, 먹기는 석달 열흘 동안씩 먹습니다. 지금은 자기 시작한 뒤로 꼭 열흘이 되었습니다. 이 칼로 그 놈의 목을 베십시오."

하였다. 한량은 좋아라고 여자를 따라 대적의 침실로 들어갔다. 대적은 무서운 눈을 뜬 채 자고 있었다. 한량은 도적의 목을 힘껏 쳤다. 도적의 목은 끊어진 채 뛰어서 천장에 붙었다가 도로 목에 붙고자 하였다. 여자는 예비하여 두었던 매운 재를 끊어진 목의 절단부에 뿌렸다. 그러니까 목은 다시 붙지 못하고 대적은 마침내 죽어 버렸다.

(중략)

네 사람의 한량은 네 여인을 구해 가지고, 그들의 부모들에게 데려다 주었다. 여자의 양친들은 한없이 좋아하며 그들의 딸을 각각 한량들에게 주고, 그 위에 그들의 재산을 많이 나누어 주었다. 큰 부잣집 딸을 제일 형 되는 한량이 얻은 것은 물론이다.

- 작자 미상, 「지하국 대적 퇴치 설화」 -

26. ㉠과 ㉡을 중심으로 (가)를 이해한 내용으로 적절하지 않은 것은?

① ㉠에서 '원수'는 자신의 신분을 언급하며 '공주'의 제안을 거절하였다.
② ㉠에서 나온 '세 공주'는 함께 잡혔던 여인들을 데리고 ㉡으로 이동하였다.
③ ㉠에서 '원수'는 '황상'이 공주들을 애타게 기다리고 있음을 인식하고 있다.
④ ㉡에서 '상'은 '김원'의 종적을 모르고 '황후'와 '세 공주'를 위로하고 있다.
⑤ ㉡에서 '송방'은 '김원'을 시기하는 사람이 그를 해쳤을 것이라고 추측하고 있다.

27. (나)에 대한 설명으로 적절하지 않은 것은?

① 중심 사건의 해결 과정에 있어서 여성 인물의 수동적이고 무능력한 모습이 부각되고 있다.
② 비현실적인 사건, 인물, 배경 등에서 전기적(傳奇的) 요소가 두드러지고 있다.
③ 선악의 대립 구조를 통해 보편적 주제 의식을 전달하고 있다.
④ 사건의 발생이 우연적인 요소의 의해 전개되는 모습이 여러 번 나타나고 있다.
⑤ 작품 밖 서술자의 요약적 서술을 통한 사건 전개가 나타나고 있다.

28. (가), (나)에 대한 설명으로 가장 적절한 것은?

① (가)는 내적 독백을 활용하여 과거의 사건을 회상하고 있다.
② (가)는 인물의 외양을 구체적으로 묘사하여 인물의 성격을 나타내고 있다.
③ (나)는 흥미를 높이기 위해 현실적으로 존재하기 어려운 '지하국'이라는 공간을 설정하였다.
④ (나)는 이야기 속에 또다른 내부이야기가 들어 있는 액자식 소설의 형태를 띤다.
⑤ (가)의 '김원'과 (나)의 '한량'은 본래 천상계의 혈통을 이어받은 영웅적 인물이다.

29. <보기>를 바탕으로 (가), (나)를 감상할 때 적절하지 않은 것은? [3점]

<보 기>

「김원전」이나 「지하국 대적 퇴치 설화」와 같은 괴물 퇴치담은 주인공이 괴물을 퇴치하고 괴물에게 납치된 여인을 구원하는 내용이 주를 이룬다. 지하 세계로 들어가 투철한 사명감으로 공적인 과업에 성공한 주인공은 동료나 부하의 배반으로 현실 세계에 바로 귀환하지 못하기도 하지만, 결국 이러한 위기를 극복하고 귀환하게 된다. 이러한 대부분의 이야기는 유교적 이념과 권선징악적 의식을 바탕으로 한다.

① (가)에서 '원수'가 지혈에 마지막까지 남아 여자들을 밖으로 보낸 것에서 주인공이 투철한 사명감을 지니고 있음을 알 수 있군.
② (가)에서 '상'이 '강문추'를 엄형으로 문초하고 능지처참한 것에서 권선징악적 의식을 바탕으로 하고 있음을 알 수 있군.
③ (가)에서 '막내 공주'가 '첫 공주'께 서울에 가서 황상께 연유를 말하자고 한 것에서 주인공이 현실 세계로 귀환했음을 알 수 있군.
④ (가)와 달리 (나)에서는 동료나 부하의 배반으로 현실 세계에 바로 귀환하지 못한다는 내용을 찾아볼 수 없군.
⑤ (나)에서 '큰 부잣집 딸을 제일 형 되는 한량이 얻은 것'은 형제간 질서를 중시하는 유교적 이념이 반영된 것으로 볼 수 있군.

30. 문맥상 ⓐ와 바꿔 쓰기에 가장 적절한 것은?

① 소원(訴寃)하여
② 소란(騷亂)하여
③ 적막(寂寞)하여
④ 분열(分裂)되어
⑤ 정중(鄭重)하여

[31~34] 다음 글을 읽고 물음에 답하시오.

(가)

왜 ⓐ나는 조그마한 일에만 분개하는가.
저 왕궁 대신에 왕궁의 음탕 대신에
오십 원짜리 갈비가 기름 덩어리만 나왔다고 분개하고
옹졸하게 분개하고 설렁탕집 돼지 같은 주인년한테
㉠욕을 하고
옹졸하게 욕을 하고.

한번 정정당당하게
붙잡혀 간 소설가를 위해서
언론의 자유를 요구하고 월남 파병에 반대하는
자유를 이행하지 못하고
이십 원을 받으러 세 번씩 네 번씩
찾아오는 야경꾼들만 증오하고 있는가.

옹졸한 나의 전통은 유구하고 이제 내 앞에 정서로
가로놓여 있다.
이를테면 이런 일이 있었다.
부산에 포로수용소의
제십사야전병원(第十四野戰病院)에 있을 때
정보원이 너어스들과 스폰지를 만들고 거즈를
개키고 있는 나를 보고 포로경찰이 되지 않는다고
㉡남자가 뭐 이런 일을 하고 있느냐고 놀린 일이 있었다.
너어스들 옆에서

지금도 내가 반항하고 있는 것은 이 스폰지 만들기와
거즈 접고 있는 일과 조금도 다름없다.
개의 울음소리를 듣고 그 비명에 지고
머리도 피도 안 마른 애놈의 투정에 진다.
떨어지는 은행나무 잎도 내가 밟고 가는 가시밭

아무래도 나는 비켜서 있다.
㉢절정 위에는 서 있지 않고
암만해도 조금쯤 옆으로 비켜서 있다.
그리고 조금쯤 옆에 서 있는 것이
조금쯤 비겁한 것이라고 알고 있다!

그러니까 이렇게 옹졸하게 반항한다.
이발쟁이에게
땅 주인에게는 못하고 이발쟁이에게
구청 직원에게는 못하고 동회 직원에게도 못하고

야경꾼에게 이십 원 때문에 십 원 때문에 일 원 때문에
우습지 않으냐 일 원 때문에

모래야 나는 얼마큼 작으냐.
바람아 먼지야 풀아 나는 얼마큼 작으냐.
정말 얼마큼 작으냐 …….

- 김수영, 「어느 날 고궁을 나오면서」 -

(나)

갈매의 바다
멀고도 깊은 눈
사랑을 지키던 천신들도 죽으면
ⓑ나도 죽으면 그리로 가서
㉣소금 눈물 몇 방울 그 바다에
섞으리

물새야, 물새야
너는 좋겠다
내 평생 멍든 속병
눈빛을 겨냥하는 일
나를 보는 은총 앞에 마주 서는 일
눈부셔 눈부셔라
수평선 골목길로 스며드는 일
물새야, 제 신명에 춤이라도 추는 것아
나를 데려다가 파도 위에 띄워 다오

그 사람이 돌아오는 날갯소리 바람소리
기다림의 귀밝은 그물은 그만 걷고
허허로운 바다 그 과녁에
취하여 아득한 검불 하나
검불같이 가벼운
물새나 되어 뜨게
㉤흐느적거리게 나도
끼룩거리게

- 이향아, 「물새에게」 -

31. (가)와 (나)에 대한 이해로 적절하지 않은 것은?

① (가)와 달리 (나)는 음성 상징어를 사용하여 시적 상황을 드러내고 있다.
② (나)와 달리 (가)는 자조적 표현을 사용하여 시간의 흐름에 따른 화자의 태도 변화를 드러내고 있다.
③ (가)는 일상어와 비속어를 통해, (나)는 반복되는 시어를 통해 주제를 부각하고 있다.
④ (가)와 (나)는 모두 영탄적 어조를 통해 시적 상황을 드러내고 있다.
⑤ (가)와 (나)는 모두 말을 건네는 방식을 통해 주제를 강조하고 있다.

32. ㉠~㉤에 대한 설명으로 가장 적절한 것은?

① ㉠을 통해 화자가 실생활에서 느껴야 한다고 생각하는 '분개'를 드러내고 있다.
② ㉡을 통해 스폰지를 만들고 거즈를 개키고 있는 사람을 비난하는 화자의 모습을 드러내고 있다.
③ ㉢을 통해 진정으로 추구하는 삶을 살기 위한 화자의 의지를 드러내고 있다.
④ ㉣을 통해 이상향의 소멸을 겪은 화자의 상실감을 드러내고 있다.
⑤ ㉤을 통해 화자가 닮고자 하는 존재의 행동을 묘사하고 있다.

33. ⓐ, ⓑ에 대한 이해로 가장 적절한 것은?

① ⓐ는 현실에서 동떨어진 채 자신이 처해 있는 상황을 관조하고 있다.
② ⓑ는 '물새'를 이상향에 도달하기 위해서 피해가야 할 장애물로 생각하고 있다.
③ ⓐ와 달리 ⓑ는 내적 성찰을 통해 외적 성숙을 이루고 있다.
④ ⓐ와 ⓑ는 모두 진정으로 자유로운 삶을 살아가지 못하고 있다.
⑤ ⓐ와 ⓑ는 모두 이상과 괴리가 있는 현실 상황을 직접적으로 비판하고 있다.

34. <보기>를 바탕으로 (나)를 감상한 내용으로 적절하지 않은 것은? [3점]

<보 기>

<물새에게>에서 화자는 이루고 싶은 소망을 감각적이고 추상적인 시어를 통해 서술함으로써 소망을 기다리는 힘겹고 고통스러운 경험도 아름다움으로 미화시키고 있다. 이처럼 화자는 소망을 노래하지만, 소망의 실현을 낙관하지는 않으며, 초연해지기도 한다. 예를 들어, 수평선과 골목길이라는 두 이질적인 이미지의 결합은 이상과 현실의 연결이라는 소망의 내용을 강조하는 동시에 소망을 이루기 힘들다고 말하고 있다.

① '갈매의 바다'를 보고 '나도 죽으면 그리로 가'고 싶다고 한 것은 소망을 품고 있는 화자의 태도를 드러내는 것이겠군.
② '내 평생 멍든 속병'은 화자의 소망이 심화된 나머지 발생한 고뇌를 암시하는 것으로 볼 수 있겠군.
③ '눈빛을 겨냥하는 일'은 추상적인 표현을 통해 화자가 도달하고 싶은 소망을 드러내는 것이겠군.
④ '나를 보는 은총 앞에' '마주 서'서 '눈부셔 눈부셔라'라고 한 것은 현실의 고통을 낙관적으로 미화하여 서술한 것이겠군.
⑤ '기다림의 귀밝은 그물'을 '그만 걷'는 것은 소망에 대해 초연해진 화자의 태도를 드러내는 것으로 볼 수 있겠군.

* 확인 사항
○ 답안지의 해당란에 필요한 내용을 정확히 기입(표기)했는지 확인하시오.
○ 이어서, 「선택과목(화법과 작문)」 문제가 제시되오니, 자신이 선택한 과목인지 확인하시오.

제 1 교시

국어 영역(화법과 작문)

[35~37] 다음은 학생의 보고이다. 물음에 답하시오.

안녕하십니까, 지난주에 진행한 동아리 연합 축제의 준비 과정 및 운영 결과에 대해 보고를 맡은 □□ 고등학교 3학년 학생회장 OOO입니다. (준비해온 회의록 양식을 나눠주며) 오늘 저의 보고를 바탕으로 행사에 참여해주셨던 동아리 대표 학생분들과 함께 축제 보고서를 작성할 계획입니다. 이를 바탕으로 내년에 더욱 알찬 축제를 진행할 수 있을 것으로 기대하고 있습니다.

우선, 준비 과정부터 말씀드리겠습니다. □□ 고등학교 축제는 전통적으로 외부 찬조 공연 위주로 진행되어왔습니다. (화면 1 제시) 그렇지만 올해 코로나19로 인해 외부 찬조 초청이 어려워짐에 따라 변화가 필요해졌습니다. 이에 학교의 여러 동아리가 함께 축제에 참여한다면 다양한 주제로 뜻깊은 축제를 만들 수 있을 것이라는 의견을 수용해, 학생회 주관으로 교내 동아리를 대상으로 축제 참여 신청을 받았습니다. 그 결과 이 자리에 있는 동아리들이 참석하게 되었습니다. 그러나 많은 동아리가 모인 만큼 축제 계획에 대한 협의 시간이 길어지고 행사 준비가 느려지는 문제점이 생겼습니다. 이를 해결하기 위해 동아리장을 중심으로 축제 준비 위원회를 조직하고, 동아리별로 역할을 체계적으로 나누어 원활하게 행사를 준비하고자 했습니다.

다음은 운영 방식 관련 내용입니다. 코로나19로 인해 올해 축제는 플랫폼 생방송 방식으로 진행되었습니다. (화면 2 제시) 자료 화면에서 보시는 것처럼, 동아리들이 다루고자 하는 주제를 정해 크게 공연팀-전시팀으로 나누었습니다. (영상 1을 재생하며) 공연팀에는 밴드부, 댄스부, 뮤지컬부 등이 주가 되었고, 오전 9시부터 오후 1시까지 공연을 송출했습니다. (영상 2를 재생하며) 전시팀에는 나노부, 로봇공학부, 미술부 등이 주가 되었고, 점심시간 1시간을 가진 뒤 오후 2시부터 5시까지 비대면 전시회를 실시했습니다.

마지막으로 이번 축제의 성과와 아쉬웠던 점을 말씀드리겠습니다. (영상 3을 재생하며) 축제가 비대면으로 진행되었음에도, 후원 기능과 댓글 참여 기능, 화상 채팅 기능을 활성화하여 학생들이 적극적으로 참여하였습니다. 그날의 분위기를 떠올려 보시겠습니까? 어떠셨습니까? (청중의 반응을 듣고) 네. 정말 즐거웠죠. 이 자리에 계신 학생님들 모두 지금처럼 함께 웃던 모습이 눈에 선합니다. 그러나 아쉬운 점 역시 있었습니다. 비대면으로 축제를 진행한 것이 처음이다 보니 사회자를 비롯한 학생회의 미숙으로 축제의 흐름이 자주 끊겼으며, 선생님들 역시 함께 참여하셨던 축제임에도 채팅을 통한 비속어 사용이 자주 목격되었습니다.

이상으로 동아리 연합 축제 관련 보고를 마치겠습니다. 이제 보고 내용과 관련하여 ⓐ<u>축제 보고서</u>에 기록할 추가 내용을 토의하도록 하겠습니다. 보고를 들어주셔서 감사합니다.

35. 위 보고에 대한 설명으로 가장 적절한 것은?

① 내용의 신뢰성을 높이기 위해 전문가의 견해를 인용하고 있다.
② 질문을 통해 청중들만이 가졌던 경험을 상기시키면서 관심을 유도하고 있다.
③ 순서를 나타내는 표지들을 사용하여 보고의 내용을 분류하여 전달하고 있다.
④ 보고자가 인상 깊게 진행했던 활동을 언급하며 마무리하고 있다.
⑤ 보고자의 개인적 소감을 밝히면서 문제를 해결했던 과정을 전달하고 있다.

36. 보고에서 학생회장이 자료를 활용한 방식에 대한 설명으로 적절하지 <u>않은</u> 것은?

① 보고가 끝나고 진행할 활동을 위한 자료를 발표를 시작할 때에 배포하였다.
② 보고 대상의 과거와 현재를 대비하여 설명하기 위해 화면 1을 활용하였다.
③ 보고 대상을 세분화한 것을 청중이 파악하기 쉽도록 화면 2를 활용하였다.
④ 보고 대상의 운영 방식을 지적하기 위해 영상 1과 영상 2를 활용하였다.
⑤ 보고 대상에 적용했던 다양한 아이디어를 언급하기 위해 영상 3을 활용하였다.

37. <보기>는 ⓐ를 작성하기 위한 토의에서 나온 의견이다. 이를 ⓐ에 반영하기 위한 방안으로 적절하지 <u>않은</u> 것은? [3점]

<보 기>

학생 1: 동아리별로 역할을 체계적으로 나누었다고 했는데, 어떤 역할이 있었는지가 누락된 것 같아요.
학생 2: 축제 당일 5시 이후에도 일정이 있었던 것으로 기억하는데, 그 부분이 누락된 것 같아요.
학생 3: 이번 축제의 아쉬웠던 점에 대한 해결책을 제시해야 다음 축제 준비에 도움이 되지 않을까요?

① '학생 1'의 의견을 반영하여, 동아리별 역할 조직도를 추가한다.
② '학생 2'의 의견을 반영하여, 7시부터 9시까지 진행했던 동아리별 뒤풀이에 대한 내용을 추가한다.
③ '학생 2'의 의견을 반영하여, 추후 영상 공유 사이트에 축제 영상을 공유할 예정이라는 내용을 추가한다.
④ '학생 3'의 의견을 반영하여, 리허설 횟수를 늘려 운영의 미숙을 해결해야 한다는 내용을 추가한다.
⑤ '학생 3'의 의견을 반영하여, 채팅 검열 시스템과 학생들의 인식 변화를 통해 비속어 사용을 없애야 한다는 내용을 추가한다.

[38~41] (가)는 지역 신문에 실을 기사문의 초고이고, (나)는 (가)를 수정하기 위한 회의이다. 물음에 답하시오.

(가)

[표제] 지역 유일 '교육 활성화' 지원대상 선정

[전문] 지난 5월 14일 우리 지역이 미래교육부의 '교육 활성화 지원사업'에 선정됐다.

[본문] 전국의 기존 교육기관 130개 중 우리 지역을 포함한 10개 지역의 교육기관만 선정된 이 공모사업은 지역 수요를 반영한 스마트 정보교육 프로그램을 운영해 주민의 학습 기회를 확대할 수 있다. 우리 지역 교육기관은 '스마트 정보교육 역량 강화' 분야에서 가장 우수한 평가를 받았다. 기관은 하반기부터 중년층의 수요에 맞춰 'SNS 학습 지원', '스마트스토어 운영 과정'을 순차적으로 운영한다.

'SNS 학습 지원'은 블로그 등 본인의 얘기를 담을 수 있는 SNS를 운영할 수 있도록 돕는 교육 프로그램이다. 기관은 이 프로그램들을 수료한 후에 지역사회 활동으로 이어지는 방안을 함께 마련, 학습형 일자리까지 연결되도록 운영할 계획이다. 교육기관장은 "올해 하반기에 개관하는 '미래혁신교육학습관'에서 지역 주민의 배움과 성장을 위한 학습 기회 제공에 최선을 다하겠다"고 밝혔다.

(나)

나영: 우리 지역이 교육 활성화 지원사업에 선정된 것을 다룬 기사문을 검토하자.

유진: 기사문은 누가 작성한 거야?

재현: 내가 작성했는데, 초고라서 고쳐야 할 부분이 많을 거야.

[A]

나영: 표제부터 수정해야 할 것 같은데?

재현: ㉠표제를 어떻게 바꿀까? 그리고 전문에도 어떤 문제가 있는지 자세하게 말해줘.

나영: 표제는 항상 중심 소재가 포함되어야 하는데, 지금 표제는 어떤 교육에 대한 지원사업인지 알 수가 없잖아. 그리고 전문에는 우리 지역이 속한 충청남도에서 우리 지역만 선정됐다는 것을 강조하면 좋을 것 같아.

재현: 그렇구나. 그렇다면 내가 수정해볼게.

유진: 수업을 들을 수 있는 정원도 명확하게 표시하는 것은 어때?

나영: ㉡내 생각에는 몇 명이 교육을 들을 수 있는지에 중점을 두는 것보다는 어떤 교육을 진행하는지에 대한 내용만을 보충해주는 것이 훨씬 깔끔할 것 같아.

[B]

재현: 그럼 내가 그렇게 바꿔볼게. 본문에서는 기관에서 운영할 교육 프로그램에 대해 자세하게 써보려고 노력했는데, 어떻게 생각해?

유진: 괜찮다고 생각해. 그런데 중년층을 위한 교육 말고 우리 청소년들을 위한 교육은 빠진 것 같은데?

재현: ㉢청소년을 위한 '인공지능(AI) 교육 프로그램'이 있던데, 지역 신문의 주된 독자층이 중년층이라고 생각해서 뺐어.

유진: 개인적인 관점에 따라 정보를 누락하면 안 된다고 생각해.

나영: 맞아, 소수의 독자층을 위한 정보도 기재해야 한다고 생각해.

재현: 알았어. 이것도 수정해 올게.

나영: ㉣그런데 이번에 지원 대상으로 선정된 일은 지역 주민에게 큰 도움이 될 것 같은데, 마지막에 기관장님 인터뷰 외에 주민들의 의견을 드러내는 내용도 담기로 하지 않았어?

재현: 아, 그랬지. 저번 주에 수정하기로 했는데 깜빡했다. 주민들 인터뷰까지 넣어볼게.

유진: 그래. 주민들이 어떤 점을 기대하는지에 대한 내용이 확실하게 들어가거나 기관장님 인터뷰에 지원대상 선정까지의 과정에 대한 내용이 들어가면 좋을 것 같아.

재현: 그래. 주민들이 기대하는 점이나 아쉬워하는 점을 중심으로 내용 정리를 해볼게. 그런데 우리 분량 조절은 어떻게 하지?

유진: ㉤동일한 내용을 지역 소식 온라인 게시판에 올리는 것은 상관이 없는데, 지역 신문에 실릴 내용은 지면이 한정되어 있으니까 따로 분량을 조절해야 할 것 같아.

재현: 그런 부분까지 생각해야 하는구나. 그렇게 할게.

유진: 그리고 하반기부터 운영한다고 했는데, 정확히 언젠지 수정해주면 좋을 것 같아. 8월 1일부터라고 했잖아.

재현: 알았어. 내가 너무 부족한 게 많네.

나영, 유진: 그래도 고생했어.

38. (나)의 대화를 고려할 때 ㉠~㉤에 대한 이해로 적절하지 않은 것은?

① ㉠: 상대에게 보다 더 구체적인 의견을 요청하는 발화이다.
② ㉡: 상대의 제안에 반대하는 자신의 의견을 전달하는 발화이다.
③ ㉢: 자신의 경험을 바탕으로 자신의 의견에 대한 근거를 상대에게 제시하는 발화이다.
④ ㉣: 논의했던 사항 중에서 누락된 부분을 상대에게 환기하는 발화이다.
⑤ ㉤: 글의 분량에 대해 언급하며 매체의 특성에 알맞은 작문을 요청하는 발화이다.

39. '재현'이 (나)를 참고하여 (가)를 고쳐 쓰기 위해 세운 계획으로 적절하지 않은 것은?

> ○표제 수정하기
> → '우리 지역 교육기관이 스마트 정보교육 활성화 지원 대상으로 선정'으로 수정해야겠군. • • • • • • • • • • ㉮
> ○전문 수정하기
> → '우리 지역이 충청남도에서 유일하게 교육 활성화 지원사업에 선정됐다.'를 추가해야겠군. • • • • • • • • • • ㉯
> ○본문 수정하기
> → 첫째 문단 마지막 문장을 '기관은 8월 1일부터 중년층의 수요에 맞춰 SNS 학습 지원, 인공지능(AI) 교육 프로그램을 순차적으로 운영한다.'로 고쳐야겠군. • • • • • • ㉰
> → 둘째 문단에 지원 대상으로 선정되기까지의 과정에 대한 내용을 추가해야겠군. • • • • • • • • • • • • • • • ㉱
> → 둘째 문단에 주민들의 의견이 드러나는 인터뷰에 대한 내용을 추가해야겠군. • • • • • • • • • • • • • • • • ㉲

① ㉮ ② ㉯ ③ ㉰
④ ㉱ ⑤ ㉲

40. (나)와 <보기>를 바탕으로 할 때, (가)의 마지막 부분에 추가로 작성할 내용 중 하나로 적절하지 않은 것은? [3점]

<보 기>

> 인터뷰란 특정한 목적을 가지고 개인이나 집단을 만나 정보를 수집하고 이야기를 나누는 일을 말한다. 인터뷰를 끝내고 기사문을 작성할 때에는 답변에서 중심이 되는 내용을 골라 내 사실만을 위주로 일목요연하게 제시하는 것이 바람직하다.

① 회사원 A씨는 "퇴근 후에도 많은 사람들이 수업을 받을 수 있도록 수업 시간대가 다양했으면 좋겠다."라고 의견을 드러냈다.
② 대학생 B씨는 "지원 대상에 선정된 만큼 지역 주민들에게 양질의 수업이 제공되었으면 좋겠다."라고 답했다.
③ 노인복지회관에 다니는 노인 C씨는 "기존에는 인력 부족으로 시행되지 못했던 스마트 정보교육이 이번에는 시행된다고 하니 너무 기쁘다."라고 말했다.
④ 교육기관장은 "우리 지역이 최종적으로 지원 대상에 선정되기까지 많은 관계자분들과 주민 여러분의 노력이 있었다. 이번에 우리 지역에 좋은 기회가 온 것 같아서 정말로 기쁘다."라고 밝혔다.
⑤ 교육기관장은 "우리 지역은 앞으로도 스마트 정보교육에 힘쓰며 지역 주민들을 위해 많은 혜택을 고려할 것이다."라고 밝혔다.

41. [A], [B]의 담화에 대한 설명으로 가장 적절한 것은?

① [A]에서 '재현'은 '나영'과 '유진'의 의견이 대립하는 상황에서 양측에 절충안을 제시하고 있다.
② [B]에서 '유진'은 '재현'의 의견에 동의하면서 부족한 부분에 대한 보충을 요청하고 있다.
③ [A]에서 '재현'은 '나영'의 의견을 수용하고, '나영'은 '유진'의 의견을 수용하고 있다.
④ [A]와 [B]에서는 모두 '재현'이 제시한 의견의 타당성을 인정하고 있다.
⑤ [A]와 [B]에서는 모두 '나영'이 제시한 의견을 '유진'이 점검하고 있다.

[42~45] (가)는 교지에 실을 보고서의 초고이고, (나)는 (가)를 작성하기 전 학생이 자신의 SNS에 작성한 글이다. 물음에 답하시오.

> (가)
>
> **여론 조사 보도에 대한 유권자의 인식 조사 보고서**
>
> I. 조사 동기 및 목적
> 선거 방송을 보면서 유권자들이 여론 조사에 대해 비판적이고 객관적인 태도로 수용하는지 궁금하였고, 미래의 유권자로서 우리나라 여론 조사에 대해 공부할 필요성이 있다고 생각하였다. 이에 여론 조사 결과를 유권자가 얼마나 신뢰하는지에 대해 조사하고자 한다.
>
> II. 조사 계획
> • 조사 대상: 일반 성인 83명
> • 조사 기간 및 방법: 2020.6.1~6.20. 인터넷 설문 조사
> • 조사 내용: 여론 조사 신뢰 정도 및 투표 반영 실태
>
> III. 조사 결과
> 1. 여론 조사 신뢰 정도
> 유권자가 여론 조사 보도를 얼마나 신뢰했는가를 조사했다. 이를 파악하기 위해서 "지난 총선에 보도된 여론 조사 내용을 얼마나 신뢰했나요?"라는 설문 문항이 제시되었다. 그 결과 여성이 남성에 비해 여론 조사의 모든 결과를 믿거나 어떠한 결과도 믿지 않은 경우가 많으며, 남성은 여성에 비해 유명 후보자들을 대상으로 진행된 여론 조사의 결과만을 믿는 경우가 많이 있음을 알 수 있다. 응답자 전체적으로는 유명 후보자들을 대상으로 진행된 조사의 결과만 믿은 경우가 36.1%로 가장 많으며, 그 다음으로는 어떠한 조사의 결과도 믿지 않은 경우가 34.9%이다.
> 2. 여론 조사 결과의 실제 투표 반영 실태
> 유권자가 여론 조사 결과를 토대로 후보자를 선택했는가를 조사했다. 이를 파악하기 위해서 "지난 총선 때 보도된 여론 조사의 결과를 토대로 후보자를 선택했나요?"라는 설문 문항이 제시되었다. 조사 결과 남성과 여성 모두 보도된 여론 조사 결과에 영향을 받아 후보자를 선택했음을 알 수 있다.

여론 조사 보도를 얼마나 신뢰했는가에 대한 응답 결과

	남성	여성	전체
여론 조사의 모든 결과를 믿었다.	9(16.9%)	7(23.3%)	16 (19.2%)
유명 후보자들을 대상으로 진행된 조사의 결과만 믿었다.	21(39.6%)	9(30%)	30 (36.1%)
어떠한 조사의 결과도 믿지 않았다.	18(33.9%)	11(36.6%)	29 (34.9%)
기타	5(9.4%)	3(10%)	8(9.6%)

여론 조사 보도의 결과를 토대로 후보자를 선택했는가에 대한 응답 결과

	남성	여성
네	43(81.1%)	26(86.6%)
아니요	10(18.8%)	4(13.3%)

IV. 결론

[A]

(나)

Blog. 공감 80 댓글 12 공유 수정 삭제 설정

나는 평소 언론의 영향력에 대해 관심이 많다. 그런데 이번 여론 조사에 대한 보도를 보면서 국민의 정치적 견해에 언론이 얼마나 영향을 미치는지 궁금했다. 여론 조사 보도는 실제 여론과 달리 특정 정당 또는 지지자에게 유리하게 보도될 가능성이 있다. 이러한 상황에서 유권자가 여론 조사 보도를 보면 잘못된 판단을 하게 된다. 따라서 언론사들은 여론 조사 보도의 영향을 파악하여 공정하고 정확한 여론 조사 보도를 위해 노력해야 한다. 이를 위해서 실제로 여론 조사 보도가 유권자들에게 어떠한 영향을 미치는지 알아야 한다.

42. 다음은 (가)를 쓰기 위한 글쓰기 계획이다. (가)에 반영되지 않은 것은?

> 보고서를 쓸 때 먼저 ①미래의 유권자로서 우리나라의 여론 조사에 대해 공부할 필요성을 느낀 점이 조사 동기가 되었음을 언급해야겠어. 또 ②조사 결과에 설문 문항을 밝혀 제시하고, 표면적 수치만 나열하기보다 ③남성과 여성의 설문 조사 결과를 대비하여 조사 결과의 의미를 해석하는 것이 좋겠어. 그리고 ④응답 결과를 수치로 표시하고, ⑤이를 막대그래프로 표현해서 독자들이 조사 결과에 대해 보다 명확하게 파악하도록 해야겠어.

43. <보기>를 고려할 때, [A]에 들어갈 내용으로 가장 적절한 것은?

<보 기>

> 선생님: 보고서의 결론에는 조사 결과를 요약하고, 이 조사의 한계점을 제시하면 좋겠어. 아니면 향후 이루어질 조사에 대해 기대하는 바를 남겨도 좋을 것 같아.

① 여론 조사는 다수의 국민이 어떤 바람을 갖고 있는지에 대해 숨은 목소리를 대변할 수 있다는 점에서 민주주의 발전에 필요한 도구이다.
② 언론사가 국민들이 여론 조사 보도를 얼마나 활용하는지 파악하는 것은 공정한 여론 조사를 위한 과정이므로 필요하다.
③ 이번 조사는 공정한 여론 조사의 필요성을 제시했지만, 설문 표본 수가 적었다는 한계가 있다. 따라서 다음 조사에서는 보다 많은 표본을 대상으로 설문이 진행되기를 기대한다.
④ 이번 조사를 통해 국민들이 여론 조사가 무엇인지 알 수 있도록 하는 방안이 마련되어 자신의 견해에 맞는 올바른 후보자 선택이 가능하게 될 것이다.
⑤ 이번 조사는 유권자가 여론 조사의 과정을 얼마나 잘 알고 있는지를 중심으로 여론 조사 보도가 국민의 견해에 얼마나 큰 영향을 미치는지를 파악하는 조사였다.

44. 작문 맥락을 고려할 때, (가)와 (나)에 대한 이해로 가장 적절한 것은?

① 글의 유형을 고려할 때, (나)는 (가)와 달리 해당 조사가 필요한 이유를 밝혔다.
② 글의 내용을 고려할 때, (나)는 (가)와 달리 여론 조사 보도가 유권자에게 잘못된 영향을 미칠 가능성을 드러냈다.
③ 예상 독자를 고려할 때, (나)는 (가)와 달리 구체적 자료를 활용하여 독자의 이해를 돕고 있다.
④ 작문 매체를 고려할 때, (가)와 (나)는 모두 글을 작성한 후에도 수정이 자유롭다.
⑤ 작문 목적을 고려할 때, (가)와 (나)는 모두 공정한 여론 조사 보도를 통한 민주주의 발전의 필요성을 강조했다.

45. <보기>의 ㉠~㉣ 중 (가)에 반영되지 않은 것을 있는 대로 고른 것은?

<보 기>

> 보고서를 쓸 때에는 다음과 같은 보고서 쓰기 방법을 지켜야 한다. 일단 ㉠보고서를 시작하기에 앞서 목차를 제시하면 좋다. 자료를 직접 조사한 경우 ㉡조사 기간과 조사 대상, 조사 방법을 기술해야 한다. 그리고 ㉢타인의 글을 인용할 경우 출처를 밝히고, 그 내용과 자신의 글을 명확히 구분해야 한다. ㉣'결론'의 뒤에는 참고문헌을 제시해야 한다. 이때 보고서에서 인용한 모든 자료를 명시해야 한다.

① ㉠, ㉡　　② ㉡, ㉣　　③ ㉠, ㉢
④ ㉠, ㉡, ㉢　　⑤ ㉠, ㉢, ㉣

* 확인 사항
○ 답안지의 해당란에 필요한 내용을 정확히 기입(표기)했는지 확인하시오.
○ 이어서, 「선택과목(언어와 매체)」 문제가 제시되오니, 자신이 선택한 과목인지 확인하시오.

제 1 교시

국어 영역(언어와 매체)

[35～36] 다음 글을 읽고 물음에 답하시오.

한글 맞춤법 제1항에 따르면, 한글 맞춤법은 표준어를 소리대로 적되, 어법에 맞도록 함을 원칙으로 한다. 여기에는 한글 맞춤법의 두 가지 기본 원리를 찾아볼 수 있는데, 이들은 각각 '소리대로 적는 방식'과 '어법에 맞도록 적는 방식'이다.

소리 나는 대로 적는 방식은 말 그대로 소리와 표기를 동일하게 하는 방식으로, 표음주의라고도 불린다. '마음, 사랑, 땅' 등과 같은 형태소의 표기를 살펴보면, 발음과 표기가 동일한 것을 알 수 있다. 둘 이상의 형태소가 결합할 때에도 소리 나는 대로 표기할 수도 있다. 그 예시로, 불규칙 용언인 '낫-'에 모음으로 시작 하는 어미가 결합하면 '나아, 나으니'와 같이 소리 나는 대로 표기한다.

한편, 어법에 맞도록 적는 방식은 소리대로 적는 것이 아닌, 형태소의 원형을 밝혀 적는 것이다. 표음주의와 구별하기 위해 표의주의라고도 불린다. 가령 '옷'의 받침 'ㅅ'은 '옷도, 옷만'에서는 각각 'ㄷ'과 'ㄴ'으로 발음된다. 그러나 형태소의 원형을 밝히기 위해 'ㅅ'으로 고정시켜 표기한다. 뿐만 아니라, '옷이, 옷을, 옷은'에서 받침 'ㅅ'은 뒤 형태소의 초성으로 옮겨서 발음함에도 표기 시 이러한 현상을 반영하지 않는다. '먹어, 먹은'과 같이 어간과 어미를 분리하여 적는 것이나, '높이, 길이'처럼 어근과 접사를 분리하여 표기하는 것 역시 표의주의에 기초한 것이다.

표음주의에 기초하여 표기하는 방식은 크게 세 경우로 나뉜다. 첫째로, 모음으로 시작하는 형식 형태소가 올 경우 앞 말의 받침이 모음과 합쳐져 발음된다. 두 번째는, <u>Ⓐ모음으로 시작하는 실질 형태소가 올 때 음절의 끝소리 규칙이 나 자음군 단순화가 먼저 일어나고 나서 소리대로 발음되는 경우</u>이다. 마지막으로, 모음 'ㅣ'나 반모음 'j'로 시작하는 실질 형태소가 오면 음절의 끝소리 규칙이나 자음군 단순화가 일어난 다음 'ㄴ' 소리가 첨가되는 경우이다.

35. 윗글의 내용을 바탕으로 하여 탐구한 결과로 적절하지 <u>않은</u> 것은?

① '사람'에 조사 '이'가 결합할 때 '사람이'로 적는 것은 형태소의 원형을 밝혀 쓴 것이군.
② '읽-'에 어미가 결합할 때 어간이 '읽'로 고정되는 것은 표의주의에 따른 것이군.
③ '버들'과 '나무'가 결합한 말을 '버드나무'로 적는 것은 소리 나는 대로 적은 것이군.
④ '잎'과 '-아리'의 결합을 '이파리'라고 적는 것은 어법에 맞도록 적은 것이군.
⑤ 어근 '묻-'과 접미사 '-엄'의 결합을 '무덤'이라고 적는 것은 표음주의에 따른 것이군.

36. <보기>에서 Ⓐ에 해당하는 단어만을 있는 대로 고른 것은?

<보 기>

꽃이, 흙 위, 웃어른, 무릎 아래, 끝에, 솔잎

① 꽃이, 흙 위
② 흙 위, 웃어른, 무릎 아래, 솔잎
③ 흙 위, 웃어른, 무릎 아래
④ 꽃이, 끝에, 솔잎
⑤ 흙 위, 끝에

37. <보기>의 ㉠~㉢에 대한 설명으로 적절하지 <u>않은</u> 것은?

<보 기>

㉠ 예쁜 꽃을 남자친구에게 받았다.
㉡ 그녀는 동생과 달리 예쁘다.
㉢ 그때로 다시 돌아가기 어렵다.

① ㉠에는 관형어의 기능을 하는 안긴문장이 있다.
② ㉡에는 부사어의 기능을 하는 안긴문장이 있다.
③ ㉢은 명사절을 안은문장이다.
④ ㉠과 ㉡은 ㉢과 달리 안긴문장이 문장 내에서 필수 성분이 아니다.
⑤ ㉢의 안긴문장은 부사어의 기능을 한다.

38. <보기>를 바탕으로 조사에 대해 탐구한 내용이 적절하지 <u>않은</u> 것은?

<보 기>

㉠ 선생님께서 화가 나셨다.
㉡ 나와 그녀만의 추억이 담긴 물건이다.
㉢ 나는 저녁에 육개장과 갈비를 먹었는데 너는 무엇을 먹었어?
㉣ 나는 친구한테 옷을 선물했다.

① ㉠의 '께서'를 보면 격 조사는 주체의 높임 여부에 따라 형태가 달라질 수 있군.
② ㉡의 '만의'를 보면 조사끼리의 결합이 가능하군.
③ ㉡의 '와'와 ㉢의 '과'는 앞말의 의미에 의해 선택되는군.
④ ㉣의 '한테'는 앞말과 다른 말과의 문법적 관계를 나타내는군.
⑤ ㉢과 ㉣의 '는'은 특별한 뜻을 더해주는 조사이군.

39. <보기 1>을 바탕으로 <보기 2>의 자료를 탐구한 내용으로 적절하지 않은 것은? [3점]

<보기 1>

'된소리되기'가 일어나기 위한 음운 조건이 아닌데도 된소리로 발음되는 경우가 있다. 합성 명사의 '된소리되기'는 '국밥[국빱]'처럼 앞말의 끝소리가 안울림소리일 때 일어나는데, '봄비[봄삐]', '발바닥[발빠닥]'은 앞말이 각각 울림소리인 'ㅁ'과 'ㄹ'로 끝나는데도 뒷말의 첫소리가 된소리로 바뀐다. 이러한 현상이 나타나는 이유는 무엇일까?

국어의 역사를 고찰할 때, 이 같은 현상은 합성 명사가 되는 과정에서 어떤 음운이 첨가되고 그 첨가된 음운이 영향을 끼쳤기 때문이라고 볼 수 있다. 위 단어들의 중세 국어 형태인 '봆비(봄+비)', '밠바닥(발+바닥)'에는 당시의 관형격 조사인 'ㅅ'이 쓰였는데, 그 당시에는 이들을 '봄의 비', '발의 바닥' 등과 같이 생각했기 때문에 합성어도 'A+ㅅ+B'의 형태로 표기하였다. 이 같은 'ㅅ' 표기는 현대 국어에도 '깃발[기(旗)+발]', '칫솔[치(齒)+솔]'처럼 앞말이 모음으로 끝나는 합성 명사의 경우에 남아 있다. 'ㅅ'은 안울림소리이므로 이들 단어는 자연스럽게 된소리로 발음되기 위한 음운적 조건을 갖추게 되어 뒷말이 된소리로 발음된다. 현대 국어에 와서 '봄비', '발바닥'은 'ㅅ' 표기가 사라졌지만, 중세 국어의 발음 습관이 남아서 지금까지도 된소리로 발음된다고 추정할 수 있다.

합성 명사의 'ㅅ'은 '잇몸[인몸]', '콧날[콘날]' 같은 단어에도 나타나는데, 이 경우에는 음절의 끝소리 규칙과 비음화가 연달아 일어나서 'ㅅ'이 'ㄴ'으로 발음된다. 즉, 합성 명사에 들어간 'ㅅ'은 뒷말을 된소리로 바꾸기도 하지만, 때로는 뒷말의 영향을 받아 'ㄴ'으로 바뀌는 발음 양상을 보인다.

그러나 이 같은 음운 변동 현상은 합성 명사에서 항상 일어나는 것은 아니다. 합성 명사의 앞말과 뒷말의 의미 관계를 고려할 때 앞말이 형상, 재료, 수단, 도구일 경우에는 대체로 음운 변동이 일어나지 않는다. 이런 예로 '반달[반달]', '돌담[돌담]' 등을 들 수 있다. 또한 중세 국어에서도 예외적으로 '모시뵈(모시+배)', '드레줄(두레박+줄)'처럼 'ㅅ'이 쓰이지 않은 경우가 있었는데, 이 경우에는 된소리로 발음되지 않았을 것으로 추정된다.

<보기 2>

◉ 중세 국어의 예
묏골(산골), 솑바당(손바닥), 비ᄃᆞ리(배다리)
◉ 현대 국어의 예
옷고름[옫꼬름], 기와집[기와집],
텃밭[터빧/턷빧], 윗마을[윈마을]

① '묏골'과 '비ᄃᆞ리'를 보니, 중세 국어의 합성 명사에 'ㅅ'이 반드시 쓰인 것은 아니었다.
② '옷고름'에서 뒷말의 첫소리가 된소리로 바뀐 것을 볼 때, '솑바당'처럼 관형격 조사 'ㅅ'이 발음에 영향을 미치고 있다.
③ '기와집[기와집]'을 보니, 앞말이 뒷말에 대해 재료의 의미를 지니고 있기에 뒷말의 첫소리가 된소리로 발음되지 않았다.
④ '텃밭'을 'A+ㅅ+B' 구조로 볼 때, 'ㅅ'은 B의 첫소리를 된소리로 발음하게 하는 선행 조건의 역할을 한다.
⑤ '윗마을[윈마을]'은 합성 명사에 들어간 'ㅅ'이 뒷말의 영향을 받아 'ㄴ'으로 바뀌는 경우에 해당한다.

[40~42] (가)는 학생들이 발표 준비를 위해 '진우'가 초대한 휴대 전화 메신저로 나눈 대화이고, (나)는 (가)를 바탕으로 '진우'가 제작한 발표 자료 초안이다. 물음에 답하시오.

(가)

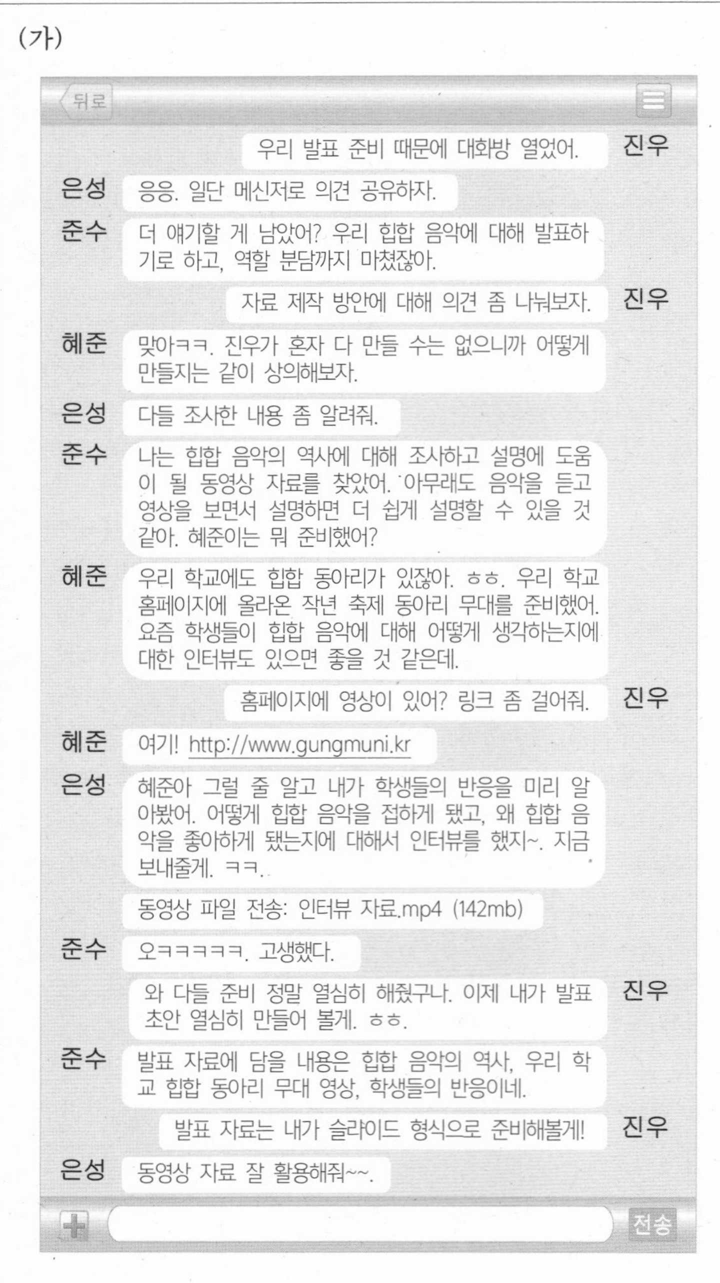

(나)

<발표 자료 초안>

I. 힙합 음악의 역사

① 힙합이란?

힙합은 대중음악의 한 장르이자, 문화 전반에 걸친 흐름을 가리키는 말입니다. 힙합(HIP-HOP)은 '엉덩이를 흔들다(hip hopping)'라는 말에서 유래했습니다. 1970년대 후반 뉴욕 할렘가에 거주하는 흑인이나 스페인계 청소년들에 의해 형성된 새로운 문화 운동 전반을 가리킵니다. 힙합을 이루는 요소로는 주로 랩, 디제잉, 그래피티, 브레이크댄스 네 가지가 꼽힙니다.
② 힙합의 시작
힙합은 파티, 클럽 등에서 틀었던 디스코, 펑크, 재즈같이 6~70년대에 걸쳐 흑인들이 즐겨 들었던 음악과 그 음악에 맞춰 춤을 추고 즐기던 사람들에 의해 탄생했습니다.
③ 성장
힙합이 음악 장르로 자리 잡을 수 있었던 이유는 '랩'이 가진 음악성 때문입니다. 랩은 강하고 빠른 비트에 가사를 덧붙이는 것을 말합니다.

II. 우리 학교 힙합 음악 동아리 무대

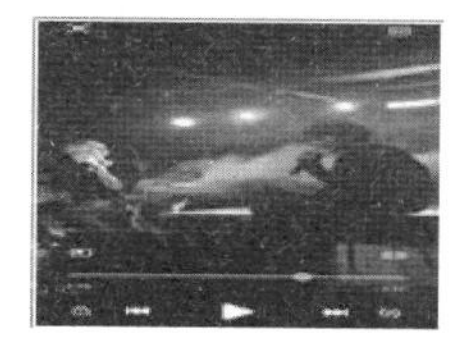

*더 많은 영상은 http://www.gungmuni.kr

III. 힙합에 대한 학생들의 반응
① 힙합 선호도

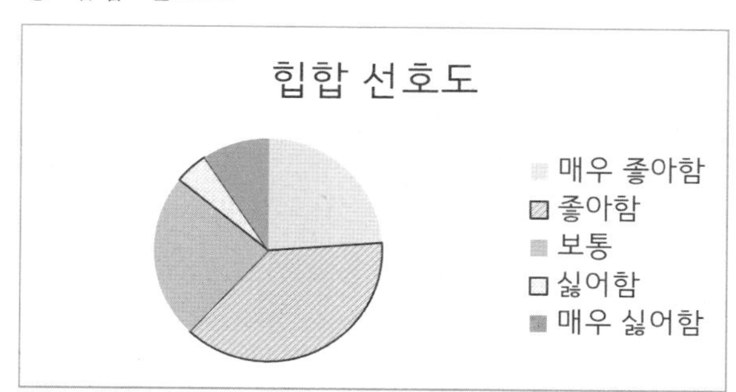

② 힙합 음악을 좋아하는 이유

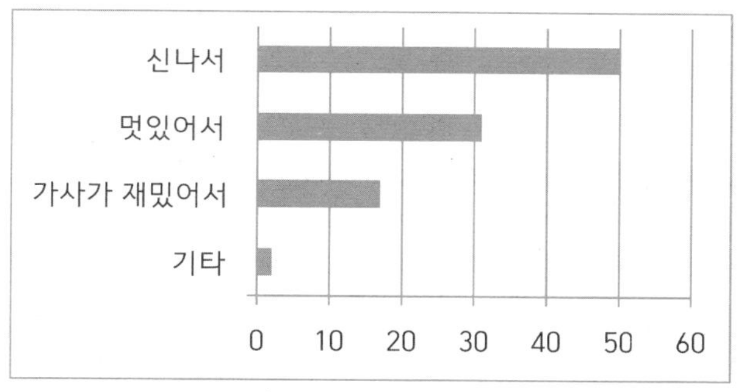

③ 힙합 음악을 싫어하는 이유

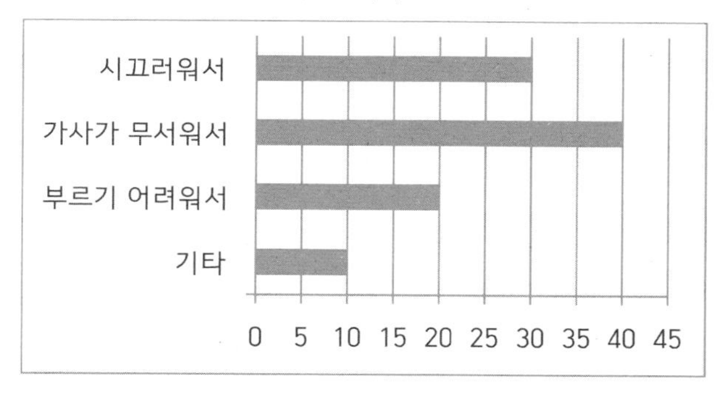

40. (가)의 대화에 대한 설명으로 적절하지 않은 것은?

① '진우'는 다수의 사람들과 동시에 의사소통을 하는 방식을 택했다.
② '혜준'과 '준수'는 자음자로 된 기호를 활용하여 자신의 감정을 드러냈다.
③ '은성'과 '준수'는 매체의 특성을 활용하여 추가적인 자료를 첨부하여 제공했다.
④ '혜준'은 하이퍼링크를 이용하여 추가적인 정보를 제공했다.
⑤ '준수'는 발표 자료에 담을 내용을 정리하며 의사소통을 마무리했다.

41. (가)를 바탕으로 '진우'가 세운 발표 자료 제작 계획 중 (나)에 반영되지 않은 것은?

① 힙합 음악의 역사를 언급하기 전에 힙합 음악에 대해 간략하게 소개해야겠다.
② 무대 영상을 첨부하면서 더 많은 영상에 대한 정보도 제공해야겠다.
③ 영상이 너무 많이 들어가면 지루할 수 있으니 학생들 인터뷰 영상은 생략해야겠다.
④ 발표에 대해 신뢰성을 확보하기 위해 음악 전문가의 의견을 인용해야겠다.
⑤ 학생들이 힙합 음악을 좋아하는 이유와 싫어하는 이유를 그래프로 나타내야겠다.

42. <보기>는 초안을 바탕으로 진행한 발표를 들은 학생의 일기이다. 위 발표 초안을 바탕으로 할 때, ㉠에 들어갈 내용으로 적절하지 않은 것은? [3점]

<보 기>

힙합 음악과 관련된 발표를 들었는데, '할렘가'라는 낯선 단어가 나왔다. 그 의미가 궁금해 사전을 찾아보았다. '할렘가'는 미국 뉴욕시 맨해튼 동북쪽에 있는 지역으로 주민 대부분이 가난한 노동자이며, 범죄가 잦은 곳으로 유명한 지역이라는 것을 알게 되었다. 또한 힙합 음악에 대해 검색을 해 본 결과 1980년대를 중심으로 힙합이 자기표현의 방식으로 사용됐다는 사실과 당시 미국은 유색 인종차별이 심하던 시기였다는 것을 알 수 있었다. 흑인들은 랩을 통해 저항의 목소리를 표현했다고 한다. 모르던 단어의 의미와 배경을 이해하고 다시 발표를 떠올리니, (㉠) 생각이 들었다.

① 강하고 빠른 비트에 가사를 덧붙이는 이유가 저항의 목소리와 관련이 있을 것이라는
② 저항의 표현과 관련된 가사가 어떤 학생들에겐 무서울 수도 있겠다는
③ 힙합 음악의 역사에 대한 자세한 설명이 없어서 아쉽다는
④ 요즘 학생들이 힙합 음악을 좋아하게 된 이유에 대해서 알 수 있게 되었다는
⑤ 힙합 음악이 저항의 표현으로부터 시작했지만 지금은 신나고 멋있는 음악으로 인식되어 다행이라는

[43~45] (가)는 신문 기사의 일부이고, (나)는 (가)에 대한 내용을 다룬 블로그에 달린 '댓글'이다. 물음에 답하시오.

(가)

'노튜버존', 도입이 필요한가?

1인 미디어 매체에 대한 올바른 규제 필요해

1인 방송을 하는 손님들이 식당 영업을 방해하거나 다른 손님과 다투는 사례도 잦아지면서 '노튜버(No+Youtuber) 존(Zone)'을 선언하는 식당들이 생겨나고 있다. 유튜버 입장을 금지하는 식당은 영상 촬영이 다른 사람들의 식사를 방해하고, 조회수를 노린 자극적인 화면을 잡아내기 위해 무리한 요구도 서슴지 않는다고 하소연한다.

한국외식업중앙회 부회장은 "새로 가게를 연 업주들은 유튜버들을 어떻게 대할 것인지 고민이 많다"며 "몇몇 업주들이 당장 매출만을 생각해 무조건적인 편의를 제공하면서 유튜버들에게 '나쁜 경험'을 하게 한 것도 노튜브존 등장에 영향을 미쳤다"고 말했다.

유튜버들은 동영상 촬영에 대해서만 엄격한 잣대를 들이댄다며 반발하는 모양새다. 한 유튜버는 "업주들이 음식 사진을 찍어 SNS에 올리는 건 허락하면서 정작 사람들이 더 관심을 갖는 동영상은 촬영을 막는 것은 앞뒤가 맞지 않는다"고 말했다. 또 "다른 손님에게 피해를 준다며 아이 손님을 받지 않는 '노키즈(No+Kids) 존(Zone)'처럼 노튜버존 역시 차별적인 태도 아니냐"고 반문했다.

유튜브 등에서 진행되는 1인 방송에 대한 자율 규제가 필요하다는 목소리도 있다. 한국방송미디어공학회 이사는 "블로거들과 식당 업주들이 비슷한 문제로 갈등을 빚은 이후 협찬 여부를 표기하는 등 나름대로 규칙을 만들었다"며 "유튜버들이 촬영 중 발생하는 문제를 해결할 수 있게끔 가이드라인을 만들 필요가 있다"고 말했다.

(나)

슬픈눈: 저는 식당에 노튜버존의 도입이 필요하다고 생각합니다. 노튜버존의 도입 여부를 떠나서 어떤 손님이라도 가게에 피해를 끼치는 행동을 하는 것에 대해서는 당연히 규제가 필요합니다. 또한 다른 손님들도 돈을 지불하였으니 편안하게 식사를 할 권리가 있습니다. 실제로 제가 본 ㅇㅇ신문의 보도에 따르면 노튜버존을 도입한 식당을 찾는 손님들을 대상으로 설문조사를 진행한 결과, 약 75%에 해당하는 손님들이 노튜브존에 대해 찬성했다고 합니다. 그리고 노튜버존의 도입은 1인 미디어 시대에 나타날 수 있는 가장 큰 문제점 중 하나인 사생활 침해를 규제하기 위해서도 바람직한 방안이라고 생각합니다. 관련된 다른 뉴스 자료도 첨부합니다~

https://news.gungmuni.com/main/read.nhn?mode=LSD&mid=shm&sid1=101&oid=001&aid=0

↳도지산순간: 다른 손님들도 돈을 지불하였으니 편안하게 식사를 할 권리가 있다면, 음식을 먹어보고 식당에 대한 리뷰 컨텐츠를 촬영하는 유튜버에게 노튜버존의 도입은 소비자의 권리를 빼앗기는 일이 아닐까요?

↳헬로귀티 : 식당에서 음식만을 촬영하는 것은 크게 문제되지 않을 것 같아요^^. 노튜버존을 도입한 식당에서도 일부 공간을 마련하여 촬영을 허가할 수 있도록 운영할 수도 있다고 생각해요ㅋㅋ
#노튜버존 #1인_미디어 #식당리뷰

43. (가)와 (나)를 비교한 내용으로 적절하지 않은 것은?

① (가)는 (나)와 달리 제목을 표제와 부제의 방식으로 제시하여 뉴스에 담긴 의미를 강조하고 있다.
② (가)와 (나)는 모두 다양한 통계 정보를 활용하여 주제를 뒷받침하고 있다.
③ (가)는 (나)에 비해 신뢰성 및 정확성이 대체로 높은 편이다.
④ (나)는 (가)에 비해 비교적 자유로운 방식의 의사소통 기능을 수행할 수 있다.
⑤ (가)는 (나)와 달리 지면의 영향을 받아 분량에 제한이 있을 수 있다.

44. (나)에 대한 이해로 적절하지 않은 것은?

① '슬픈눈'과 '도지산순간'은 불특정 다수의 사람들에게 자신의 의견을 제시한다.
② '슬픈눈'은 하이퍼링크를 이용하여 내용과 관련된 추가적인 정보를 제공하고 있다.
③ '도지산순간'은 소비자의 권리를 근거로 '슬픈눈'과 상반되는 의견을 제시하고 있다.
④ '헬로귀티'는 '도지산순간'과 상반되는 의견을 제시하며 해결 방안을 모색하고 있다.
⑤ '헬로귀티'는 특정 기호를 앞에 붙여 열거한 말들을 통해 전달하려는 정보의 핵심 어구를 제시한다.

45. <보기>는 (가)를 작성하기 위해 기자가 세운 계획이다. (가)에 반영되지 않은 것은?

<보 기>

이번 기사를 쓸 때 ⓐ표제는 의문문의 형식을 활용하여 화제에 대한 논의가 필요하다는 것을 제시해야겠군. ⓑ부제는 1인 미디어 매체에 대한 적절한 규제가 필요하다고 생각하는 나의 견해를 드러내야지. 본문에서는 ⓒ노튜버존의 도입에 찬성하는 손님 측의 인터뷰를 제시하면서 관심을 끌어야겠어. ⓓ노튜버존의 도입에 대한 전문가들의 의견도 적어야겠다. 마지막으로는 ⓔ노튜버존을 비롯한 1인 미디어 매체와 관련된 규제의 필요성을 언급해야지.

① ⓐ ② ⓑ ③ ⓒ
④ ⓓ ⑤ ⓔ

＊ 확인 사항

○ 답안지의 해당란에 필요한 내용을 정확히 기입(표기)했는지 확인하시오.

※ 시험이 시작되기 전까지 표지를 넘기지 마시오.

2022학년도 대학수학능력시험 대비
궁무니 모의고사 1회 정답 및 해설

• 국어 영역 •

공통

1	④	2	④	3	④	4	③	5	⑤
6	⑤	7	④	8	①	9	③	10	④
11	⑤	12	④	13	④	14	③	15	⑤
16	⑤	17	①	18	①	19	③	20	②
21	④	22	④	23	②	24	③	25	⑤
26	④	27	④	28	③	29	②	30	④
31	⑤	32	④	33	③	34	②		

[1~3] (인문) 이이, 「격몽요결」

1. [출제의도] 글의 세부 내용 파악
지문에서는 이단으로서 잡되고 바르지 못한 글을 잠깐이라도 보아서는 안 된다고 언급했다. 종류를 가리지 않고 끊임없이 책을 읽으며 다양한 지식을 쌓아야 한다는 내용은 지문에서 확인할 수 없다.
[오답풀이]
① 윗글에서는 책을 오래 자세히 읽어서 그 사리를 깊이 이해하고 깨달아야 한다고 언급했다.
② 윗글에서 필자는 글을 읽기 전에 단정하고 반듯하게 앉아서 공손히 책을 펴놓고 마음을 오로지 하여 책을 읽는다고 언급했다.
③ 윗글에서 필자는 독서를 하면서 글 구절마다 반드시 자기가 실천할 방법을 구해야 한다고 언급했다.
⑤ 윗글에서 필자는 한 가지 책을 익히 읽어 그 의미와 뜻을 모두 깨달아 통달하고 의심이 없이 된 후에 다음 책으로 넘어가야 한다고 했다.

2. [출제의도] 독서 방법의 파악
윗글에서 한 책을 익히 읽어 모두 통달하고 의심이 없게 해야 한다고 언급했다. <보기>에서도 경서의 글을 익숙하도록 반복하여 읽어야 한다고 했기에 공통적으로 강조하는 독서 방법으로 가장 적절하다.
[오답풀이]
① 윗글과 <보기> 모두 책의 내용을 정리해 가며 읽는다고 하지 않았다.
② 윗글에서는 여러 관점을 참고하며 읽는다는 말은 언급되지 않았고, <보기>에서는 여러 사람의 의견을 모두 참고하되 같은 점과 다른 점을 분별하고 장단점을 비교하며 읽어야 한다고 언급했다.
③ 윗글과 <보기> 모두 많은 양의 책을 읽기 위해 빠르게 전체를 훑어가며 읽는다고 언급하지 않았다.
⑤ 윗글에서는 책을 읽을 때 오래 익히 읽어 그 의미와 뜻을 모두 깨달아야 한다고만 언급했고, 깨달은 이치를 감히 스스로 옳다고 여기지 말아야 한다고 언급하지는 않았다. 반면 <보기>에서는 책을 읽을 때 자신이 깨달은 이치를 감히 스스로 옳다고 여기지 말아야 한다고 언급했다.

3. [출제의도] 독서 방법에 대한 가치관 추론
윗글의 필자인 A는 책의 진리를 깨닫기 위해 정독을 하는 독서 태도를 갖고 있다면 <보기>의 필자인 B는 실생활에 필요한 정보를 얻기 위한 독서에 초점을 맞추고 있다.
[오답풀이]
① A가 책 한 권을 정독하여 그 책의 내용을 다 통찰하여 이해하는 독서 태도를 갖고 있다면 B는 필요한 내용을 골라서 책을 선정하여 읽는 태도를 갖고 있다.
② A는 인간관계에서 꼭 필요한 내용들을 깨우치기 위한 독서보단 독서를 통해 진리를 깨닫고 사리를 이해하여 실천하는 독서 태도를 갖고 있고, B가 인간관계에 필요한 내용들을 깨우치기 위한 독서를 중시하고 있다.
③ B가 여러 책을 읽으며 필요한 정보를 얻어내어 실생활에 사용하는 독서 태도를 갖고 있고, A는 한 가지 책을 정독하여 이치를 깨닫는 독서법을 선호한다.
⑤ A와 B 모두가 아니라 A만 책을 읽기 전에 몸과 정신을 정비하여 경건히 읽는 독서 태도를 갖고 있다.

[4~9] (인문) 형벌 이론

4. [출제의도] 글의 서술 방식 파악
(가)는 형벌이라는 소재에 대해 절대적 형벌이론, 상대적 형벌이론 등 여러 이론을 제시하며 각각의 특징을 소개하고 있다. 반면 (나)는 형벌에 대한 칸트의 응보주의를 계승한 헤겔의 이론에 대해 소개하고 있다.
[오답풀이]
① (가)와 (나) 모두 형벌이론이 사회에 미친 영향을 인과적으로 서술하고 있다고 볼 수 없다.
② (가)와 (나) 모두 사상적 변화의 과정이 드러나지 않았다.
④ (나)에서 형벌이론의 사상적 변화가 나타나지 않았고, 사상적 변화가 지니는 긍정적 측면과 부정적 측면을 분석하고 있다고도 볼 수 없다.
⑤ (가)에서 형벌이론의 발전이 언급되지 않았고, (나)는 칸트의 주장을 계승한 헤겔의 공통된 견해를 소개하고 있으므로 공시적으로 언급하고 있다고 볼 수 없다.

5. [출제의도] 글의 내용 이해
특별예방이론은 사회의 안전을 위해 범죄자에게 형벌을 부과하는 것이다. 즉 형벌의 작용을 범죄자의 개선, 위하 및 무해화의 작용으로 본다. 규범의식의 강화가 목적인 이론은 일반예방이론이다.
[오답풀이]
① 형벌의 정당화는 사람들이 형벌을 불합리한 해악인 또 하나의 범죄로 받아들이지 않게 하기 위한 시도이다.
② 절대적 형벌이론은 형벌이 유책한 범죄행위에 대한 응보에 지나지 않는다고 본다.
③ 상대적 형벌이론은 형벌 이외에 특정한 목적을 형벌의 정당화 근거로 보며, 절대적 형벌이론으로부터 범죄자인 인간을 물건과 같은 수단으로 취급한다는 비판을 받을 수 있다.
④ 일반예방이론에 따르면 형사입법은 일반 시민에 대한 위하를 목적으로 하며, 형벌은 이 위하의 진정성을 확인하는 것이다.

6. [출제의도] 글의 세부 정보 이해
범죄자가 내세운 규범은 보편적인 구속력을 요청하기 때문에 스스로에 대해서도 구속력을 가지며, 이 구속력은 범죄자에게 형벌을 부과하는 근거로 작용하게 된다.
[오답풀이]
① 죄에 상응하는 응분의 벌을 받아야 한다는 응보의 원리를 지닌 칸트의 응보주의를 계승한 것과, 형벌이 범죄자의 행동에 내적으로 포함되어 있다는 주장에서 추론할 수 있다.
② 보편적인 구속력을 요청하는 범죄자의 준칙이 범죄의 내용에 따라 달라질 것임을 알 수 있고, 따라서 형벌의 내용도 달라질 것임을 추론할 수 있다.
③ 부정의 부정은 형벌을 의미한다. 변증법적 형벌론은 형벌을 통해 침해되었던 법의 효력을 회복하고 상호 인정관계를 회복해야 한다고 본다.
④ 헤겔의 변증법적 형벌론은 개인의 권리 존중과 보편적 선의 추구를 매개할 수 있는 종합적인 이론이라 평가된다.

7. [출제의도] 핵심 개념 이해
자기모순은 범죄를 통해 타인의 인격만을 부정하고, 행위자 자신의 인격을 부정하는 것이 근거가 되는 형벌은 인정하지 않는 것이다.
[오답풀이]
① 자기목적성에 따르면 형벌은 그 자체가 목적이 되어야 하기 때문에, 범죄 예방을 추구해서는 안 된다.
② 자기목적성을 인정하는 절대적 형벌이론은, 타인의 인격을 침해한 범죄자일지라도 그의 인격을 존중해야 한다고 본다.
③ 자기모순은 형벌을 부정하는 것이기 때문에, 법효력의 회복을 통한 상호 인정관계의 회복 또한 부정하는 것이다.
⑤ 형벌을 부인하는 것은 범죄를 통해 자신이 세운 준칙을 부정하는 것이다. 즉 자신이 세운 준칙의 보편적인 구속력을 부정하는 것이기 때문에 자기모순에 빠지게 된다.

8. [출제의도] 구체적 사례 적용
㉮는 통일된 집합의식을 확인하고 사회 결속을 목적으로 한다는 점에서 일반예방이론에 속한다고 볼 수 있다. 그런데 일반예방이론은 부적응자에 대한 위하가 아닌, 일반인에 대한 위하를 통해 사회를 지키는 것이 목적이다.
[오답풀이]
② 일반예방이론을 지지하는 학자는 형벌 집행이 일반 시민에 대한 위하의 진정성을 확인하는 수단이 되어야 한다고 본다. 따라서 ㉯의 목적이 실현되려면 형벌 집행에 대해 일반인들이 겁을 느껴야 한다고 볼 것이다.
③ ㉯는 새로운 해악을 미리 예방하는 것과 일반인들이 범죄자가 되는 것을 근본적으로 저지하고자 한다는 점에서 일반예방이론이다. 이러한 일반예방이론의 입장에서는 헤겔에게 형벌은 법의 회복뿐 아니라 법 침해의 예방 효과 또한 지녀야 한다고 비판할 수 있다.
④ 헤겔은 형벌이 범죄자의 행동에 내적으로 포함되어 있는 주장이라고 본다. 경범죄를 저지른 범죄자는 '경범죄를 저질러도 좋다'라는 준칙을 정립할 것이다. 따라서 이 범죄자에게 해당 준칙에 해당하지 않는 중형을 부과한다면 자기모순이 아니라고 볼 것이다.
⑤ ㉰의 형벌이 범죄자에 대한 강력한 영향력 행사만을 중시한다면, 이는 특별예방이론에 해당한다고 볼 수 있다. 특별예방이론은 형벌을 통해 범죄자를 자신들의 사회규범에 강제적으로 적응시킨다는 비판을 받는다.

9. [출제의도] 문맥적 의미 파악
'저지하다'는 '막아서 못 하게 하다'라는 의미이며, '지양하다'는 '더 높은 단계로 오르기 위하여 어떠한 것을 하지 아니하다'라는 의미이다. 따라서 '지양하고자'는 문맥적으로 ⓒ를 대체할 수 없다.
[오답풀이]
① '간주되다'는 '상태, 모양, 성질 따위가 그와 같다고 여겨지다'라는 의미이며, 따라서 '생각될'은 문맥적으로 ⓐ를 대체할 수 있다.
② '취급하다'는 '사람이나 사건을 어떤 태도로 대하거나 처리하다'라는 의미이며, 따라서 '대하는'은 문맥적으로 ⓑ를 대체할 수 있다.
④ '정착하다'는 '새로운 문화 현상, 학설 따위가 당연한 것으로 사회에 받아들여지다'라는 의미이며, 따라서 '자리잡았다'는 문맥적으로 ⓓ를 대체할 수 있다.
⑤ '구별하다'는 '성질이나 종류에 따라 갈라놓다'라는 의미이며, 따라서 '구분하면서도'는 문맥적으로 ⓔ를 대체할 수 있다.

[10~13] (사회) 파생 결합 증권

10. [출제의도] 글의 세부 정보 파악

파생 결합 증권은 미리 정해진 방법에 따라 수익이 결정되는 권리가 표시된 증권이기에 투자자의 노력 여하와 관계없이 수익률이 결정된다.

[오답풀이]

① 1문단에 기초 자산으로 실물 자산도 포함된다고 언급되어 있다.

② 2문단 마지막 문장에 언급된 내용이다.

③ 0.5x2=1이므로 2개의 ELW가 필요하다.

⑤ 행사 가격보다 기초 자산 가격이 하락한다면 권리를 행사하는 것이 오히려 손실이므로 권리를 행사하지 않을 것이다.

11. [출제의도] 글의 핵심 정보 파악

풋ELW는 미래에 정해진 가격에 기초 자산을 판매할 수 있는 권리이다. 따라서 풋ELW 자체의 가격을 고려해야만 한다. 투자자는 풋ELW에 명시된 가격 이상으로 기초 자산의 가격, 즉 주가가 하락할 때 비로소 권리를 행사할 것이다.

[오답풀이]

① 콜ELW에 대한 설명이다.

② 기초 자산 가격이 크게 하락하면 콜옵션을 행사하지 않으면 되기에 콜옵션 가격 이외의 추가 손실은 발생하지 않는다.

③ 전환 비율이 0.5인 경우 ELW가 2개 있어야 기초 자산 하나를 얻을 수 있다. 그리고 기어링은 기초 자산 가격÷기초 자산 한 단위에 해당하는 ELW 가격이므로 기초 자산 가격이 콜ELW의 가격보다 2배 비싸다면 기어링은 1이 된다.

④ 전환 비율에 대한 설명이다.

12. [출제의도] 구체적 사례에 적용

A 주식		B주식	
가격	10000	가격	9500
행사가	16000	행사가	11000
ELW가격	1000	ELW가격	500
만기	2	만기	1
CFP(%)	33.33	CFP(%)	22.22

2년 뒤 A 주식 가격 : 10,000→14,000→19,600(연 40%씩 가격 상승)

2년 뒤 A 주식 수익 : 19,600 - 10,000 = 9,600원. 0.96배 이득.

A 주식 가격이 19,600 이므로 A콜ELW 행사 가능.

행사시:19,600-16,000-1,000=2,600원, 총 2.6배 이득

B 주식 가격:9,500→11,400→13,680(연 20%씩 가격 상승)

B 주식 수익:13,680-9,500=4,180원. 총 0.44배 이득

B콜ELW는 이미 만기가 지나서 현 시점에서 존재하지 않을 것. (본문에 만기 후엔 폐지된다고 언급)

따라서 A콜ELW 수익률이 2.6배로 가장 높다.(수익금이 아닌 수익률).

[오답풀이]

① CFP가 높으면 고평가된 상품이다. A콜ELW가 B콜ELW 보다 CFP가 높으므로 더 고평가된 상품이다.

② 연간 상승률이 CFP보다 높을 땐 레버리지 효과를 고려해 ELW를 매입하는 것이 더 효과적임. 직접 계산하는 방법으로도 구할 수 있다.

③ 1년 뒤 B주식의 가격은 11,400원이다. 따라서 행사 가격이 11,000원인 B콜ELW는 행사하는 것이 손해이기에 행사하지 않고 ELW 가격인 500원의 손해를 볼 것이다. 따라서 B주식의 수익금(1,900원)이 더 많다.

⑤ 2년 뒤 A주식 1개의 수익금은 9,600원이고 A콜ELW 1개당 수익금은 2,600원이므로 A콜ELW 4개의 수익금(10,400원)이 더 크다.

13. [출제의도] 문맥적 의미 파악

1/10의 비용이 필요하다는 것이지 1/10의 비용이 감소된다는 것이 아니다. 따라서 ⓓ를 '감소된다'로 바꾸어 쓰기에 적절하지 않다.

[14~17] (과학) 연료전지의 원리와 수소연료전지차

14. [출제의도] 글의 세부 정보 파악

불순물이 있을 경우에 촉매의 기능이 떨어지기 때문에 수소의 순도는 높을수록 좋다. [3문단]

[오답풀이]

① 연료전지의 장점으로는 고효율, 무공해, 무소음 등이 있다. [1문단]

② 수소의 가연성으로부터 제기되는 안전 문제는 아직까지도 해결해야 할 문제로 남아 있다. [5문단]

④ 수소 열량은 동일 중량 기준으로 내연기관 연료의 3배이기 때문에 긴 주행거리를 장점으로 꼽을 수 있다. [5문단]

⑤ PEMFC는 저온형 연료전지로 분류되며 나피온의 막을 유지하기 위해 낮은 작동 온도가 요구된다. [2문단]

15. [출제의도] 글의 핵심 정보 파악

SR이 1이라는 것은 전류를 생산하는데 필요한 이론적 기체 공급량을 의미하고, SR이 1보다 낮아지면 기체 공급량이 적어져 연료전지의 성능이 떨어질 수 있다. 따라서 성능을 감소시키지 않는 최소한의 SR을 유지하는 것이 중요하다. [4문단]

[오답풀이]

① 연료극에서는 수소 산화 반응의 반응속도가 빠르기 때문에 상대적으로 더 적은 촉매량이 사용된다. [2문단]

② 수소양이온은 전해질막을 통해 이동하고, 전자는 외부회로를 통해 이동한다. [3문단]

③ 작동 온도가 낮을수록 전극 반응 속도가 낮아진다. 낮은 전극 반응 속도를 증가시키기 위해서는 촉매의 활성이 중요하다. [2문단]

④ 연료전지에 공급되는 기체량과 전극 촉매에 도달하는 기체량이 실제로 같지는 않다. [4문단]

16. [출제의도] 사례 적용 판단

ⓜ을 통해서 산소가 아니라 물이 배출된다. [5문단]

17. [출제의도] 사례 적용 판단

지문을 바탕으로 <보기 1>의 그림을 보고, Ⓐ가 연료극, Ⓑ가 공기극, Ⓒ가 전해질인 것을 알아낼 수 있다.

ㄱ. 기체 이용률을 의미하는 양론비를 SR로 나타내는데, 연료전지에 공급되는 기체량과 전극 촉매에 도달하는 기체량이 실제로 같지는 않다. 연료극의 기체 확산 속도는 빨라서 공기극에 비해 더욱 쉽게 많은 양의 기체가 촉매에 도달할 수 있기 때문에, 연료극의 SR은 공기극의 SR보다 더 낮을 것이다.

[오답풀이]

ㄴ. 과전압 때문에 많은 촉매량을 요구하는 것은 연료극이 아니라 공기극이다.

ㄷ. 수소는 촉매에 의해 산화되어 수소양이온과 전자로 분해된다. 수소양이온은 전해질막을 통해 이동하고, 전자는 외부회로를 통해 이동한다.

ㄹ. 전해질이 기능을 하지 못한다면, 수소양이온의 전도가 일어나지 않아 공기극에 수소양이온이 도달하지 않기 때문에 수소양이온과 산소가 결합한 물이 생성되지 않는다.

[18~21] 양귀자, 「비 오는 날이면 가리봉동에 가야 한다」

18. [출제의도] 서술상의 특징 파악

이야기 외부의 전지적 서술자가 '그'의 시선을 통해서 인물의 행동이나 말을 제시하며 인물들의 성격을 드러내고 있다.

[오답풀이]

② 전지적 작가 시점으로 서술되고 있기 때문에 이야기 내부의 서술자라는 진술은 적절하지 않다. 서술자가 '그'의 시선을 통해 인물의 행동을 직접적으로 제시하며 주관적으로 평가하고 있는 것은 맞다.

③ 전지적 작가 시점으로 서술되고 있기 때문에 이야기 내부의 서술자라는 진술은 적절하지 않다. 또한, 사건의 인과 관계가 드러나고 있지도 않다.

④ 전지적 작가 시점으로 서술되고 있기 때문에 이야기 내부의 서술자라는 진술은 적절하지 않다. 또한, 인물 간의 대화를 중심으로 갈등을 심화시킨다고 보기도 어렵다.

⑤ 이야기 외부의 서술자인 것은 맞지만, 인물의 회상을 통해 사건의 진실을 드러내고 있지는 않다.

19. [출제의도] 구절의 의미 파악

'그'가 '다 같은 토끼 새끼 주제에 무슨 얼어 죽을 사장이'냐고 말한 것은, '임 씨'나 '그' 자신이나 비슷한 처지에 있다고 느껴 동질감을 형성하기 위해서 한 우호적인 말이므로 '임 씨'에 대한 불쾌감과는 관계가 없다.

[오답풀이]

① '그'가 '임 씨'에게 고향이 어디냐고 물은 것은, '부드러운 말로 꽉 움켜잡아'서 '일에 정성을 쏟'도록 하기 위한 것이다. 따라서 '임 씨'가 성실히 일하지는 않을 것이라고 의심하는 태도가 드러나며, 이를 바탕으로 일을 제대로 해주기를 바라는 자신의 입장을 관철하기 위한 질문이라고 볼 수 있다.

② '임 씨'가 '고향이 어디냐고 묻지 말라고'하는 유행가 가사를 언급하는 것을 통해, '임 씨'에게는 고향이 떠올리고 싶지 않은 기억임을 짐작할 수 있으며, '반문하고 쓰게 웃'는 것은 상대의 질문에 대한 부정적인 반응이라고 볼 수 있다.

④ '임 씨'가 '공장이 망했다고'한 과거 '쉐타 공장 하던 놈'의 발언을 '엄살'이라고 표현한 것을 통해, 상황의 진실을 알고 있음을 알 수 있다. 또한 '내 마음인들 좋았겠소'에는 타인의 발언에 대한 '임 씨'의 인식이 드러나 있다.

⑤ "저 '죽일 놈들' 속에는 그 자신도 섞여 있는 게 아니냐"고 생각하는 '그'의 성찰이 '임 씨'의 '어깨에 손을 대지 못하게' 하는 행동으로 이어지고 있음을 알 수 있다.

20. [출제의도] 소재의 의미 및 기능 파악

ⓑ는 '연탄 값'을 '떼어먹고 야반도주'한 '그놈'이 '더 크게 공장을 차'린 공간이므로 '임 씨'에게 절망적인 상황을 제공하지만, 동시에 ⓑ에서 '돈만 받으면' 원하는 것들을 할 수 있다고 생각하기 때문에 '임 씨'로 하여금 희망을 품도록 하는 공간이다.

[오답풀이]

① '그'가 '임 씨'에게 하던 의심과 오해는 '연탄장수'인 '임 씨'가 '완벽한 공사'를 하지 않고, '괜히 견적만 거창하게 뽑아 놓고 일은 그 반값도 못 미치게' 할 것이라는 것이었다. 이는 ⓐ를 계기로 해소된 것이 아니라, '임 씨'가 깔끔하게 공사를 마치고 공사비도 견적보다 적게 받은 것을 계기로 해소된다.

③ '임 씨'는 ⓑ에 '그놈'이 '더 크게 공장을 차렸'다는 이야기를 했을 뿐이지, ⓑ에서 자신에게 일어났던 일을 이야기하지는 않았다.

④ ⓐ가 '임 씨'가 솔직한 이야기를 할 수 있도록 돕는 것은 맞지만, ⓑ가 '임 씨'가 거짓말을 하도록 유도하는 공간이라고 보기는 어렵다.

⑤ '임 씨'는 '그'가 자신을 오해했다는 사실을 모를 뿐만 아니라, '그'는 '임 씨'가 ⓑ에 대해서 솔직하게 말하지 않았기 때문에 오해한 것이 아니다.

21. [출제의도] 외적 준거에 따른 작품 감상

'임 씨'가 처음에 '그'에게 고향에 대해 '묻지 말라'고 했을 때도 이미 '고향'을 떠나 '요 모양 요 꼴'이 났다고 생각하고 있었기 때문에, '고향'에 가려고 할 때와 고향을 바라보는 태도는 같았음을 알 수 있다.

[오답풀이]

① <보기>에서 물리적 고향은 삶과 생계의 기반이 되는 장소라고 했다. 이때, '임 씨'가 고향의 '그 땅만 그대로 잡고 있었어도' 농촌 재개발로 인해 지금보다는 나은 삶을 살 수 있었을 것이라고 생각해 후회하는 거라면, 이는 고향을 삶과 생계의 기반이 되는 장소, 즉 물리적 고향으로 인식하고 있기 때문이라고 볼 수 있다.

② <보기>에서 정신적 고향은 정신적 안정과 공동체 의식을 느낄 수 있는 장소라고 했다. '임 씨'가 '고향'을 정신적 고향으로 여긴다면, 현재 정신적 고향의 상실을 경험하고 있는 것이기 때문에, 고향으로 돌아가고자 하는 이유에는 정신적 안정과 공동체 의식을 되찾고자 하는 마음이 들어가 있다고 볼 수 있다.

③ <보기>에서 사람들이 정신적 고향의 상실을 수반한 물리적 고향의 상실을 경험하기도 한다고 했다. 따라서 '임 씨'가 '요 모양 요 꼴'이 났다고 느끼는 것은 물리적 고향의 상실과 이에 따른 정신적 고향의 상실을 동시에 경험했기 때문이라고 볼 수도 있다

⑤ '임 씨'가 '땅 팔아 갖고 나'왔다는 것과, '그 자식이 돈만 주면'이라는 조건을 붙이는 것을 통해 고향으로 다시 돌아가는 게 어려운 상황임을 짐작할 수 있다.

[22~27] (가) 조존성, 「호아곡」/ (나) 이이, 「화석정(花石亭)」/ (다) 신영복, 「당신이 나무를 더 사랑하는 까닭」

22. [출제의도] 작품 간의 공통점 파악

(가)는 '서산', '남묘', '북곽' 등 각 수의 첫 행마다 화자 주변의 공간을 구체적으로 제시한다. <제3수>에서 '동간'이라는 구체적 공간을 제시하며 그곳에서 느낀 만족감을 '내 흥(興)겨워 하노라'라는 구절로 드러내고 있다. 또한, (나)는 '숲속 정자'라는 구체적 공간에서 느끼는 만족감을 '시인의 뜻은 다함이 없도다'라는 구절을 통해 나타내었다.

[오답풀이]

① (나)에서는 푸른 하늘과 붉은 단풍의 색채 대비를 통해 가을이라는 계절적 배경을 드러낸다고 볼 수 있지만, (가)에서는 대취한 얼굴(붉은빛)과 달빛을 색채 대비로 보더라도 계절과는 관련이 없다.

② (가)와 (나) 모두 자연물에서 교훈적 의미를 발견하지 않았다. 자연에서 흥취를 즐기는 것과 교훈을 얻는 것은 전혀 다르다.

③ (가)와 (나) 모두 다양한 청자를 호명하지 않았다. (가)는 '아이'라는 동일한 청자를 반복적으로 호명하여 리듬감을 형성한다.

⑤ (가)에서 '서산', '남묘', '동간', '북곽' 등 공간의 이동이 드러난다고 볼 수 있으나, 그러한 이동으로 인해 화자의 감정이 심화된다고 보기는 어렵다. 또한, (나)에서는 화자 시선의 이동이 드러날 뿐 공간의 이동은 드러나지 않았다.

23. [출제의도] 화자의 태도 및 어조, 정서 파악

(가)는 <제2수>의 종장에서 '저 고기'에게 '놀라지 마라'고 말을 건네고 있지만, 이는 화자와의 일체감을 드러내기 위해 사용한 표현이 아니다. 특히 화자는 흥겨워하고, 고기는 낚대를 가지고 오는 화자 때문에 놀랄 수 있는 대상이니 일체감과는 거리가 멀다.

[오답풀이]

① '밤 지낸 고사리 하마 아니 자랐으랴'라는 설의적 표현은 고사리를 담는 데 필요한 그릇(구럭 망태)을 챙기라고 명령한 것에 대한 근거가 된다.

③ 화자는 '서투른' 농사일을 누구와 해야 할지 한탄하고 있다.

④ '두어라'라는 표현을 통해 시상을 전환하여, '성세궁경'이라는 특정 상황이 임금 즉, 타인의 영향에서 비롯된 것임을 드러내고 있다.

⑤ 과거의 인물인 '희황상인'을 '오늘' 다시 보았다고 표현함으로써 자신이 '희황상인'과 같이 살아가는 사람이라는 자부심을 드러내고 있다.

24. [출제의도] 구절의 의미 파악

㉢에서 '그것'은 수많은 소나무들이 베어져 눕혀진 상황을 나타내며, 그러한 상황은 소나무들이 고난을 견뎌온 오랜 세월을 잘라낸 것이나 다름없다는 의미이다. 우리 민족의 아픔과는 전혀 관련이 없다.

[오답풀이]

① ㉠의 다음 문장에서 '소나무보다 훨씬 더 많은 것을 소비하면서도 무엇 하나 변변히 이루어 내지 못하'는 자신을 반성했으므로 소나무의 대한 예찬으로 볼 수 있다.

② 서울에서는 별이나 소나무 등 자연보다 못한 것을 더 비싼 값을 주고 살아가고 있다는 것이므로 옳은 내용이다.

④ 사람이 '급기야는 소비의 객체로 전락'하고 있다고 했으므로 옳은 내용이다.

⑤ ㉤의 앞부분에서 소나무는 인간의 삶 전반에 좋은 영향을 미치는 '혈육 같은' 존재라고 하였고, 인간이 무덤에 묻히고 나서도 함께하는 소나무의 모습을 제시했으므로 옳은 내용이다.

25. [출제의도] 소재의 의미 비교

ⓐ밤은 그 시간을 지낸 고사리가 성장했을 것이라고 기대되는 시간이다. 즉 화자가 발화하는 현재 시점에 비해 과거이다.

ⓑ어젯밤은 당신이 '별 한 개 쳐다볼 때마다 100원씩 내라'는 말을 한 시간이다. 당신의 말은 자연에게 상품 미학을 적용한다거나 자연의 경제적 가치, 효용을 강조하는 의미가 아니라, 자연의 가치를 잊지 말고 소중히 여겨야 한다는 의미이다.

26. [출제의도] 화자와 글쓴이의 의도 및 태도 파악

(다)의 글쓴이는 현재 소광리 소나무 숲에서 엽서를 띄우고 있다고 하였고, 그곳에서 소나무들을 보고 성찰을 하게 된 인식의 과정을 제시하였으므로 옳다.

[오답풀이]

① (나)에서 기러기가 날아가 소리가 끊어지는 상황을 묘사한 것은 맞지만, 화자는 그것에 대해 특별한 감정을 내비치고 있지는 않다. 단지 상황을 보이는 그대로 서술하였다.

② '산은 외로이 둥근 달을 토해' 낸다고 하였지만, 화자 또한 외로움을 느낀다는 내용은 어디에도 서술돼있지 않다.

③ [A]에서 글쓴이는 당신이 나무를 사랑하는 이유에 대해 추측하고 있다. 즉 당신은 글쓴이에게 이유를 알려준 적이 없다.

⑤ [A]는 소나무의 모습에 대해 구체적으로 묘사하고 소감을 제시했으므로 옳다. 그러나 (나)에서 화자의 정서나 소감이 드러난 부분은 '시인의 뜻은 다함이 없도다'라는 구절뿐이다. 그런데 앞 구절인 '숲속 정자에 가을이 이미 깊어가니'에서는 화자 주변의 자연물을 구체적으로 묘사하는 것이 드러나지 않는다.

27. [출제의도] 외적 준거에 따른 작품 감상

'자연을 오로지 생산의 요소로 규정하는 경제학의 폭력성'은 자연을 오로지 인간의 생산 과정에서 필요한 요소로만 보는 것을 비판하는 것이다. 이를 '자연뿐 아니라 인간도 생산 활동에 참여해야'함을 강조한 것이라고 보는 것은 완전히 틀린 말이다. 또한, 애초에 글쓴이는 동물은 '완벽한 소비자'이며, 진정한 생산을 할 수 있는 주체는 식물이 유일하다고 생각한다. 즉 인간에게 진정한 생산을 기대하지도 않는 것이다.

[오답풀이]

① (가)에서 '고사리'로 '조석'을 해결하는 것은 인간의 기본적 욕구를 충족시키기 위해 자연물인 '고사리'를 활용하는 것이라고 볼 수 있다.

② (가)에서 '미늘'이 없는 낚대로 낚시를 하는 행위는 '저 고기'를 잡을 생각이 없다는 것이다. 즉 화자는 '저 고기'를 식생활이나 생산에 필요한 요소가 아닌, 자연 속에 존재하는 완상의 대상으로 바라보고 있다.

③ (다)에서 글쓴이는 '지구 위의 유일한 생산자는 식물'이라 한 당신의 말을 생각했다. 그리고 '사람들의 생산이란 고작 식물들이 만들어 놓은 것이나 땅속에 묻힌 것을 파내어 소비하는 것에 지나지 않'는다고 하였다. 이를 고려할 때 동물을 완벽한 소비자라고 본 것은, 동물은 능동적인 생산은 하지 않고 완전히 소비만 하는 존재라는 것을 강조한 표현이다.

⑤ 사람들이 베어 낸 나무 그루터기에 '올라서지 않는' 것은 '잘린 부분에서 올라오는 나무의 노기가 사람을 해칠 수 있다는 인식 때문이다. 그러한 생각에는 인간의 생산 요소로 희생되는 나무가 느끼는 고통이 전제되어 있다.

[28~31] 작자 미상, 「박태보전」

28. [출제의도] 작품의 내용 파악

영의정 권대운은 상에게 태보의 죄가 무겁지만, 태형을 멈추어야 한다고 주장한다.

[오답풀이]

① 태보는 고문을 당하지만, 죄가 없기에 끝까지 자신의 죄를 자백하지는 않는다.

② 상이 전내로 들어간 이유는 옥체가 편치 못해서이지 태보에게 죄가 없음을 깨달았기 때문은 아니다.

④ 태보는 상이 내린 형벌을 달게 받아야 한다고 생각하지만, 그것은 신하의 도리이기 때문이지 자신에게 중한 죄가 있기 때문은 아니다.

⑤ 어머니가 태보의 몸을 걱정하는 것은 맞지만, 유배길을 떠나면 몸은 더 안 좋아진다. 유배길을 재촉하는 사람은 태보이다.

29. [출제의도] 소재의 기능 파악

ⓐ를 강요당하며 다양한 형을 받던 태보는, 자신의 죄명이 중하다며 ⓑ를 떠나는 것 역시 달게 받아들인다.

[오답풀이]

① ⓐ를 얻어내기 위해 태보를 고문하던 상이 ⓑ를 통해 태보의 태도를 변화시켜 입을 열고자 한다는 내용은 나와 있지 않다.

③ ⓐ를 통해 상이 왕자를 죽인 범인을 알게 되었다는 내용은 없으며, ⓑ를 통해 범인의 처벌을 유보시킨다는 것 역시 잘못된 설명이다.

④ ⓐ를 요구하는 사람에게 반감을 가진 태보가 ⓑ를 통해 사람들에게 사건의 전말을 알린다는 내용은 나와 있지 않다.

⑤ ⓐ를 원하는 이들의 목적을 알아낸 태보가 ⓑ를 떠나는 것을 통해 그 목적을 이룰 수 없게 한다는 내용은 나와 있지 않다. 그리고 ⓑ는 태보가 가고자 한 것이 아니라 상이 보낸 것이다.

30. [출제의도] 작품의 부분 내용 파악

[A]와[B]는 모두 순행적 구성 방식을 사용하고 있다.

[오답풀이]

① [A]와 [B]는 모두 다른 인물(상소한 사람들, 어머니)의 행동을 제시하며 안타까워하는 심리를 드러내고 있다.

② [A]와 [B]는 모두 시공간적 배경(사월 이십오일

밤, 의금부 문 앞, 밤중 남대문 밖)을 구체적으로 드러내어 사건의 사실성을 높이고 있다.
③ [A]는 형벌의 종류에 대한 나열적 서술을 통해, [B]는 '병약한 말처럼'이라는 비유적 표현을 통해 주요 인물인 태보의 비극적 상황을 부각하고 있다.
⑤ [A]는 편집자적 논평(어찌 안타깝지 않을 수 있겠는가.)을 통해, [B]는 인물의 부탁하는 어조(~아파하지 말아 주실 수 있겠습니까.)를 통해 중심인물의 됨됨이를 짐작할 수 있다.

31. [출제의도] 외적 준거에 따른 작품 감상
ⓜ에서 드러난 태보를 태워야 할 노인이 말하는 모습을 통해, 독자가 긴 유배길 동안 수레를 끌 노인의 슬픈 신세에 공감할 수 있는 것은 아니다. 태보의 인물됨을 짐작할 수 있을 뿐이다. 그리고 노인의 슬픈 신세는 드러나 있지 않다.
[오답풀이]
① ㉠에서 드러난 태보가 상의 말에 반박하는 모습을 통해, 독자가 태보가 보여 주었던 강직한 면모에 깊은 감흥을 얻을 수 있는 것은 맞다.
② ㉡에서 드러난 태보에게 가해졌던 형의 잔인한 모습을 통해, 독자가 당시 태보가 느꼈을 억울함과 고통에 깊이 공감할 수 있는 것은 맞다.
③ ㉢에서 드러난 부친이 태보를 만나지 못하는 모습을 통해, 독자가 태보의 부친이 느꼈던 심정을 상상하며 안타까워할 수 있는 것은 맞다.
④ ㉣에서 드러난 태보를 보기 위해 가득 찬 사람들의 모습을 통해, 독자가 사람들이 모일 만큼 높은 태보의 인품에 깊은 감동을 얻을 수 있는 것은 맞다.

[32~34] (가) 박재삼, 「한(恨)」/ (나) 김춘수, 「꽃」

32. [출제의도] 표현상 특징 파악
(가)에서는 '~몰라!'와 같은 영탄적 어조를, (나)에서는 시의 표면상 청자가 나타나지 않은 채 독백적 어조를 사용하여 시상을 전개하고 있다.
[오답풀이]
① (가)와 (나) 모두 반어적 표현을 사용하고 있지 않으며, 화자의 비판적인 태도를 확인할 수도 없다.
② (가)에 제시된 '감나무'의 경우 '그 사람'에 관한 화자의 소극적인 사랑을 표현한 것이고, '그 사람'은 화자가 사랑하는 사람을 나타낸다. (나)에 제시된 '그'는 '몸짓 → 꽃 → 이름'으로 인식의 확대가 나타나며, 이는 의미 있는 존재가 되고 싶은 화자의 소망으로 이해할 수 있다. 따라서 (가)와 (나) 모두 화자와 소재 사이의 대립적 관계를 확인할 수 없다.
③ (가)에서는 '나무', (나)에서는 '꽃'을 자연적 소재로 이해할 수 있다. 하지만 (가)와 (나) 모두 계절의 변화를 나타내는 부분을 확인할 수 없다.
⑤ (가)에서는 '~몰라!'와 같은 유사한 시구를 반복하고 있다. 그러나 (나)에서 공감각적 표현이 사용된 것을 확인할 수 없으며, 두 작품 모두 화자의 인식 변화가 뚜렷하게 나타나지 않는다.

33. [출제의도] 시어·시구의 의미와 기능 파악
화자가 '그 사람'이 화자가 느끼는 '설움'을 느끼는 정서적 동질감을 느끼는 대상으로 인식하고 있는지 알 수 없다.
[오답풀이]
① ㉠을 보면 '사랑의 열매'는 화자가 사랑하는 '그 사람'에게 전하고 싶은 소극적인 사랑을 표현한 것으로 이해할 수 있다.
② ㉡을 보면 '이것'(열매가 달린 나무=화자의 사랑)이 '저승'을 향해 있음을 알 수 있고, 따라서 화자의 사랑은 저승으로만 전달될 수 있음을 알 수 있다. 따라서 화자가 '생각하던 사람'은 저승에 있기 때문에 현재 화자 곁에 존재하지 않는 대상으로 이해할 수 있다.
④ ㉣을 보면 다른 사람에게 '나의 이름(=본질)을 불러 다오'라고 요청함으로써 스스로의 본질을 확인하고자 함을 알 수 있다.
⑤ ⓜ을 보면 의미 있는 존재인 '무엇'이 되고 싶은 존재가 '나'에서 '우리'로 확대되었음을 알 수 있다. 따라서 '무엇'은 '우리'라는 사회적 차원으로 인식되는 가치 있는 존재로 형상화되어 있다고 이해할 수 있다.

34. [출제의도] 외적 준거에 따른 작품 감상
'느꺼운'은 '열매'를 수식하는 말로, 화자가 사랑하는 '그 사람'이 '그 사람의 안마당에 심고 싶던' 열매가 되었길 바라는 것으로 보아 화자가 보고 싶어 하는 존재를 방해하는 장애물에 대한 원망의 감정이 투영되어 있다고 이해하기 어렵다.
[오답풀이]
① '내 생각하던'은 '사람'을 수식하는 말로, 여기서 '사람'은 화자가 사랑하는 '그 사람'으로 이해할 수 있다. 따라서 대상에 대해 화자가 지닌 소망(=사랑하는 마음을 전하는 것)을 짐작할 수 있다.
③ '내 전(全)'은 '설움'을 수식하는 말로, 여기서 '전(全)'은 '모든', '전체'를 의미하는 관형어이다. 따라서 화자의 서러운 마음이 그 대상(=그 사람)에게만 전부이고 절대적이었음을 짐작할 수 있다.
④ '나의'는 '빛깔'이나 '향기'를 수식하는 말로, 화자가 타인으로부터 의미 있는 존재로 인식 받고 싶어하는 소망이 투영되어 있다고 이해할 수 있다.
⑤ '잊혀지지 않는'은 '눈짓'을 수식하는 말로, 앞서 제시된 '너는 나에게 나는 너에게'를 보아 서로의 존재를 인식하는 상호적 관계에 대한 소망을 반영하고 있음을 알 수 있다.

화법과 작문

35	①	36	④	37	③	38	①	39	②
40	⑤	41	③	42	③	43	④	44	④
45	②								

35. [출제의도] 발표자의 말하기 방식 이해
발표를 시작할 때 질문을 던져 수업 시간에 다루었던 소재에 대한 청중의 경험을 상기하고 있다.
[오답풀이]
② 발표 내에서 통계 자료를 활용하는 부분은 드러나지 않는다.
③ 발표를 마무리하는 부분에서 발표의 핵심적인 내용을 요약하는 내용은 찾을 수 없다.
④ 발표 대상과 관련된 발표자의 개인적인 경험을 사례로 드는 내용은 찾을 수 없다.
⑤ 발표 앞부분에서 발표 순서를 제시하는 내용은 나타나지 않는다.

36. [출제의도] 발표자의 발표 계획 반영 여부 파악
같은 수업을 듣는 학생이라는 청중의 특성에 따라 학교 인근에 사찰이 있다는 점을 활용하고 있긴 하지만, 그곳에서 발표 내용과 관련된 체험을 제안하는 내용은 찾을 수 없다.
[오답풀이]
① 1문단에서 지난 역사 수업에서 유네스코 인류무형문화유산에 대해 다루었다는 것을 언급하고 있다.
② 3문단에서 연등회의 역사를 소개하며 연등회의 가치를 강조하고 있다.
③ 4문단에서 연등회의 비대면 행사에 대해 소개하고 있다.
⑤ 2문단에서 관불의례, 연등 행렬과 회향 한마당이 이루어지고 있는 현장의 영상을 보여 주고 있음을 확인할 수 있다.

37. [출제의도] 청중의 반응 분석의 적절성 평가
청자3은 온라인 행사의 문제점이라는, 발표에서는 언급되지 않은 측면에 대해 새로운 의문을 제기하고 있지만, 발표자가 제시한 정보의 정확성에 대한 의문을 제기하고 있는 것은 아니다.
[오답풀이]
① 청자1은 연등회를 익숙하게 느끼고 있으면서도 역사에 대해 잘 알지 못했는데, 발표를 통해 알게 되어 좋았다고 했으므로, 발표를 통해 새로운 사실을 알게 된 것에 대해 긍정적으로 생각하고 있음을 알 수 있다.
② 청자2는 유네스코 인류무형문화유산의 등재 조건을 근거로 연등회가 국가무형문화재로도 지정되어 있을 것이라 추론하고 있으므로, 배경지식을 활용해 발표에서 직접 언급되지 않은 부분을 추론하고 있음을 알 수 있다.
④ 청자1은 발표의 앞부분에서 연등회가 2회에 걸쳐 이루어지는 행사라고 언급한 후, 설명은 소회 연등회에 대해서만 한 것에 대해 아쉬움을 토로하고 있고, 청자3 역시 온라인으로 전환된 행사에 대한 사람들의 반응을 말해 주지 않은 것에 대해 부정적으로 생각하고 있다.
⑤ 청자2는 국가무형문화재에 대해서, 청자3은 온라인으로 진행되는 연등회의 문제점을 알아보고 싶다고 했으니 더 알아보고 싶은 내용을 떠올리며 발표를 들었음을 알 수 있다.

38. [출제의도] 말하기 방식 이해
㉠에서 '학생'은 본격적인 대화를 시작하기 전, 어색함을 풀고 상대방과의 친밀한 분위기를 조성하기 위해 오랜만에 학교를 방문한 소감을 묻고 있다. 이후 스피치 강사가 하는 일, 스피치 강사가 된 계기, 스피치 강사가 되기 위한 노력 등에 대해 대화를 나누고 있으므로 인터뷰의 중심 화제는 '스피치 강사로서의 삶'이라고 할 수 있다. 그러므로 ㉠에서 중심 화제와 관련된 상대방의 경험을 언급하고 있다는 설명은 적절하지 않다.
[오답풀이]
② ㉡에서 '학생'은 상대방이 출연한 방송을 언급하며 상대방에게 질문을 하고 대화를 이어 가고 있으므로 자신의 배경지식을 활용하여 상대방과 대화를 진행하고 있다는 설명은 적절하다.
③ ㉢에서 '학생'은 상대방과 대화하는 상황에서 느끼는 심경을 드러내고 있고, 상대방이 하는 일에 대해 멋있다고 말하고 있으므로 상대방의 말에 긍정적으로 반응하는 공감적 듣기가 나타나 있다.
④ ㉣은 '학생'이 상대방에게 실수를 계기로 말을 잘하는 방법에 대해 공부하게 되었다는 이야기를 듣고 구체적으로 어떤 노력을 했는지 묻고 있는 부분으로, 상대방이 언급한 내용과 관련하여 궁금한 점에 대해 설명을 요청하고 있다는 설명은 적절하다.
⑤ ⓜ에서 '학생'은 상대방의 말을 간략하게 요약, 정리하여 언급하면서 자신이 들은 내용을 점검하고 있으므로 적절한 설명이다.

39. [출제의도] 말하기 내용 추론
(가)에서 '학생'은 발표 경험 부족으로 불안을 느끼고 있는 상황이다. 따라서 ⓐ에서는 사전에 발표 연습을 통해 자신감을 가질 수 있도록 조언하는 것이 적절하다.
[오답풀이]
① '학생'이 완벽하게 발표해야 한다고 압박감을 느끼고 있는 것은 아니므로 적절하지 않은 조언이다.
③ 발표를 위해 자료 준비를 완벽하게 했지만 많은 사람들 앞에서 발표해 본 경험이 없어 걱정하고 있으므로 적절하지 않은 조언이다.
④ '학생'이 스스로 자아를 어떻게 인식하고 있는지에 대한 언급은 드러나 있지 않으므로 조언 내용으로 적절하다고 판단할 근거가 부족하다.
⑤ 발표 경험이 부족하다는 언급은 있지만 발표에서

실패했다는 내용은 제시되어 있지 않으므로 적절하지 않다.

40. [출제의도] 초고의 반영 양상 파악

(가)에서 선배의 마지막 대화에는 후배들에게 선배가 건네는 말이 드러난다. 이 중 '내가 좋아하는 것, 하고 싶은 것이 무엇인지 고민하면서 나만의 삶의 목표를 찾을 수 있다는 확신과 믿음을 갖는 것이 중요합니다.'라고 말한 부분이 있는데, 이는 (나)의 두 번째 문단에서 '내가 하고 싶은 일은 무엇인가, 내가 진정으로 원하는 일은 무엇인가를 끊임없이 고민해야 한다는 선배님의 말씀'으로 재진술된다. 이는 (가)에서 선배가 건네는 말의 전체 내용 중 일부분이 부분적으로 (나)에서 제시된 것으로 볼 수 있다.

[오답풀이]

① (가)에서 학생이 스피치 강사가 어떤 일을 하는지 질문한 내용이, (나)에서 학생이 '내 인생에 대한 깊은 고민'을 하도록 유도하였다고 보기는 어렵다.

② (가)에서 학생이 선배와의 인터뷰에서 긴장감을 느낀 것이, (나)에서 학생이 '조급해하지 말고 나의 목표와 꿈을 찾기 위해 노력해야겠다'는 다짐을 유발한 것은 아니다. (나)의 다짐을 유발한 것은 (가)에서 선배가 후배들에게 건네는 말이라고 보는 것이 적절하다.

③ (가)에서 학생이 조별 발표를 잘하기 위해 선배로부터 구한 조언의 내용이, (나)에서 '구체적으로 내가 해야 할 일이 무엇인지 머릿속에 청사진을 그리는 과정'으로 표현되었다고 볼 수는 없다. (나)에서의 해당 표현은 그 이후에 선배가 후배들에게 건네는 말에서 비롯되었다고 볼 수 있다.

④ (가)에서 10년 만에 모교에 방문한 것에 대한 선배의 감회가, (나)의 '명문 대학에 진학하여 취업을 하고 돈을 많이 벌면 행복하고 성공한 삶이라고 생각하며 공부했다'에서 드러난다는 설명은 적절하지 않다. (나)의 해당 부분은 선배의 감회가 아니라 학생의 생각이 담긴 부분이다.

41. [출제의도] 효과적인 전달을 위한 표현의 적절성

초고를 보완하여 끝부분을 작성할 때 삶의 목표 설정의 중요성을 바탕으로 앞으로의 다짐이 드러나야 한다. 이 점을 고려할 때, 자신의 가능성을 믿고 자신의 목표를 이루기 위해 노력하겠다는 내용이 담긴 ③이 가장 적절하다.

[오답풀이]

① 경쟁에서 뒤처지지 않게 자기 계발을 하겠다는 다짐이 드러나 있는데, 이것은 인터뷰의 내용과는 관련이 없다.

② 다른 사람들에게 인정받기 위해서 자신이 잘하는 일이 무엇인지 찾기 위해 최선을 다하겠다고 다짐하는 것은 인터뷰의 내용과 거리가 멀다.

④ 자신이 하고 싶은 것을 스스로 찾는 것이 중요하다고 인터뷰에서 언급했으므로 주변 사람들에게 자신의 장점을 질문하면서 꿈을 구체화한다는 것은 적절하지 않다.

⑤ 인터뷰의 내용을 통해 얻은 자신의 진로에 대해 고민하고 탐색하는 자세가 중요하다는 깨달음을 바탕으로 자신의 습관을 개선하고 주변과 조화를 이루는 삶을 살겠다고 다짐하고 있는데, 이것은 인터뷰의 내용과는 관련이 없다.

42. [출제의도] 고쳐쓰기의 적절성

2문단에는 문장 성분 간의 호응이 어색한 부분이 나타나 있지 않다. 그러므로 문장 성분 간의 호응 관계가 어색하여 응집성이 낮다는 평가는 적절하지 않다.

[오답풀이]

① 1문단의 '사로잡히어지게 되었다'는 이중 피동이 사용된 부분으로 피동 표현이 불필요하게 중복 사용되었으므로 적절한 평가이다.

② 2문단의 '여전히 내가 ~ 기회를 가져야겠다.'라는 문장은 문맥상 어울리지 않아 글의 통일성을 해치고 있으므로 적절한 평가이다.

④ 3문단의 '백지장도 맞들면 낫다'는 아무리 쉬운 일이라도 서로 힘을 합하면 훨씬 쉽다는 의미이므로 자신의 목표와 꿈을 찾기 위해 차근차근 꾸준히 노력하겠다는 내용과 어울리지 않는 관용적 표현이다.

⑤ 3문단에서 '나 역시도 ~ 포기했던 것 같다.'는 앞의 문장과 순서를 바꾸는 것이 더 자연스러우므로 적절한 평가이다.

43. [출제의도] 글쓰기 내용 생성하기

초고에서 데이 문화의 기원은 언급되고 있지 않다. 따라서 데이 문화의 특징을 데이 문화의 기원과 관련지어서 설명하고 있다는 서술은 옳지 않다.

[오답풀이]

① 초고 1문단의 '최근, 밸런타인데이 ~ 성행하고 있다.'에서 이를 확인할 수 있다.

② 초고 1문단의 '데이 문화란, ~ 말한다.'에서 이를 확인할 수 있다.

③ '첫 번째로', '두 번째로'와 같이 순서를 나타내는 표지를 사용하여 글의 가독성을 높이고 있다.

⑤ 초고 3문단에서, 특히 청소년들에게 금전적인 부담을 준다고 한 부분에서 이를 확인할 수 있고, 초고 4문단에서 역시 모여서 생활하는 청소년들의 경우 상대적인 박탈감을 더욱 심하게 느낄 수 있다고 한 부분에서 이를 확인할 수 있다.

44. [출제의도] 글쓰기 표현 전략 사용하기

'결론적으로'라는 적절한 담화 표지도 사용하였으며, 초고에서 언급된 데이 문화의 문제점을 정리하고 있고, '좋지 않을까?'라는 설의적 표현도 사용되었다.

[오답풀이]

① 데이 문화의 문제점이 정리되어 있지 않다.

② 데이 문화의 문제점도 정리되지 않았고, 설의적인 표현도 사용되지 않았다.

③ 초고에서 언급된 데이 문화의 문제점은 모두 정리되어 있으나, 설의적인 표현이 사용되지 않았다.

⑤ 데이 문화의 문제점 중 한 가지만 드러나고 있다. 설의적인 표현은 사용되었다.

45. [출제의도] 글쓰기 자료 활용하기

ㄱ은 데이 문화가 동질감을 형성하게 해 준다는 긍정적인 효과를 나타내는 인터뷰가 아니라, 오히려 소외감을 불러일으킨다는 부정적인 영향을 나타내고 있는 자료이므로, 데이 문화의 긍정적인 영향을 보강하는 자료로 쓰이는 것은 적절하지 않다.

[오답풀이]

① ㄱ은 데이 문화로 인해 소외감을 느끼는 사람이 있음을 나타내는 자료이고, 4문단 역시 데이 문화가 소외감을 줄 수 있다는 내용을 언급하고 있으므로, ㄱ을 활용하여 4문단의 내용을 구체화하는 것은 적절하다.

③ ㄴ은 최근 전통성이 없는 '데이'가 많이 생겨나고 있다는 내용의 자료이고, 2문단에는 지나치게 많은 '데이'가 최근 무분별하게 만들어지고 있다는 내용이 언급되고 있기 때문에, ㄴ을 통해 2문단의 내용을 보강하는 것은 적절하다.

④ ㄷ-1은 데이 문화에 참여한 경험이 있는 학생이 그렇지 않은 학생보다 많다는 것을 보여 주는 자료이고, 1문단은 데이 문화가 학생들 사이에서 성행하고 있다는 것을 언급하고 있기 때문에 ㄷ-1을 활용해 1문단의 내용을 뒷받침하는 것은 적절하다.

⑤ ㄷ-2는 학생들이 데이 문화에 참여하는 주요한 이유 중 하나가 기업의 마케팅 때문임을 보여 주고, 3문단은 데이 문화가 기업의 상업적인 의도로 이용되고 있다는 문제점을 드러내고 있기 때문에, ㄷ-2를 활용해 3문단의 내용을 보강하는 것은 적절하다.

언어와 매체

35	①	36	④	37	④	38	⑤	39	④
40	③	41	③	42	③	43	①	44	④
45	⑤								

35. [출제의도] 의존 명사와 앞뒤 단어 간의 제약

의존 명사 '척' 뒤에는 서술어 '하다'만이 올 수 있는 것은 맞지만, '육 척 키인 사람이 조용히 있다가 한마디 했어.'에서 '척'은 단위를 나타내는 의존 명사이므로 이를 통해 의존 명사 '척' 뒤에는 서술어 '하다'만이 올 수 있다고 이해하는 것은 무리가 있다.

[오답풀이]

② '나는 너희를 만나러 왔을 따름이야.'를 보니, 의존 명사 '따름' 앞에는 용언의 관형사형 '-(으)ㄹ'이 올 수 있는 것이 맞다.

③ '저 사람은 어머니를 빼다 박은 듯 닮았어.'를 보니, 의존 명사 '듯' 앞에는 용언의 관형사형 '-(으)ㄴ'이 올 수 있는 것이 맞다.

④ '배가 많이 고플 터인데 어서 먹어라.'를 보니, 의존 명사 '터' 앞에는 용언의 관형사형 '-(으)ㄹ'이 올 수 있는 것이 맞다.

⑤ '저 사람이 어떻게 할 줄 알고 이러는 거야?'를 보니, 의존 명사 '줄' 뒤에는 서술어 '알다'가 올 수 있는 것이 맞다.

36. [출제의도] 의존 명사와 문장 성분 간의 제약

㉣의 '줄'은 주로 목적어에서 쓰이는 목적어성 의존 명사이다.

[오답풀이]

① '수'는 주로 주어에서 쓰이는 주어성 의존 명사이다.

② '대로'는 주로 부사어에서 쓰이는 부사어성 의존 명사이다.

③ '것'은 제약 없이 쓰이는 보편성 의존 명사이다.

⑤ '뻔'은 주어에서 쓰이는 주어성 의존 명사라 보기에는 어렵다

37. [출제의도] 음운의 변동에 대한 이해

㉠'해돋이[해도지]'는 음운 변동 후 음운의 개수가 변하지 않지만 ㉣'등긁개[등글깨]'는 음절 끝에 오는 두 개의 자음 중 'ㄱ'이 탈락하며 음운의 개수가 1개 줄어든다.

[오답풀이]

① ㉠'해돋이[해도지]'에서는 'ㄷ'이 'ㅣ'를 만나 'ㅈ'으로 바뀌는 구개음화가 일어난다. 'ㄷ'이 'ㅈ'으로 바뀌는 것은 잇몸소리에서 센입천장소리로 조음 위치가 바뀐 것이고, 파열음에서 파찰음으로 조음 방법이 바뀐 것이다.

② ㉡'학여울[항녀울]'에서는 자음인 앞말의 끝소리 'ㄱ'과 첫소리의 반모음 'j'로 인해 'ㄴ' 첨가 현상이 일어난다.

③ ㉢'닭하고[다카고]'에서는 앞말의 끝소리 'ㄱ'과 조사 '하고'의 'ㅎ'이 결합하여 'ㅋ'으로 축약되는 격음화 현상이 일어난다.

⑤ ㉢'닭하고[다카고]'는 '닭'이라는 단어에 '하고'라는 조사가 결합한 상태이기 때문에 '닭'의 받침 'ㄺ'에서 'ㄹ'이 탈락하지만, ㉣'등긁개[등글깨]'는 용언의 어간 '긁-'과 'ㄱ'으로 시작하는 접미사 '개'가 결합한 상태이므로, 표준 발음법에 따라 받침 'ㄺ'에서 'ㄱ'이 탈락한다.

38. [출제의도] 단어의 구조와 짜임에 대한 이해

<보기 2>에서 단일어는 '바다', '개구쟁이', '마을'이다. '개구쟁이'의 경우 어근 '겁'과 접미사 '쟁이'로 구성되는 파생어 '겁쟁이'의 경우처럼 '개구+-쟁이'의 형태처럼 느껴질 수 있으나 현대 국어에서 '개구'라는 말은 단독으로 사용되지 않고 명사, 부사, 용언의 어

간 등 실질적인 뜻을 가진 어근으로 볼 수 없다. 따라서 '개구쟁이'는 단일어로밖에 볼 수 없다. 합성어에 해당되는 단어는 '덮밥'으로 용언 '덮다'의 어간 '덮-'과 명사 '밥'이 연결된 비통사적 합성어이다. 파생어에 해당되는 단어는 '군침', '웃음'이다. '군침'은 접두사 '군-'과 명사 '침'이 결합한 파생어이고 '웃음'은 '웃다'의 어간 '웃-'에 접미사 '-(으)ㅁ'이 결합한 파생어이다.

39. [출제의도] 문장의 짜임 이해하기
'언니가 조립한 장난감이 가장 멋지다.'는 '장난감이 가장 멋지다.'와 '언니가 장난감을 조립했다.'라는 두 문장이 결합한 문장이다. '언니가 장난감을 조립했다.'에 '장난감이 가장 멋지다.'가 안기면서 '장난감을'이 생략되었다. 때문에 '언니가 조립한 장난감이 가장 멋지다.'는 관형절을 가진 안은문장이다. 따라서 하나의 문장에 다른 문장이 문장 성분으로 있기 때문에 ㉠에 들어갈 예로 적절하다.
[오답풀이]
① '아빠는 저녁을 만들었다.'와 '엄마는 설거지를 했다.'라는 두 문장이 동등한 자격으로 이어진 문장이다. 때문에 하나의 문장에 다른 문장이 문장 성분으로 있는 것이 아니기에 정답이 아니다.
② '은성이'와 '떠난다.'라는 주어와 서술어의 관계가 한 번씩만 나타나는 홑문장이다. 홑문장이기 때문에 정답이 아니다.
③ '동생은 카레를 좋아한다.'와 '나는 카레를 싫어한다.'의 이 두 문장이 대등하게 이어진 문장이다. 때문에 하나의 문장에 다른 문장이 문장 성분으로 있는 것이 아니기에 정답이 아니다.
⑤ '영균이'와 '독서를 했다'라는 주어와 서술어의 관계가 한 번씩만 나타나는 홑문장이다. 홑문장이기 때문에 정답이 아니다.

40. [출제의도] 매체의 유형과 특성 이해
(가)는 종이 신문으로, 생산자가 수용자에게 일방향적으로 내용을 전달하는 매체이다. 따라서 생산자와 수용자가 직접적으로 소통할 수 없다.
[오답풀이]
① (가)는 종이 신문으로, 생산자가 수용자에게 일방향적으로 내용을 전달하는 매체이다.
② (나)는 누리 소통망에 올린 게시글로, 생산자의 범위가 넓으며 생산자가 실시간으로 내용을 수정할 수 있는 매체이다.
④ (나)는 누리 소통망에 올린 게시글로, 전 세계 사람들이 물리적 한계인 거리와 상관없이 같은 주제에 대한 생각을 나눌 수 있다.
⑤ (가)는 종이 신문으로, 종이 신문과 같은 인쇄 매체는 활자를 통해 수용자가 내용을 이해하기 때문에 문해력의 차이에 따라 수용 정도에 차이가 발생한다.

41. [출제의도] 매체 자료의 수용 태도 파악
(나)는 (가)와 달리 매체 자료의 생산자의 범위가 다양하다. 따라서 생산자의 범위를 고려하여 개인적인 의견을 담고 있는지 검토하며 수용해야 한다.
[오답풀이]
① (가)는 글과 사진과 같은 시각 자료를 통해서만 내용을 전달할 수 있는 매체이다. 따라서 자료의 복합 양식성을 고려하여 시청각 자료를 갖추고 있는지 검토하며 수용하는 것은 적절하지 않다.
② (가)는 대중에게 소식과 사건을 전달하는 매체로, 객관적인 내용을 전달하기 위해 자료를 사용한다. 따라서 자료의 작품성을 고려하여 심미적 특성을 갖추고 있는지 파악하며 수용하는 것은 적절하지 않다.
④ (나)는 다양한 수용자들이 생산자가 만든 자료를 재생산할 수 있는 매체이다. 그러나 이러한 자료가 정확한 내용을 담고 있는지 파악하는 것은 적절하지 않다. 정확한 내용을 담고 있는지 파악해야 하는 매체는 (나)와 같은 매체가 아니라 (가)와 같은 대중에게 소식과 사건을 전달하는 매체이다.
⑤ (나)는 매체 자료의 생산자의 범위가 다양하며, 비전문적인 생산자가 자료를 생산하는 경우가 많다. 따라서 정보의 속성을 고려하여 전문성을 갖추고 있는지 검토하며 수용하는 것은 적절하지 않다.

42. [출제의도] 매체의 언어적 특성
㉢의 '명시하게 된다.'에서 '-게 되다'는 피동 표현이다. 따라서 사동 표현을 사용하여 체육 시설이 할인을 명시해야 하는 조건을 서술하고 있다는 것은 적절하지 않다.
[오답풀이]
① 이전 문장의 "'서비스 가격 표시제'가 도입된다."를 대용 표현 '이는'을 사용하여 기사에서 서비스 가격 표시제가 도입된 이유를 설명하고 있다.
② '공정거래위원회에서~밝혔다.'에서 조사 '에서'를 사용하여 서비스 가격 표시제를 적용하는 행위의 주체를 밝히고 있다.
④ 부사 '예컨대'로 문장을 시작하여 가격을 구체적으로 제시하는 예시를 밝히고 있다.
⑤ 격식체는 말하는 이가 듣는 이를 높이거나 낮추기 위해 공적인 상황에서 사용하는 종결 표현이다. ㉤에서는 격식체의 종결 어미를 사용하여 공적인 매체 자료의 특성을 드러내고 있다.

43. [출제의도] 기사 매체의 특성 및 내용 이해
'의사단체와 현장 의료인들'의 입장을 드러내기 위해 사용된 것은 직접 인용문이 아니라 간접 인용문이다. '의사단체와 현장 의료인들은 SNS 예약 시스템에 먼저 올리라는 정부 지침을 그대로 따르기 어렵고, 노쇼 등으로 발생한 잔여 백신을 급하게 소진하기 위해선 지인을 부르는 경우도 있을 수 있다고 하면서'에서 '-다고'는 간접 인용문에 사용하는 조사이다.
[오답풀이]
② '잔여 백신 새치기'라는 논제에 대해 규제가 필요하다는 주장을 부각하기 위해 부제에 '규제 필요해'라는 내용을 제시하였다고 볼 수 있다.
③ 글 내용의 구체성을 제고하기 위해 '감염병예방법 제32조'와 같은 법 조항의 내용을 언급하였다고 볼 수 있다.
④ 수사기관에서 처벌 대상으로 고려하고 있지 않은 부분이 있음을 대비적으로 드러내기 위해 앞 문단에서 'xx시 전 부시장 특혜 접종'과 같은 실제 사례를 제시하였다고 볼 수 있다. 이를 통해, 'xx시 전 부시장 특혜 접종'과 달리 '매크로'나 '지인 찬스'에 관한 처벌은 고려되고 있지 않다는 것이 부각된다.
⑤ '잔여 백신 새치기'의 처벌에 대해 논란의 여지가 있다는 점을 부각하기 위해 표제에 '처벌 못 하나?'라는 내용을 언급하였다고 볼 수 있다.

44. [출제의도] 댓글 자료 이해
'을'이 주변에서 의사 지인을 통해 '백신 새치기'를 하는 것을 보았다고 언급한 것에서 과거의 개인적인 경험을 떠올리며 기사를 이해하고 있다고 볼 수 있지만, '병'의 댓글에서는 과거의 개인적인 경험이 드러나지 않는다.
[오답풀이]
① '갑'은 '형사 처벌을 해야 한다는 목소리가 높아지고 있다'에 관한 근거 자료가 부족한 점을, '을'은 의사단체와 현장 의료인들의 입장만이 아니라, '백신 새치기'로 인해 피해를 본 사람들의 인터뷰가 포함되지 않은 점을 언급하며 아쉬워하고 있다.
② '갑'은 기자의 가치 판단을 '마음에 들지 않았'다며 부정적으로 여기는 반면, '병'은 이를 '매력적'이라며 긍정적으로 수용하고 있다.
③ '을'은 SNS에 기사를 공유하겠다는, '병'은 같은 기자의 다른 기사를 찾아보겠다는, 모두 단순히 기사를 읽는 것을 넘어선 추가적인 활동을 다짐하고 있다.
⑤ 기자의 가치가 개입된 부분과 기사 내용에 관한 근거 자료가 미흡한 부분을 지적하는 '갑'이 '갑', '을', '병' 세 학생 중 기사를 가장 비판적으로 해석하였다고 볼 수 있다.

45. [출제의도] 기사 매체의 계획 및 내용 반영 파악
'잔여 백신 새치기' 현상을 막기 위해 의료기관이 노력하고 있다는 점은 언급되어 있지 않다. 오히려 '의사 단체와 현장 의료인들'은 잔여 백신 새치기 현상을 막기 위한 정부 지침을 그대로 따르기 어렵고, 잔여 백신을 급하게 소진하기 위해 지인을 불러야 할 수도 있다며 현장의 자율성을 존중해 달라는 입장이다. 이는, 잔여 백신 새치기 현상의 발생이 불가피하다는 입장으로 볼 수 있다.
[오답풀이]
① 표제는 '잔여 백신 새치기, 처벌 못 하나?'와 같이 의문문의 형식으로서 논제를 제시하였다.
② 부제는 '잔여 백신 새치기'에 대한 적절한 규제가 필요하다는 견해를 드러내기 위해 '규제 필요해'라는 내용을 제시하였다.
③ 실제로 특혜 접종이 이뤄진 사례로 'xx시 전 부시장'의 특혜 접종 사례를 제시하였다.
④ 부정한 방법으로 예방접종을 받는다면 처벌 받을 수 있다는 사실을 밝히기 위해 '감염병예방법 제32조'를 제시하였다.

2022학년도 대학수학능력시험 대비

궁무니 모의고사 2회 정답 및 해설

• 국어 영역 •

공통

1	④	2	④	3	③	4	③	5	②
6	④	7	⑤	8	②	9	⑤	10	④
11	①	12	④	13	①	14	④	15	②
16	①	17	②	18	①	19	③	20	④
21	③	22	⑤	23	④	24	④	25	⑤
26	③	27	②	28	④	29	④	30	①
31	④	32	③	33	③	34	⑤		

해 설

[1 ~ 3] (인문) 독서의 가치

1. [출제의도] 내용의 이해 여부 판단
독서의 가치를 기준으로 글을 비판하면서 독서해야 한다는 내용은 나와 있지 않다.
[오답풀이]
① 다양한 관계의 측면에서 접근해 독서해야 한다. [1문단]
② 세상, 다른 독자, 작가와 대화하면서 독서해야 한다. [3문단]
③ 자신의 삶의 과거, 현재, 미래를 관철하며 독서해야 한다. [2문단]
⑤ 자신의 삶을 기준으로 책의 내용을 받아들이며 독서해야 한다. [2문단]

2. [출제의도] 독서 태도 비교 이해
B와 달리 A는 독서의 가치가 의문에서 시작된다고 주장하고 있다. A는 독서의 가치가 독자 자신의 실존적 삶에 대한 의문에서 시작한다 하고 있고, B는 "독서를 할 때에는 결코 의문만 일으키려고 해서는 안 된다."라고 하고 있다.
[오답풀이]
① A와 B는 모두 독서를 할 때 독자와 세계가 분리되어야 한다고 강조하고 있지 않다. A는 독서가 현실과 분리된 개인적 행위가 아니라, 다양한 관계의 측면에서 접근해야 하는 행위라 하고 있으며, B는 독서 중 생긴 의문을 스스로 궁구한 후에 남에게 질문해도 된다고 하고 있다.
② 독서를 통해 독자 자신의 삶에 대해 깨닫는 것을 중시하고 있는 것은 A이며, B는 삶에 대한 의문이 든다면 궁구해서 해결할 수 있다고 하고 있다.
③ B는 독서를 통해 생긴 의문을 독자 스스로 해결해야 한다고 주장하지 않는다. B는 "또 설사 통하지 못한 것이 있다 할지라도 이처럼 스스로 먼저 궁구한 후에 남에게 묻는다면 말을 듣자마자 깨달을 수 있다."라고 하고 있다.
⑤ B와 달리 A는 독서 행위가 육체적 이로움을 추구할 수 있는 행위라고 주장하고 있지 않다. 독서를 통해 육체적 이로움을 얻을 수 있다고 주장하는 사람은 A이다.

3. [출제의도] 반응의 적절성 판단
학생은 윗글에서 언급된 내용인 독서가 육체에도 이로운 영향을 준다는 점에 대해 논리적으로 반박하고 있다.
[오답풀이]
① 경험에 근거하여 다음에 이어질 내용을 예측하는 모습은 드러나지 않는다.
② 독서에서 얻은 깨달음을 실천하려는 내용은 드러나지 않는다.
④ 지금까지의 독서 태도를 성찰하고 변화하고자 하는 내용은 드러나지 않는다.
⑤ 글의 구조와 전개 방식을 중심으로 내용을 파악하는 모습은 드러나지 않는다.

[4 ~ 9] (인문) 홉스와 로크의 사회계약론과 맹자의 왕도정치

4. [출제의도] 세부 내용 파악
맹자는 '인(仁)'만큼이나 '의(義)'를 강조하며 국가 권력에서 역시 이를 강조하였다. 즉, 맹자가 '인(仁)'을 비판한 적은 없다. [(나)의 1문단]
[오답풀이]
① 홉스의 자연 상태에서는 개인은 자신의 생명과 재산을 보호하지 못할 수 있으므로, 자연권이 위협받아 지키지 못하는 상황에 놓일 수 있다. [(가)의 2문단]
② 로크의 정부는 개인의 재산권 보호가 최우선 목표이다. [(가)의 5문단]
④ 맹자의 철학에서의 하늘은 백성을 사랑하고 있다는 것을 전제로 하므로, 맹자가 말한 하늘은 백성을 사랑하는 인격적 존재이다. [(나)의 2문단]
⑤ '왕도정치'로 대표되는 도덕적인 정치도 경제적 안정이 선행되어야 하기 때문에, 왕도정치는 인의(仁義)뿐만 아니라 경제 안정도 필요로 한다. [(나)의 4문단]

5. [출제의도] 글의 구조와 전개 방식 비교
ㄴ : '맹자'의 철학이 나온 '전국시대'의 상황을 이전 시대와 비교한 것은 맞지만, '전국시대'의 상황에 대한 구체적인 사례가 언급되지는 않았다. [(나)의 1문단]
[오답풀이]
① '사회 계약론'이 등장한 시기를 이야기하며, '사회 계약론'이라는 글의 화제를 제시하였다. [(가)의 1문단]
③ '홉스'와 '로크'의 사상을 비교함으로써 '사회 계약론'에 대한 두 학자의 철학적 사상에 나타나는 공통점과 차이점을 비교 하였다.
④ '맹자'가 주장한 권력의 근거와 바람직한 군주의 모습, 올바르지 못한 군주에 대한 대처 방법을 차례로 설명하였다. [(나)의 2~5문단]
⑤ (가)와 (나)는 각각 서양 철학자의 견해와 동양 철학자의 견해를 다룬 글이다. 따라서, 두 글을 통합적으로 이해하면 동서양 철학자들의 견해를 비교할 수 있다.

6. [출제의도] 구체적 사례 적용 : (가) '홉스'와 <보기> '순자'의 견해 비교
'국가를 통치할 수 있는 바람직한 방법은 무엇인가?'라는 질문에 '홉스'는 '리바이어던', '순자'는 '예(禮)'라고 답할 것이다.
[오답풀이]
① '홉스'는 국가의 존재 이유에 대해 설명한다. ('만인의 만인에 대한 투쟁'에서 벗어나기 위한 사회계약)
② '순자'와 '홉스' 모두 인간의 본성이 선하지 않다고 주장하였다.
③ '홉스'는 권력('리바이어던')의 한계를 정하였다. '순자'는 민심과 괴리된 정치권력에 대한 개인들의 저항을 인정하였다. [(가)의 4문단]
⑤ '국가의 권력은 어디서부터 오는가?'라는 질문에 '홉스'는 '사회 계약'이라고 답할 것이다.

7. [출제의도] 핵심 정보의 파악
㉠은 '민본주의', ㉡은 '역성혁명론'이다.
군주의 정치적 노력과 경제적 노력이 함께 이루어져야 하는 것은 ㉠에 대한 설명이다.
[오답풀이]
① ㉠, 즉 민본주의는 왕도정치의 바탕이 되는 철학이다.
② ㉠은 동아시아 정치사에 많은 영향을 끼쳤다. [(나)의 6문단]
③ ㉡은 ㉠을 따르지 않을 때, 즉 왕도정치를 행하지 않을 때 발생할 수 있다. [(나)의 5문단]
④ ㉡은 군주가 가진 권력은 오롯이 백성으로부터 나온 권력이기 때문에, 군주가 권력을 백성을 위해 쓰지 않는다면 그 권력을 빼앗는 것이 옳다고 주장한다. [(나)의 5문단]

8. [출제의도] 다른 견해와의 비교
홉스의 '리바이어던'은 홉스가 주장한 권력이다. 홉스의 '자연 상태'는 개인의 자유를 침해하고, 바람직하지 않은 상태가 맞다. 그러나 '리바이어던'은 이 '자연 상태'의 문제점을 해결하기 위해 나왔기 때문에 바람직한 상태라고 할 수 있다.
[오답풀이]
① 홉스의 리바이어던과 로크의 정부는 개인이 권력을 위임한 것이다. 즉 주권이 양도되었다고 할 수 있으므로 ㉮의 입장에서 비판할 수 있다.
③ 홉스 역시 인간은 이기적인 존재라고 주장했고, ㉰는 인간의 이기심을 제어할 수단을 마련했다. (가)의 '홉스'는 '리바이어던'을 ㉰는 '법'을 통해 인간의 이기심을 제어하고자 하였다. [(가)의 4문단]
④ 로크의 저항권, 맹자의 역성혁명론, ㉯의 '노동자 혁명' 모두 본래의 목적을 잃은 국가에 대한 개인의 저항을 정당화하고 있다.
⑤ ㉱는 인위적인 도덕 규범을 반대한다. ㉱에 따르면 맹자의 인의(仁義) 역시 인위적인 도덕 규범이기 때문에 왕도정치를 비판할 것이다.

9. [출제의도] 단어의 문맥적 의미 파악
'도출되다'는 '판단이나 결론 따위가 이끌려 나오다'라는 의미이며, 따라서 '도출된'은 문맥적으로 ⓔ를 대체할 수 없다.
[오답풀이]
① '결성되다'는 '조직이나 단체 따위가 짜여 만들어지다'라는 의미이며, 따라서 '결성되기'는 문맥적으로 ⓐ를 대체할 수 있다.
② '공생하다'는 '서로 도우며 함께 살다'라는 의미이며, 따라서 '공생할'은 문맥적으로 ⓑ를 대체할 수 있다.
③ '위임'은 '어떤 일을 책임 지워 맡김. 또는 그 책임'이라는 의미이며, 따라서 '위임받은'은 문맥적으로 ⓒ를 대체할 수 있다.
④ '대두되다'는 '어떤 세력이나 현상이 새롭게 나타나게 되다'라는 의미이며, 따라서 '대두되었다'는 문맥적으로 ⓓ를 대체할 수 있다.

[10 ~ 13] (사회) 재보궐선거

10. [출제의도] 내용의 이해 여부 판단
1900년대 재보궐선거가 3차례까지 치러졌던 것은 맞지만, 현재 재보궐선거는 1년에 최대 1차례 치러진다. [3문단-2, 3문단-8]
[오답풀이]
① 국회의원 재보궐선거는 국회의원을 뽑는 투표가 이루어지는 경우라고 볼 수 있다. 국회의원을 뽑는 투표가 이루어지는 경우는 규모가 크기 때문에 중요한 국가적 행사로 여겨진다. [1문단-3]
② 선거란 민주주의의 가장 기초적인 요소이고,민주주의는 인류의 이상에 가장 근접한 정치체계의 가장 기초적인 요소이다. [1문단-2, 4문단-2]
③ 대통령의 궐위로 인한 선거는 재선출자가 새로 5년간의 임기를 수행한다. 단, 임기가 개시 전 궐위가 발생했다면 재선출자의 임기가 전임자의 잔여 임기와

같은 5년이 될 수 있다. [2문단-8]
⑤ 2015년 통과된 선거법 개정안 이후 해인 2020년 재보궐선거가 아닌 국회의원 선거나 대통령 선거가 있을 경우, 재보궐선거를 이에 맞추어 실시한다. [3문단-9]

11. [출제의도] 핵심 개념의 이해와 사례 분석
(대통령을 제외한 직위의 궐위 시) [2문단]

궐위 사유	임기 개시 전	임기 중
당선 무효 확정 판결	㉠	㉠
실형 선고	㉠	㉡
사망 혹은 자진 사퇴	㉠	㉡

임기가 시작하기 전에 지방 의원이 사망 혹은 사퇴했을 경우에는 ㉠을 실시한다.
[오답풀이]
② 임기가 시작한 후에 실형을 선고받아 지방 의원의 궐위가 발생했을 경우에는 ㉠이 아닌 ㉡을 실시한다.
③ 임기가 시작하기 전에 대통령에게 당선 무효 확정 판결이 내려졌을 경우에는 ㉠이 아닌 '대통령의 궐위로 인한 선거'를 실시한다. [2문단-8]
④ 임기가 시작한 후에 실형을 선고받아 대통령의 궐위가 발생했을 경우에는 ㉡이 아닌 '대통령의 궐위로 인한 선거'를 실시한다. [2문단-8]
⑤ 임기가 시작한 후에 국회의원에게 당선 무효 확정 판결이 내려졌을 경우에는 ㉡이 아닌 ㉠을 실시한다.

12. [출제의도] 사례 분석의 적절성 판단
충분한 준비 기간이 60일이라고 결정되었다면, 2016년 2월 셋째 주에 발생한 궐위에 대한 재보궐선거는 2016년 4월 첫째 주 수요일이 아닌 2017년 4월 첫째 주 수요일에 치러질 것이다. [3문단-7,8]
[오답풀이]
① 1994년에는 국회의원 재보궐선거와 지방 의원 재보궐선거가 모두 이루어질 수 있었다. [3문단-3]
② 1999년 10월 직위가 공석 상태가 되었을 경우, 그 직위의 재보궐선거는 1999년 12월이 되기 전에 치러진다. [3문단-1]
③ 충분한 준비 기간이 30일이라고 결정되었다면, 2010년 9월 둘째 주에 발생한 궐위에 대한 재보궐선거는 2010년 10월 마지막 주 수요일에 치러질 것이다. [3문단-7]
⑤ 충분한 준비 기간이 60일이라고 결정되었다면, 2020년 2월 마지막 주에 발생한 궐위에 대한 재보궐선거는 2021년 4월 첫째 주 수요일에 치러질 것이다. [3문단-7,8]

13. [출제의도] 어휘의 문맥적 의미 파악
'ⓐ맞추어'의 사전적 의미는 "어떤 기준이나 정도에 틀리거나 어긋남이 없이 조정하다."이다. (표준국어대사전)
[오답풀이]
② "서로 떨어져 있는 부분을 제자리에 맞게 대어 붙이다."의 뜻을 가지고 있다.
③ "다른 어떤 대상에 닿게 하다."의 뜻을 가지고 있다.
④ "둘 이상의 일정한 대상들을 나란히 놓고 비교하여 살피다."의 뜻을 가지고 있다.
⑤ "일정한 수량이 되게 하다."의 뜻을 가지고 있다.

[14~17] (기술) GAN기술의 개념과 원리

14. [출제의도] 내용의 이해 여부 판단
GAN에 대한 논문의 발표 이후 지도학습 중심이었던 인공지능의 패러다임이 비지도학습으로 바뀌고 있다. [4문단]
[오답풀이]
① GAN을 이용하면 적은 양의 정보로 원본 이미지를 예측할 수 있다. [4문단]
② GAN이 윤리적 문제를 해결하기 위해 개발된 것이 아니라, GAN을 활용한 기술이 윤리적인 문제를 야기한다. [7문단]
③ 생성모델이 판별모델을 속이는 학습을 반복하면서 속이는 데에 성공한다면, 진짜와 닮은 가짜의 생성이 이뤄진다. [6문단]
⑤ 스스로 데이터 중에서 의미 있는 정보를 찾아내는 방법은 비지도학습이다. [1문단]

15. [출제의도] 내용의 이해 여부 판단
㉠에서 고양이 사진인지 판별하도록 학습시켰다면 사진을 보고 고양이인지 아닌지에 대한 판별만 가능하다. 고양이를 다리가 4개인 동물로 분류한다는 것은, 고양이를 보고 인공지능이 스스로 유의미한 정보를 찾아낸 것이다. 이는 지도학습의 결과로 볼 수 없다. [1문단]
[오답풀이]
① 지도학습은 입력값과 결과를 함께 주며 데이터를 학습시켜야 한다. [1문단]
③ 지난해 자동차 총 판매 대수에 따른 데이터를 바탕으로 올해 자동차 총 판매 대수를 계산하는 학습은 연속성을 가지는 변수를 예측하는 경우이기 때문에 회귀 방식에 속한다. [2문단]
④ 고양이 사진인지 판별하도록 학습시켰다면 사진을 보고 고양이인지 아닌지에 대한 판별이 가능하다. 이를 바탕으로 강아지를 보고 고양이가 아니라는 결론을 도출할 수 있다. [2문단]
⑤ 고양이의 몸무게에 대한 데이터를 바탕으로 고양이의 몸무게를 예측하는 학습을 진행한다면 ③번 선지와 같은 이유로 회귀 방식에 속한다. [2문단]

16. [출제의도] 사례 적용 판단
AI는 Z를 통해 y=2x라는 함수를 도출하는 지도학습을 진행한다. [1문단]
[오답풀이]
② (ㄷ)에 제시된 Z를 바탕으로 x에 8을 입력한다고 항상 16이라는 결과를 도출하지는 않을 것이다. 머신러닝을 거쳤다고 반드시 원하는 정확한 값을 도출하지는 않는다.[1문단]
예를 들어, y=(x-1)(x-2)(x-3)(x-4)+2x라는 함수가 존재한다면 (1, 2), (2, 4), (3, 6), (4, 8)라는 데이터를 지니지만 8을 입력했을 경우 856이라는 결과를 도출할 것이다.
③ Z가 존재하지 않는다면 Z를 입력하여 학습을 진행할 수 없다. 이에 따라 y=2x라는 함수를 도출할 확률이 떨어진다. [1문단]
④ Z에 (5, 10)이라는 데이터를 추가하여 추가적인 학습을 진행한다면 y=2x라는 함수를 도출할 확률이 더 높아진다. [1문단]
⑤ AI가 x값이 어떻게 구성되었는지를 파악하는 과정은 비지도 학습에 해당한다. [1문단]

17. [출제의도] 사례 적용 판단
윗글을 바탕으로 <보기 1>을 읽고, 위조지폐범-생성모델, 경찰-판별모델, 위조지폐-가짜, 진짜 지폐-진짜로 연결할 수 있다.
ㄱ. 위조지폐범은 경찰을 속이지 못한 경우와 속인 경우를 바탕으로 학습한다.
ㄷ. 해당 작업이 반복될수록 위조지폐범이 만드는 위조지폐는 정교해진다.
[오답풀이]
ㄴ. 해당 작업은 경찰이 더 이상 진짜와 가짜를 판별하지 못할 때 종료된다.
ㄹ. 해당 작업은 진짜 지폐에 대한 데이터를 바탕으로 경찰을 먼저 학습시킨다.

[18~21] 현기영, 「순이 삼촌」

18. [출제의도] 서술상의 특징 파악
이야기 내부의 서술자가 인물의 행동을 객관적으로 서술하고 있다.
[오답풀이]
② 서술자가 이야기 내부에 있는 것은 맞지만, 비유적 표현을 활용하여 인물에 대한 태도를 드러내고 있지는 않다.
③ 서술자가 이야기 내부에 있는 것은 맞지만, 인물의 내면을 묘사하여 인물 간의 갈등이 지속되고 있음을 서술하고 있지는 않다.
④ 서술자는 이야기 내부에 있으며, 인물에 대한 평가를 관념적으로 서술하고 있지도 않다.
⑤ 서술자는 이야기 내부에 있으며, 외양과 특성을 바탕으로 인물에 대한 인상을 제시하고 있다고 보기도 어렵다.

19. [출제의도] 구절의 의미 파악
㉢은 인물을 언급함으로써 과거부터 제삿날이면 모여했던 이야기가 시작되는 것을 암시하는 것은 맞지만, 그 이야기의 내용이 바뀌기 시작한 것은 아니다.
[오답풀이]
① ㉠은 웃어른께 예의를 갖추기 위해 자세를 바꾸는 인물의 행위를 드러내고 있다.
② ㉡은 비극이 특정 인물에게 더욱 크게 다가왔던 이유 중 하나를 언급하고 있다.
④ ㉣은 비극을 기억하는 인물이 소중한 존재가 다치는 것을 걱정하는 모습을 표현하고 있다.
⑤ ㉤은 인물이 보여주었던 표면적인 행동과 달리 그 속에 숨어 있는 뜻을 해석하고 있다.

20. [출제의도] 작품의 내용 이해
ⓐ로 인해 '나'는 어머니의 죽음이 내게만 다가온 불행이 아니고 숱한 죽음 중 하나라고 언급한다. 따라서 어머니의 죽음에 대한 '나'의 인식이 바뀐 계기가 맞다. ⓑ는 순이 삼촌의 죽음에 대한 '나'의 생각으로, 30년 전 사건에서 오누이를 잃고 살면서 여러 환청 소리에 시달렸던 순이 삼촌에게 끼친 영향이 맞다. 따라서 ⓐ, ⓑ 둘 다 맞는 설명이기 때문에 정답이다.
[오답풀이]
① ⓐ는 30년 전 일어난 사건이므로 '나'가 제주에 온 이유가 아니고, ⓑ는 순이 삼촌의 죽음의 원인에 대한 '나'의 추측이 맞다. 따라서 ⓐ에 대한 설명이 맞지 않기 때문에 정답이 아니다.
② '나'의 어머니는 30년 전 ⓐ가 일어나기 전해에 폐병으로 돌아가셨기 때문에 ⓐ는 어머니가 죽게 된 이유가 아니고, ⓑ는 옴팡밭에서 일어난 사건의 결과이다. 따라서 ⓑ에 대한 설명은 맞지만 ⓐ에 대한 설명이 맞지 않기 때문에 정답이 아니다.
③ ⓐ는 어릴 적에 내가 큰 충격을 받은 원인이 맞고, ⓑ는 순이 삼촌의 죽음에 대해 '어른들'이 내린 결론이 아니라 '나'가 내린 결론이다. 따라서 ⓐ에 대한 설명은 맞지만 ⓑ에 대한 설명이 맞지 않기 때문에 정답이 아니다.
⑤ ⓐ는 30년 전 일어난 사건으로 마을 사람들이 고구마를 사지 않았던 이유가 맞고, ⓑ는 순이 삼촌이 지속된 총소리의 환청을 겪은 것이고, 내가 겪은 것이 아니다. ⓑ는 순이삼촌의 죽음에 대한 '나'의 생각이기 때문에 지속된 총소리의 환청이 유발한 결과가 아니다. 따라서 ⓐ에 대한 설명은 맞고, ⓑ에 대한 설명이 맞지 않기 때문에 정답이 아니다.

21. [출제의도] 외적 준거에 따른 작품 감상
'나'가 '어머니의 죽음이 유독 나에게만 닥쳐온 불행이 아니'라고 생각하는 것은, 만일 어머니가 돌아가시지 않았어도 제주 4·3사건 때 희생되었을 거라는 자기 위로 측면의 체념에서 비롯된 것이지, 제주 4·3사건이 일어날 수밖에 없었음을 알았기 때문이라고 볼 수 없다.

[오답풀이]
① '작은당숙 어른'이 '죽은 사람이 여럿이 포개져 덮여 있었'다고 말하는 것에서, 당시 제주 4·3사건의 희생자가 많았음을 추론할 수 있다.
② '나'는 '할아버지 제사' 때문에 '8년 만에 제주를 방문'하여 순이 삼촌의 자살에 대해 알게 되었고, 이는 <보기>의 '의문-추적'의 형식에서 의문을 가지는 대목으로 볼 수 있다.
④ 옴팡진 밭에서 '잔뼈와 납 탄환은 삼십 년 동안 끊임없이 출토되었'던 것은, 순이 삼촌이 사건 이후로도 제주 4·3사건의 잔해들을 치우며 참상과 마주 보고 있던 것으로 볼 수 있다.
⑤ '나'가 순이 삼촌에 대해 회상하며 '이미 죽은 사람이었다'고 단정짓는 것은, 순이 삼촌이 자살한 원인이 제주 4·3사건 당시 그녀의 내적 상처가 치유되지 않았을 것이라는 '나'의 추측이며, 이는 <보기>의 '의문-추적' 형식에서 추적에 해당한다고 볼 수 있다.

[22~27] (가) 신흠, 「방옹시여(放翁詩餘)」 / (나) 최치원, 「제가야산독서당」 / (다) 이제현, 「운금루기」

22. [출제의도] 작품 간의 공통점, 차이점 파악
(가)에서는 '기사', '영욕' 등 속세에 관련된 시어와 '일편명월', '백구' 등 화자가 지향하는, 자연과 관련된 시어가 대비된다. (나)에서는 '시비하는 소리'와 화자가 지향하는 '흐르는 물'이 대비된다.
[오답풀이]
① (가)에서는 '시비를 열지 마라'는 명령문을 통해 화자의 의지를 드러내주지만, (나)에서는 명령문이 나타나있지 않다.
② (가)에서는 '진실로 사호이면 일정 아니 나오려니'라는 구절에서 상황을 가정하여 자연을 지향하는 화자의 자세가 드러난다. (나)는 상황을 가정하는 표현이 없다.
③ (가), (나)에서 모두 설득적 어조가 드러나지 않았다.
④ (가), (나)에서 모두 화자의 태도 변화가 드러나지 않았다.

23. [출제의도] 화자의 태도 및 어조, 정서 파악
'나도 왼 줄 알건마는'이라고 했으므로 화자는 자신이 옳은 행동을 하는 것은 아니라고 생각한다.
[오답풀이]
① '시비를 열지 마라'는 명령적 어조를 통해 자연에서의 삶을 추구하는 화자의 자세를 강조한다.
② 자연에 은거하였다가 결국 다시 정계로 복귀한 '사호'라는 인물의 이야기를 다루며 안타까움을 드러낸다.
③ 눈 온 후에 더욱 맑아진 달빛의 변화에 대해 서술하며 화자의 만족감을 드러낸다.
⑤ 화자는 백구와 '기사를 잊음'이라는 공통점을 가지고 있음을 말하며 자부심을 드러낸다.

24. [출제의도] 구절의 의미 파악
용산의 봉우리가 매양 형상이 달라진다고 했으므로 정적인 자연이라고 볼 수 없다. 또한 그 이후에는 누각에서 사람들이 왕래하는 모습을 볼 수 있음을 장점으로 제시하고 있으므로 ㉣이 아름답고 정적인 자연을 감상할 수 있는 누각의 장점을 추가적으로 제시할 것임을 암시한다고 볼 수 없다.
[오답풀이]
① ㉠은 사슴, 돈 등 작은 것에 몰두해 산, 사람 등 더 큰 것을 보지 못한다는 점을 비판한다.
② ㉡은 바로 앞 문장에 '그 옆으로 왕래하는 사람들이 앞뒤에 연락부절한다.'고 제시되어 있으므로 옳다.
③ ㉢은 다듬거나 단청하지 않아도 누각의 자연스러운 아름다움이 드러나는 것을 제시한다.
⑤ ㉤은 시야가 좁은 사람들의 잘못을 언급하면서도 '또한 하늘이 만들고 땅이 숨겨 경솔히 사람들에게 보이지 않는 것이 아니겠는가?'라는 구절에서 지형 구조의 문제도 있음을 드러낸다.

25. [출제의도] 소재의 의미 비교
ⓐ는 '돌길'을 묻히게 하여 속세와의 단절을 더욱 강화하고 있다. 즉 외부의 것을 단절하는 것이며, 화자를 외부로부터 고립시키는 존재이다. 그러나 화자를 외부로 나갈 수 없게 막는 존재라고 볼 수는 없다. 화자는 애초에 외부로 나갈 마음이 없고 자연에 은거하려 하기 때문이다.
ⓑ는 그것이 온 뒤에 '달빛'의 맑음이 끝이 없어졌다. 그러므로 '달'이라는 특정 자연물의 '맑음'이라는 긍정적 속성을 강화하는 역할을 수행하는 것으로 볼 수 있다.

26. [출제의도] 화자의 의도 파악
[A]에서는 '운금루'에서 바라볼 수 있는 자연과 인간들의 모습을 나열하고 있다.
[오답풀이]
① (나)에서는 지척의 소리도 들리지 않는다고 했는데, 이는 화자가 시비하는 소리를 듣지 않기 위해 일부러 흐르는 물로 둘러싸게 한 것이라고 했으므로 한탄이 아닌 만족감을 나타내는 것으로 볼 수 있다.
② (나)의 화자는 물소리를 긍정적으로 인식한다.
④ (가)에서 사람들이 '모습을 감출 수 없어'라는 구절이 존재하지만, 이는 그저 사람들의 모습이 훤히 보인다는 것을 의미할 뿐 애초에 사람들이 스스로를 감추려고 한 적은 없다.
⑤ (나)와 [A] 모두 현재 상황을 변화시키려는 노력이 드러나지도 않았고, 현재 상황에 만족하고 있으므로 그럴 필요도 없을 것이다.

27. [출제의도] 외적 준거에 따른 작품 감상
'날 찾을 이 뉘 있으리'라는 구절은 설의적 표현으로 누가 자신을 찾을 것인지 궁금해하는 것이 아니라, 자신을 찾을 이가 없을 것이라는 뜻이다. 특히 바로 앞 구절에서 '시비를 열지 마라'라고 하며 사람들과 멀어지려는 선택을 더욱 강화한 점으로 볼 때, (가)에서 고립을 극복하려는 바람을 나타낸 것이라 볼 수 없다.
[오답풀이]
① <보기>를 참고할 때, (가)의 화자가 '일편명월'을 벗으로 여기는 것은 자연물에 의지하여 고립감을 극복하려는 것으로 볼 수 있다.
③ (나)의 화자는 '일부러' 사방을 물로 둘러싸게 하여 세상의 시비하는 소리를 듣지 않는 것에 만족하고 있으므로 고립된 상황을 오히려 긍정적으로 인식한다고 볼 수 있다.
④ 일상적 삶 안에서 지향점을 찾을 수 있는데도 불구하고 '산'과 '진'을 넘는 사람들을 (다)의 화자는 부정적으로 바라보았다.
⑤ (다)의 화자가 여러 사람들의 모습을 보는 것에 만족하고 있는 것으로 볼 때 일상적 삶 안에서 찾은 지향점에서는 고립감을 느끼지 않아도 됨을 알 수 있다.

[28~31] 작자 미상, 「유충렬전」

28. [출제의도] 서술상의 특징 이해
서술자는 '황천인들 무심할까', '귀자(貴子)가 없을쏘냐' 등을 통해 남악 형산에 발원하는 유심 부부의 정성에 대한 평가를 내리며 서술자의 시각을 드러내고 있다.
[오답풀이]
① 1문단에서 남악산의 형세를 묘사하며 공간적 배경을 묘사한 것을 확인할 수는 있으나, 이를 통해 상황의 긴박함을 부각하고 있다고는 볼 수 없다.
② '장 부인'이 '일장춘몽'을 통해 '선관'과 만난 것에서 꿈과 현실의 교차를 확인할 수 있으나, 이것이 인물 간의 갈등 해소의 실마리를 제공하고 있다고는 볼 수 없다.
③ '선관'의 존재와 '상제'의 치죄 사실을 통해 초월적 공간인 천상계의 존재를 확인할 수 있으나, 이것이 사건의 국면을 전환하고 있다고는 볼 수 없다.
⑤ 윗글에서 시간의 역전을 확인할 수 없다.

29. [출제의도] 작품의 내용 이해
'양장'은 남적에게 항복을 권유하는 서신을 보낸 것이 아니라, 자신들의 항복 의사를 드러내는 '항서'를 보내며 반역 및 담합 의지를 드러내는 서신을 함께 보낸 것이다.
[오답풀이]
① '천자'가 '양장'의 손을 잡고 '짐의 근심을 덜게 하라'라고 말했다는 것에서, '천자'가 '정한담'과 '최일귀'를 신뢰하고 있음을 확인할 수 있다.
② '선관'이 '익성과 대전한 후로 상제 전에 득죄하여 인간에 내치심에 갈 바를 모르더니', '남악산 신령들이 부인 댁으로 지시하기로 왔사오니'라고 말하는 것과 '부인 품에 달려'든 것을 볼 때, '선관'은 천상계에서 득죄하여 '충렬'로 환생하였음을 알 수 있다.
③ 자손이 없어 슬퍼하던 '유심(유 주부)'은 부인 장씨의 말을 듣고 남악산에 발원하였다
⑤ '장씨'가 남악산에 출생을 발원한 후 '일장춘몽'을 통해 '선관'을 만난 것과, 중략 부분의 줄거리에서 '아들 충렬'의 존재가 확인된 것을 볼 때, '장씨'의 꿈은 '충렬'의 출생을 암시하는 것임을 알 수 있다.

30. [출제의도] 사건 전개 양상 이해
[A]에서 '유심'은 '신령 전에 발원'하고 있다. 즉 신령에게 한의 해소를 요청하는 것이지, '선관'에게 한의 해소를 요청하고 있다고 볼 수 없다.
[오답풀이]
② [A]에서 '유심'은 "대명국 동성문 내에 거하는 유심은"이라고 말하며 자신의 정체를 밝히고 있으며, "부귀를 겸전하고 일신이 무양하나 연광이 반이 넘도록 일점 혈육이 없"다는 자신의 지난 날의 생애를 언급하고 있다.
③ '선관'의 환생이 '충렬'이며, [B]에서 '선관'의 적강 사실이 드러남을 볼 때, 충렬이 평범하지 않은 출생 배경을 가지고 있음을 확인할 수 있다.
④ [B]에서 '선관'이 '남악산 신령들'에게 도움을 받아 '부인 댁'에 도착한 것을 볼 때, [A]의 '신령'들이 '선관'의 적강에 도움을 주었음을 확인할 수 있다.
⑤ [B]에서 '선관'이 '부인'에게 "부인은 애휼하옵소서"라고 말하는 것을 볼 때, '부인'에게 맡겨진 양육의 의무를 다하라고 부탁하고 있음을 확인할 수 있다.

31. [출제의도] 외적 준거에 따른 작품 감상
'천자'는 '남적'을 물리치는 임무를 '한담'과 '일귀'에게 맡겼을 뿐, 영웅 '충렬'의 시련을 심화시키는 인물은 아니다.
[오답풀이]
① '장 부인'이 발원한 후 '일장춘몽'을 통해 '선관'을 만났으며, 이후 줄거리를 통해 '선관'의 환생이 '충렬'임을 짐작할 수 있다. 따라서 영웅의 평범하지 않은 출생 배경을 알 수 있다.
② 중략 부분의 줄거리를 통해 '유심'의 귀양과 '충렬'의 위기를 확인할 수 있다. 그리고 <보기>를 통해 이것이 영웅 '충렬'이 극복해야 하는 시련임을 알 수 있다.
③ 중략 부분의 줄거리를 통해 '충렬'이 '노승'을 만나 무예를 기르는 것을 확인할 수 있고, <보기>를 통해 이것이 충렬의 영웅적 능력에 개연성을 부여하려 하는 소설적 설정임을 유추할 수 있다.
⑤ '선관'의 두 번째 발화에서 '청룡'에게 "일후 풍진 중"에 "다시 찾"겠다고 말한 것을 확인할 수 있다. 이

후 <보기>를 통해 이것이 앞으로 '충렬'에게 있을 시련에서 조력자의 존재를 암시하는 것임을 유추할 수 있다.

[32 ~ 34] (가) 박남수, 「할머니 꽃씨를 받으시다」 / (나) 김규동, 「나비와 광장」

32. [출제의도] 표현상 특징 파악

(가)에서는 '꽃씨를 받으신다'라는 특정 시행이 반복되면서, (나)에서는 '기다리고 있는 것인가', '피고 있는 것일까'라는 의문의 형식을 통해 희망의 정서를 강조한다.

[오답풀이]

① (가)에서 '꽃씨'와 '방공호' 등 대조적인 시어가 활용된 것은 맞으나, (나)에서도 '활주로'와 '흰나비' 등 대조적인 시어가 쓰였다.

② (나)에서 '푸르른 활주로'는 색채어를 사용해 공간이 주는 부정적인 이미지를 부각하고 있다. '하-얀 미래'에서 '미래'를 공간으로 인정한다고 하더라도, 역시 긍정적인 이미지를 부각하고 있지는 않다.

④ (나)에서는 대화의 형식이 드러나 있지 않으며, 화자가 무기력한 태도를 보인다고 보기도 어렵다.

⑤ (나)에서는 수미상관의 형식이 쓰이지 않았다.

33. [출제의도] 시어, 시구의 의미와 기능 파악

'투명한 광선의 바다'는 '어린 나비'의 안막을 차단하고 있다. 따라서 '바다'에 나비가 도달하고자 한다고 보기도 어렵고, '투명한'이 바다의 '순수함'을 상징한다고 보기도 어렵다.

[오답풀이]

① (가)의 '꽃씨'가 '채송화 꽃씨'로 구체화되며, 작고 연약한 이미지가 부각되는 동시에, 그럼에도 불구하고 '방공호 위'에서 피어났기 때문에 '강인함'이라는 성질 역시 부각된다고 볼 수 있다.

② (가)에서 '어쩌다' 꽃씨가 핀 것은 그만큼 새로운 생명의 탄생이 어려운 상황을 나타낸다고 볼 수 있다.

④ (가)의 '방공호'는 폭격을 차단하기 위한 은폐된 장소이기 때문에 '폐쇄적인' 느낌을 주며, (나)의 '활주로'는 항공기가 이착륙하는 노면을 뜻하기 때문에 '개방적인' 느낌을 준다.

⑤ (가)에서 '할머니'가 '진즉' 죽었더라면 '이런 꼴', '저런 꼴'을 보지 않았을 것이라고 하는 것에서, 험한 꼴을 볼 일이 이전부터 지속되어 왔음을 알 수 있고, (나)의 '또 한 번'은 한 번 더 노력을 해보겠다는 의미로, 이전에도 노력이 있었음을 암시한다.

34. [출제의도] 외적 준거에 따른 작품 감상

(가)의 '할머니의 노여움을 풀 수는 없었다'는 할머니의 노여움이 그만큼 크다는 것을 보여준다. (가)는 전반적으로 '할머니'가 '꽃씨를 받으시'는 모습을 통해서 전쟁 상황을 생명력으로 극복할 수 있다는 희망을 담고 있기 때문에, 화자가 비극적인 미래를 예측한다고 보기 어렵다.

(나)에서 '화려한 희망은 피고 있는 것일까'는 설의적인 표현으로, 현실과 대결하고자하는 '나비'의 의지가 드러나는 5연과 연관 지어 볼 때, 긍정적 미래의 도래를 의심하는 것이 아니라, 희망의 정서를 담고 있는 것임을 알 수 있다. 따라서 (나) 역시 화자가 비극적인 미래를 예측한다고 보기 어렵다.

[오답풀이]

① (가)에서 '할머니'가 '꽃씨를 받으'시는 것은 <보기>의 '희망을 놓지 않는' 모습과 연관되며, 전쟁 상황 속에서도 극복의 소망을 품는 태도를 드러낸다. 반면 '호 안에는 아예 들어오시질' 않는 것은 <보기>의 '전쟁 상황을 거부하며'와 연관되며, 전쟁 상황을 받아들이지 않는 태도를 드러낸다.

② (나)의 '현기증 나는 활주로'는 <보기>의 '현대 문명의 도래로 인한 삭막한 현실'과 연결되며, '흰나비'로 하여금 방향성을 잃고 혼란을 겪게 하는 현대 문명을 상징하고, '피 묻은 육체의 파편들'은 전후 상황의 참혹함을 상징한다.

③ (나)에서 '하-얀 미래'는 '푸르른 활주로'와 연결되며 부정적인 미래 상황을 뜻하기 때문에, '한 모금 샘물'이 결핍된 '허망한 광장'의 상황이 지속되는 미래를 뜻한다고 볼 수 있다.

④ (가)에서 '할머니'가 '말이 숫제 적어지신' 것과, (나)에서 '흰나비'가 '말없이' '날개를 파닥'거리는 것은 모두 현실의 참혹함에서 비롯된 침묵이라고 이해할 수 있다.

화법과 작문

35	④	36	⑤	37	①	38	④	39	④
40	⑤	41	③	42	④	43	⑤	44	②
45	①								

35. [출제의도] 강연자의 말하기 방식 이해

1문단에서 강연자가 '여러분이 생각하시기에 최근 논란이 되는 세계적인 이슈가 무엇일까요?'라고 질문을 하고 이에 대한 답변을 구함으로서 청중이 발표에 집중하도록 하고 있다.

[오답풀이]

① 청중의 반응을 확인하는 부분은 1문단과 2문단에서 질문에 대한 답변을 들을 때이다.

② 권위 있는 문헌의 내용을 직접 인용하는 부분은 이 발표에서 확인할 수 없다.

③ 발표의 주제가 무엇인지에 대해 안내하고 있지만, 발표의 순서를 언급하는 부분은 이 발표에서 확인할 수 없다.

⑤ 발표를 마무리하기 전에 강연자의 '인권'에 대한 개인적인 의견이 언급될 뿐, 발표 내용을 요약하고 있지 않다.

36. [출제의도] 강연자의 강연 계획 반영 여부 파악

1문단에서 '행사에 참여할 여러분'으로 청중이 교내 인권 존중 행사에 참여한다고 언급했다. 그리고 5문단에서 차별 문제를 해결하기 위해서 인권의 의미에 대해 잘 이해해야 한다고 언급했을 뿐 차별 문제를 해결하기 위한 다양한 방안을 주장하고 있지 않다.

[오답풀이]

① 1문단에서 교내 인권 존중 행사가 진행되는 12월 10일이 '세계인권선언기념일'임을 밝혀 행사가 진행되는 날이 가지는 의미를 안내하고 있다.

② 1문단에서 행사에 참여할 청중에게 도움이 되고자 '인권 성장 역사'에 대해 발표한다고 언급했다. 그 이후로 자유권·평등권, 참정권, 사회권 순으로 인권이 성장한 순서를 발표하고 있다.

③ 5문단에서 현대에 맺어진 여러 약속으로 '인종 차별 철폐 협약, 국제 인권 규약, 세계 이주민의 날 제정 그리고 장애인 권리 협약'을 나열하고 있다.

④ 2문단에서 역사 시간에 배운 자료인 '민중을 이끄는 자유의 여신'을 제시하고 있다. 그리고 이 사진자료를 이용해서 프랑스 혁명이 발생한 계기에 대해 기억하고 있는지 청중의 배경지식을 확인하고 있다.

37. [출제의도] 강연 내용의 이해를 바탕으로 한 의사 표현 이해

4문단에서 시민들이 생존권을 국가에 보장해 달라고 요구한 원인에 대해 '산업 혁명 이후 열악한 노동 환경과 빈부 격차 등으로 최소한의 인간다운 생활을 할 수 없었기 때문입니다.'라고 밝혔다. 따라서 '시민들이 국민의 생존권을 국가에 보장해 달라고 요구했다고 하셨는데, 그 요구의 원인에 관해 설명해 주실 수 있나요?'라는 물음은 추가 설명을 요청하는 질문으로 적절하지 못하다.

[오답풀이]

② 4문단의 '세계 인권 선언에서 모든 인간의 천부적 존엄성은 세계의 자유, 정의, 평등의 기반임을 인정하면서 시민들은 사회권을 보장받을 수 있었습니다.'라는 부분을 통해 세계 인권 선언에 대해 언급했으나 이 선언이 만들어진 계기를 밝히지는 않았다. 따라서 '세계 인권 선언에 대해 말씀하셨는데, 세계 인권 선언이 만들어진 계기에 관해 설명해 주실 수 있나요?'라는 물음은 추가 설명을 요청하는 질문으로 적절하다.

③ 위 강연의 '근대에 접어들면서 천부 인권 사상이 시민을 중심으로 확산하였고'라는 부분과 '보통선거를 바탕으로 한 의회민주주의의 실시를 요구하며 차티스트 운동이 발생'했다는 부분을 통해 '천부 인권'과 '보통선거'라는 개념이 사용되긴 했지만, 그 개념들의 정확한 의미는 제시되지 않았다. 따라서 "'천부 인권', '보통선거'라는 말을 이해하지 못했는데, 그 말의 의미에 관해 설명해 주실 수 있나요?"라는 물음은 추가 설명을 요청하는 질문으로 적절하다.

④ 4문단의 '사회권은 독일 바이마르 헌법에 처음으로 명시되었습니다.'라는 부분을 통해 사회권이 독일 바이마르 헌법에 처음 명시됐다고 밝혔음을 알 수 있다. 그러나 2문단에서는 '대표적으로 영국의 명예혁명, 미국의 독립혁명과 프랑스 혁명이 있습니다. 이러한 혁명의 결과 시민의 자유권과 평등권이 보장되었습니다.'라고 하여 혁명의 결과로 자유권·평등권이 보장되었다고 언급했을 뿐 자유권·평등권이 처음 명시된 자료를 밝히지 않았다. 따라서 '사회권이 독일 바이마르 헌법에 처음 명시됐다고 하셨는데, 자유권·평등권이 처음 명시된 자료도 설명해 주실 수 있나요?'라는 물음은 추가 설명을 요청하는 질문으로 적절하다.

⑤ 5문단의 '현대에는 시민들 간의 차별 문제가 심화되면서 이를 해결하기 위한 여러 약속이 맺어졌습니다. 대표적으로 인종 차별 철폐 협약, 국제 인권 규약, 세계 이주민의 날 제정 그리고 장애인 권리 협약이 있습니다.'라는 부분을 통해 현대에 맺어진 여러 인권 약속에 대해 언급했지만, 각각 어떤 내용을 담고 있는지는 밝히지 않았다. 따라서 '현대에 맺어진 여러 인권 약속에 관해 설명하셨는데, 각각 어떤 내용을 담고 있는지 구체적으로 설명해 주실 수 있나요?'라는 물음은 추가 설명을 요청하는 질문으로 적절하다.

38. [출제의도] 대화의 내용 이해와 평가

학생 1의 '무슨 말이야?'는 학생 2의 '학생회에서 직접 관리를 해야만 자습실이 제대로 운영될 수 있을까?'라는 명확하지 않은 의견에 대해 정확한 의견 제시를 요구하는 말이다. 상대의 말에 대해 자신이 이해한 바가 맞는지 확인하고 있지 않다.

[오답풀이]

① 학생 2가 '작년에 학교에서 공용 자습실을 처음 운영했을 때부터 문제가 많다고 생각했어.'라고 말한 것에 대해 학생 1이 상대와 같은 의견을 갖고 있음을 밝히고 있다.

② 학생 2의 '너는 이 문제를 해결할 수 있는 방법에 대해 알아본 자료가 있니?'라는 자료의 유무를 묻는 질문에 학생 1은 자신이 본 신문 기사의 내용으로 답하고 있다.

③ 학생 1이 답한 신문 기사의 내용에 학생 2는 '○○고등학교 학생회는 어떤 노력을 한 거야?'라고 신문 기사 내용에 대한 세부적인 정보를 요청하고 있다.

⑤ 학생 2의 '학생들 스스로 문제를 인식하고 해결할 수는 없을까'라는 의견에 학생 1은 자신과 상대의 의견이 다름을 밝히고 있다.

39. [출제의도] 대화의 내용 점검과 평가

학생 1이 같은 주제로 글을 써도 되는지 밝힌 것에 대해 학생 2는 '같은 주제로 글을 쓰면 아무래도 안 좋을 것 같은데'라며 부정적인 반응을 보이고 있다. 이에 학생 1은 '동일한 주제로 글쓰기를 해도 되고, 필요한 경우에는 같은 주제를 가진 사람들끼리 조를 구성해서 자료를 공유해도 괜찮다고 말씀하셨어.'라고 선생님의 의견을 제시하여 상대의 동의를 구하고 있다.

[오답풀이]

① [A]에서 학생 1의 의견에 대해 학생 2는 '알겠어. 그러면 우리 같은 주제를 가지고 글을 쓰니까 같이 조를 구성하자.'라며 긍정적인 반응을 보인다. 그러나 이에 대해 질문의 방식으로 상대의 의견을 구하는 학생 1의 발화는 [A]에서 확인할 수 없다.

② [A]에서 학생 1이 학생 2에게 바라는 행동을 제안한 것에 대한 부정적인 반응을 보고 학생 2에게 동조의 뜻을 표현하고 있지 않다.

③ [A]에서 학생 1이 학생 2에게 자신의 정서에 공감해 주기를 요구하고 있지 않다.

⑤ [A]에서 학생 1이 학생 2의 상황을 생각하며 자신의 요구를 철회하고 있지 않다.

40. [출제의도] 조건에 맞는 글쓰기

㉮는 문제의 심각성을 알릴 수 있는 제목이고, 질문하는 방식을 활용해야 한다. ㉯는 예상 독자인 학생들의 행동 변화를 권유하는 문구이고, 가정적 표현을 활용해야 한다. 따라서 이에 맞는 ㉮는 '학교 공용 자습실, 놀기 위해 만들어진 공간일까요?'이고, ㉯는 '우리 스스로 관심을 가진다면, 우리 스스로 문제를 해결할 수 있습니다.'이다.

41. [출제의도] 글쓰기에 반영된 양상의 적절성 판단

(가)에서 학생 1은 '나는 이 문제를 해결하려면 학생회와 같은 조직이 조처를 해야 한다고 생각하는데'라며 학생회의 영향력에 대해 언급했다. 그러나 (나)의 3문단에는 문제 해결 사례가 제시되었을 뿐, 건의 수용의 기대 효과가 제시되어 있지 않다.

[오답풀이]

① (가)에서 학생 2는 '작년에 학교에서 공용 자습실을 처음 운영했을 때부터 문제가 많다고 생각했어'라며 교내 공용 자습실의 문제에 대해 언급하고 있다. 이는 (나)의 2문단에서 '설치된 작년부터 목적에 맞지 않게 학생들이 웃고 떠드는 만남의 광장으로 이용되고 있습니다.'라며 문제 제기의 내용으로 제시되었다.

② (가)에서 학생 2는 '학생들 스스로 문제를 인식하고 해결할 수는 없을까'라며 문제 해결 주체에 대해 언급하고 있다. 이는 (다)의 4문단에서 '우리 스스로가 관심을 가지고 실천에 나선다면 교내 공용 자습실이 본래 목적에 맞게 운영되어 그 결과 우리에게 높은 학업 성취도를 가져다줄 것이다.'라며 학생 스스로의 문제 인식의 필요성으로 제시되었다.

④ (가)에서 학생 1이 '자습실 올바르게 이용하기 캠페인을 진행하고 자습실 관리 감독을 뽑아 자습실을 공부 외의 목적으로 이용하는 학생들에게 벌점을 부과하는 제도를 도입했대.'라며 신문 기사에 대해 언급한 내용이 (나)의 3문단에서 '인근 ○○고등학교에서도 유사한 문제가 있었지만, 캠페인과 벌점제 운영 등 학생회가 노력한 결과, 교내 공용 자습실의 이용이 본래의 목적에 맞게 운영될 수 있었다고 합니다.'라며 문제 해결 사례로 제시되었다.

⑤ (가)에서 학생 2가 '교내 공용 자습실이 본래의 목적에 맞지 않게 운영되고 있어.'라며 교내 공용 자습실 운영 본래의 목적에 대해 언급한 내용이 (다)의 2문단에서 첫째, 둘째, 셋째로 정리해 부가 설명과 함께 제시되었다.

42. [출제의도] 다양한 맥락을 고려한 작문 이해

필자가 언급한 내용을 하이퍼링크를 통해 예상 독자가 확인할 수 있도록 하는 것은 (다)가 아니라 (나)이다. (나)의 '반면에 이 인터넷 기사에서 알 수 있듯이'에서 하이퍼링크를 통해 예상 독자가 필자가 언급한 내용을 확인할 수 있도록 하고 있다.

[오답풀이]

① (나)에서 학생 1은 '교내 공용 자습실은 학교 학생들의 쾌적한 공부 환경을 목적으로 설치되었지만, 설치된 작년부터 목적에 맞지 않게 학생들이 웃고 떠드는 만남의 광장으로 이용되고 있습니다.'라며 현재 문제의 실태를 제시하며 예상 독자에게 문제의 심각성을 알리고 있다.

② (나)에서 학생 1은 '□□고등학교 학생회 여러분, 안녕하세요. 저는 3학년 학생입니다. 교내 공용 자습실 관리에 대해 건의할 사항이 있습니다.'라며 학생회의 노력으로 해결할 수 있는 문제와 학생회의 조처를 촉구하는 내용을 중심으로 글을 작성하였다.

③ (다)에서 필자는 '그렇다면 학생인 우리가 할 수 있는 일은 무엇일까?……학생들이 자습실을 본래 목적에 맞게 사용할 수 있도록 한다.'라며 구체적이고 실행 가능한 방안을 제시하며 공동의 실천으로 문제 해결을 촉구하고 있다.

⑤ (다)에서 학생 2는 '우리 스스로가 관심을 가지고 실천에 나선다면 교내 공용 자습실이 본래 목적에 맞게 운영되어 그 결과 우리에게 높은 학업 성취도를 가져다줄 것이다.'라며 문제 해결의 필요성을 알리기 위해 학교 공동체의 학생 구성원을 독자로 상정하고 있다.

43. [출제의도] 글쓰기 전략 파악

학생의 초고에서는 종이책을 읽는 것의 효과를 소개하고 있다. 그러나 청소년기에 종이책을 읽는 것의 효과는 언급하고 있지 않다.

[오답풀이]

① 초고의 1문단을 통해 반영되었음을 확인할 수 있다.

② 초고의 1문단을 통해 반영되었음을 확인할 수 있다.

③ 초고의 2문단을 통해 반영되었음을 확인할 수 있다.

④ 초고의 2문단을 통해 반영되었음을 확인할 수 있다.

44. [출제의도] 조건에 따른 글쓰기

초고에 제시된 종이책을 읽으면서 다양한 감각 기관을 이용할 수 있다는 종이책 읽기의 특징을 언급하고, 종이책 읽기를 권유하며 마무리하고 있다.

[오답풀이]

① 종이책 읽기의 특징은 언급했으나, 종이책 읽기를 권유하면서 마무리하지 않았다.

③ 초고에서는 종이책 읽기의 부정적인 효과는 확인할 수 없다. 따라서 '양날의 검'이라는 표현은 적절하지 않다.

④ 초고에서는 전자책을 읽을 때 얻을 수 없는 종이책 읽기의 특징을 언급하고 있다.

⑤ 다양한 감각 기관을 활용하는 것은 종이책 읽기의 특징은 맞으나, 뇌 발달에 도움이 된다는 내용은 초고에서 확인할 수 없다. 또한 종이책 읽기를 권유하면서 마무리하지도 않았다.

45. [출제의도] 글쓰기 자료 활용

ㄱ은 전자책 시장이 정체되고 종이책 시장이 활성화되고 있음을 보여주는 기사이다. 따라서 ㄱ의 신문 기사를 활용하여 21세기에 전자책 시장이 더욱 커질 전망이라는 3문단의 내용을 뒷받침하기에는 적절하지 않다.

[오답풀이]

② ㄱ은 전자책 시장이 정체되고 종이책 시장이 활성화되고 있음을 보여주는 기사이다. 따라서 ㄱ의 신문 기사를 활용하여 종이책 산업이 지금도 활발히 이루어지고 있다는 1문단의 내용을 뒷받침할 수 있다.

③ ㄴ은 종이책이 다양한 감각을 자극한다는 대학 교수 인터뷰이다. 따라서 ㄴ의 대학 교수 인터뷰를 활용하여 다양한 감각 기관을 이용하여 종이책을 읽을 수 있다는 2문단의 내용을 구체화할 수 있다.

④ ㄴ은 전자책과 달리 종이책이 다양한 감각을 자극한다는 대학 교수 인터뷰이다. 따라서 ㄴ의 대학 교수 인터뷰를 활용하여 전자책을 읽으면서 얻을 수 없는 종이책의 효과는 매우 크다는 3문단의 내용을 보강할 수 있다.

⑤ ㄷ은 소설 속 사건을 시간 순서로 정렬하라는 항목에서 전자책 독자는 종이책 독자보다 상당히 낮은 점수를 받았다는 연구 자료이다. 따라서 ㄷ의 연구 자료를 활용하여 실험 결과 종이책을 읽은 참여자들이 책 내용을 더 잘 기억했다는 2문단의 내용을 뒷받침할 수 있다.

언어와 매체

35	①	36	③	37	②	38	⑤	39	④
40	①	41	⑤	42	③	43	③	44	④
45	⑤								

35. [출제의도] 대등 합성어에 대한 이해

쌀밥은 '쌀과 밥'이 아니라 '쌀로 만든 밥'이라는 의미로 쌀이 의미상 밥을 꾸며주는 종속 합성어이다.

[오답풀이]

② 손과 발 모두 본래의 의미를 유지하면서 대등하게 결합되었다.

③ 수량이 하나나 둘임을 나타내는 말로 하나와 둘 모두 본래의 의미를 유지하면서 대등하게 결합되었다.

④ 열다와 닫다 모두 본래의 의미를 유지하면서 대등하게 결합되었다.

⑤ 똥과 오줌 모두 본래의 의미를 유지하면서 대등하게 결합되었다.

36. [출제의도] 통사적 합성어, 비통사적 합성어에 대한 이해

'오가다'에는 용언의 연결형이 나타나지 않는다. 용언의 어간 '오-'에 바로 '가다'라는 용언이 결합한 구조이다. 따라서 ㉡에 속한다.

[오답풀이]

① '게을러-'라는 용언의 연결형과 '빠지다'라는 용언이 결합한 구조이다.

② '손쉽다'는 손(이) 쉽다 혹은 손(에) 쉽다로 이해할 수 있다. 명사와 형용사가 조사가 생략된 채로 결합한 구조이다.

④ '굶다'의 어간 '굶-'과 용언 '주리다'가, '오르다'의 어간 '오르-'와 용언 '내리다'가 결합한 구조이다. 모두 용언의 어간과 용언이 결합한 구조이다.

⑤ '덮다'의 어간 '덮-'과 '밥'이라는 명사가 결합한 구조이다.

37. [출제의도] 보조사에 대한 이해

'처럼'은 부사격 조사이다. 부사격 조사 '처럼'이 붙은 부사어 '처음처럼'은 '착하다'라는 용언을 수식하는 역할을 한다.

[오답풀이]

① '라도'는 그것이 썩 좋은 것은 아니나 그런대로 괜찮음을 나타내는 보조사이다.

③ '만'은 무엇을 강조하는 뜻을 나타내는 보조사이다.

④ '은'은 문장 속에서 어떤 대상이 화제임을 나타내는 보조사이다.

⑤ '뿐'은 '그것만이고 더는 없음' 또는 '오직 그렇게 하거나 그러하다는 것'을 나타내는 보조사이다.

38. [출제의도] 높임 표현에 대한 이해
㉣에서 선어말 어미 '-(으)시-'를 사용해 높이고 있는 것은 문장의 주체인 '아버지'이다.
[오답풀이]
① ㉠은 '약속'을 높임으로써 주체인 '어머니'를 간접적으로 높이고 있다.
② ㉡에서는 격 조사 '께'를 통해 문장의 객체인 '선생님'을 높이고 있다.
③ ㉡에서는 '해라체', ㉢에서는 '하십시오체'를 사용하여 상대 높임이 실현되고 있다.
④ ㉢에서는 '드리다'를 통해 문장의 생략된 객체인 '고객님'을, ㉣에서는 '모시다'를 통해 객체인 '할아버지'를 높이고 있다.

39. [출제의도] 단어의 의미 관계에 대한 이해
'그 가게는 늘 손이 많다.'의 '손'은 '여관이나 음식점 따위의 영업하는 장소에 찾아온 사람.'의 의미로 두 번째 표제어에 해당하여 나머지 선지들에 사용된 '손'과 동의어 관계를 이루는 단어이다.
[오답풀이]
① '손은 섬섬옥수는 아니었지만'의 '손'은 '사람의 팔목 끝에 달린 부분.'의 의미로, 첫 번째 표제어에 해당된다.
② '손이 부족하다.'의 '손'은 '일을 하는 사람.'의 의미로 첫 번째 표제어에 해당된다.
③ '할머니의 손에서 자랐다.'의 '손'은 '어떤 일을 하는 데 드는 사람의 힘이나 노력, 기술.'의 의미로 첫 번째 표제어에 해당된다.
⑤ '손에 완전히 놀아났다.'의 '손'은 '사람의 수완이나 꾀'의 의미로 첫 번째 표제어에 해당된다.

40. [출제의도] 매체의 특성 파악 및 내용 이해
(가)에서 이용되는 매체인 라디오는 라디오 호스트가 청취자들에게 일방적으로 소통하는 방식으로 이용되고 있다.
[오답풀이]
② 음성 매체인 라디오가 청취자들이 시각적으로 현장에서 관람할 수 있는 '보이는 라디오' 형식으로 진행되었다면, 청취자들은 호스트의 반응을 현장에서 더 생생하게 느꼈을 것이다.
③ 호스트가 청취자들로부터 실시간으로 문자를 수신한다면 이를 통해 청취자의 반응을 살필 수 있었을 것이다.
④ 남성 호스트가 여성 사연자의 사연을 낭독할 때 '여성의 목소리'로 낭독한다면 이는 음성 언어의 특성을 이용하여 청취자로 하여금 사연에 더 몰입하게 하려는 의도가 있었다고 볼 수 있다.
⑤ 라디오 매체의 특성 상 사연자의 신청곡은 사연과 사연 사이에 삽입되어 분위기를 환기하는 역할을 한다고 볼 수 있다.

41. [출제의도] 매체 수용 양상 파악
병은 오히려 사연자의 남자 친구와 유사한 처지에 있다고 볼 수 있을 뿐, 사연자와 동일한 처지에 있는 것은 아니다.
[오답풀이]
① 갑은 사연과 '비슷한 경험'을 떠올리며 공감하고 있고, 을은 학교에서 데이트 폭력에 대해 배웠던 경험을, 병은 자신이 남자친구를 대하는 태도를 떠올리고 있다.
② 갑은 사연의 상황에 대한 해결 방안의 구체성에, 을은 (가)에서 언급되지 않은 데이트 폭력 문제에 주목하며 (가)에 대한 의견을 드러내고 있다.
③ 을은 데이트 폭력 유형에 관한 자료를 웹사이트에 찾아봄으로써, 병은 남자 친구와의 진지한 대화를 계획함으로써 주체적인 수용 태도를 보이고 있다.
④ 갑은 대화로도 해결되지 않은 사연자와 같은 상황을 해소하기에는 호스트의 조언이 구체적이지 못해 아쉬워하고 있다.

42. [출제의도] 다양한 매체의 특성 파악
(나)가 음성 언어뿐만 아니라 시각 자료 등을 활용하는 인터넷 영상이라면, 음성 언어로만 전달되는 라디오에 비해 복합적으로 전달될 수 있다.
[오답풀이]
① (나)가 인터넷 연결 환경이라면 언제 어디서든 접근 가능한 인터넷 영상이라면, 정해진 시간과 편성 채널의 제약을 받는 텔레비전 방송보다 시공간적 제약이 적을 것이다.
② (나)가 실시간 댓글 기능이 포함된 인터넷 방송이라면, 극에 대한 청중의 반응을 실시간으로 확인하기 용이할 것이다.
④ (나)가 대량 전달 매체인 텔레비전 방송이라면, 같은 대량 전달 매체인 라디오와 같이 불특정 다수에게 전달되기 용이할 것이다.
⑤ (나)가 인터넷 영상이라면 경우의 따라 쌍방향적 의사소통이 이뤄질 수 있고, 텔레비전 방송은 쌍방향적 의사소통이 비교적 이루어지기 어려운 매체이다.

43. [출제의도] 매체의 특성 파악
관련 분야의 전문가 인터뷰는 기사에 포함된 정보의 구체성과 신뢰성을 높이는 기능을 한다.
[오답풀이]
① 기사가 복합 양식으로 구성될 경우 수용자는 다양한 감각, 즉 복합 감각적으로 기사 내용을 이해할 수 있다. 그러나 복합 양식으로 된 기사를 공감각적으로 이해한다는 설명은 적절하지 않다.
② 인터넷 뉴스와 전통 매체(신문, 방송 기사 등) 모두 기사에 포함된 정보를 일반인들이 생산하기는 어렵다. 그러나 정보 생산이 어렵다고 쌍방향적 의사소통에 제약이 있는 것은 아니다. 한편, 해당 기사는 SNS 등을 통한 공유가 가능하므로 전통적인 매체에 비해 쌍방향적 의사소통의 시공간적 제약은 완화되었다고 볼 수 있다.
④ 기사의 생산자가 명시되어 있다는 점과 기사 수정 가능 여부는 연관이 있다고 보기 어렵다. 또한, 수정된 시간이 '2021.07.15. 17:22'로 명시되어 있으므로 해당 기사는 수정이 가능하다는 것을 알 수 있다.
⑤ 누리 소통망에 기사를 공유할 경우 매체의 특성상 수용자 개인의 의견과 정서 개입이 용이하다.

44. [출제의도] 보기 이해 및 내용 추론
연구원은 의학회 및 전문가들과 협업하여 연구 결과를 지속적으로 발표할 계획이다. 코로나19에 관한 연구원과 의학회의 의견 충돌은 드러나 있지 않다.
[오답풀이]
① 코로나19 백신 접종 관련 주제를 부각하기 위해 주사기 모양의 시각 자료를 기사 앞부분에 배치했다.
② 연구원과 의학회에서 진행한 문헌 고찰의 결과를 부각하기 위해 이어지는 문단인 4문단에서 곧바로 결과를 언급하고 있다.
③ 기존 백신의 변이형 바이러스 예방 효과에 관한 연구결과를 부각하기 위해 백신 및 변이 유형별 입원/사망 예방 효과를 담은 표를 제시하였다.
⑤ 연구결과를 지속적으로 발표할 계획이라는 발언을 부각하기 위해 7문단에 이어 8문단에서 연구원 연구책임자의 인터뷰를 직접 인용하였다.

45. [출제의도] 매체의 활용 효과 파악
백신 접종이 필요하다는 전문가의 전화 인터뷰 녹취록은 음성 자료로서, 학생이 동일한 내용을 음성으로 녹음해 전달했을 때와 똑같이 음성 언어를 활용한 전달만 가능할 것이다.
[오답풀이]
① 사람들이 늘어서 있는 진료소의 모습과 함께 치료제 개발 속도가 더디다는 내용의 자막을 달아 장면을 구성한다면 영상 자료와 문자 언어 자료 등을 복합적으로 활용한 것으로, 영상의 복합 양식성을 제고할 수 있다.
② 백신 접종의 유용성을 다룬 내용을 음성뿐만 아니라 수화 언어로도 전달한다면, 내용이 일반 시청자뿐만 아니라 청각 장애인 시청자에게까지 전달되어 더 많은 수용자에게 효과적인 전달이 가능하다.
③ 중화항체 반응과 전신 반응의 변화를 다룬 전문기관의 그래프를 시각 자료로 제시한다면, 내용의 구체성과 신빙성을 보강할 수 있다.
④ '백신별 코로나19 입원/사망 예방 효과표'에 관한 음성 해설을 덧붙인다면, 단순히 표만 제시되었을 때에 비해 독자의 몰입도와 이해도를 높일 수 있다.

2022학년도 대학수학능력시험 대비

궁무니 모의고사 3회 정답 및 해설

• 국어 영역 •

공통

1	④	2	⑤	3	①	4	②	5	④
6	⑤	7	③	8	②	9	③	10	②
11	⑤	12	⑤	13	③	14	⑤	15	⑤
16	②	17	④	18	①	19	①	20	③
21	②	22	④	23	③	24	②	25	③
26	④	27	①	28	③	29	③	30	②
31	②	32	⑤	33	④	34	④		

해 설

[1~3] (인문) 조선 시대의 독서 공간

1. [출제의도] 세부 정보 파악
조선 시대 사대부 남성은 유일하게 한문 문식성을 가진 계층으로, 이들과 다른 계층의 독서 공간은 구별되었다.
[오답풀이]
① 조선 시대 사대부 남성은 독립적 독서 공간을 마련했으나, 여성, 평민 남성 등의 집단 유희적 독서 공간은 독서가 집단적으로 이루어지는 공간이었다. (1문단, 4문단)
② 사랑류는 사랑방을 의미하며, 보통 사랑방에는 문방사우가 놓였다. (3문단)
③ 전기수는 한글 소설과 함께 등장했기 때문에 한글이 창제되기 전에는 전기수가 존재하지 않았다. (4문단)
⑤ 정사류는 독서를 위한 사적 공간이었다. (3문단)

2. [출제의도] 독서 공간에 대한 이해
(나)의 토실은 독서를 위한 사적 공간 중 하나로 정사류에 해당한다. 한문 문식성을 가진 이에 의해 독서가 이루어졌던 것은 맞지만, 다양한 독서 주체가 모인 곳은 아니다. 다양한 독서 주체가 모인 곳은 집단 유희적 독서 공간이다. (3문단, 4문단)
[오답풀이]
① (가)의 독서당은 독서를 위한 공적 공간 중 하나로, 매우 고귀하면서 순전한 성격을 지닌 이상적인 공간으로 여겨졌다. (1문단)
② (가)의 독서당에서 이루어졌던 독서는 독서를 위한 공적 공간에서 이루어졌던 독서로, 그 자체로 학습의 과정으로 여겨졌다. (2문단)
③ (가)의 독서당은 독서를 위한 공적 공간 중 하나로, 여기에서 독서하던 사람들은 과거 응시를 목적으로 하여 관직으로 진출하고자 한 것은 맞다. (2문단)
④ (나)의 토실은 독서를 위한 사적 공간 중 하나로, 여기에 거처한 사람은 독서 자체를 목적으로 하였다. (3문단)

3. [출제의도] 독서 공간 탐구
학생은 "이에 대해 순서대로 조사해봐야겠다."라고 하며 윗글과 관련된 내용을 추가로 조사할 계획을 세우고 있다.
[오답풀이]
② 글에서 언급되었던 구체적인 독서 방법을 궁금해하고 있는 모습은 드러나지 않고 있다.
③ 독서 주체와 관계없는 독서 공간을 확인하고 있는 모습은 드러나지 않고 있다.
④ 학습 경험과 연관지어 독서 공간의 의미를 인식하는 모습은 드러나지 않고 있다.
⑤ 독서에서 얻은 지식을 전파하려는 모습은 드러나지 않고 있다.

[4~9] (인문) 헤겔의 변증법

4. [출제의도] 핵심 개념 이해
테제는 논리를 전개하기 위한 최초의 명제 또는 주장으로 '정'에 해당하고 안티테제는 그 정명제의 모순, 즉 정명제가 가진 모순을 드러내기 위한 '반'에 해당한다. 그리고 테제와 안티테제가 충돌하여 모순을 일으키면 그 모순을 극복하기 위해 그것이 통일된 상태인 합명제, 즉 진테제로 발전한다고 하였다. 따라서 테제가 정반합의 과정을 거친다면 발전 없이 그대로 진테제가 될 수는 없다.
[오답풀이]
① 헤겔은 세상의 모든 것들은 정반합의 과정을 반복하여 끊임없이 발전해 나간다고 주장했다.
③ 정반합을 거친 진테제는 또 하나의 테제가 될 수 있으며, 정반합의 과정을 끊임없이 반복한다.
④ 변증법의 정반합은 안티테제의 존재를 위한 테제의 모순을 전제한다.
⑤ 안티테제는 테제의 모순을 드러내기 위한 것이므로 테제 없이는 존재할 수 없지만, 테제는 안티테제 없이도 존재할 수 있다.

5. [출제의도] 글의 서술 방식 파악
(나)는 변증법의 모순 개념에 대한 비판과 그 형성 배경 및 원인인 '대립' 개념에 대해 설명하고 있다.
[오답풀이]
① (가)는 변증법의 원리인 정반합에 대해 설명하고 있지만, 해당 원리가 지닌 가치와 문제점을 분석하고 있지 않다.
② (가)는 역사를 바라보는 기존 이론의 문제점을 밝히고 있지 않고, 그에 대한 새로운 이론을 제시하고 있는 것도 아니다.
③ (나)는 변증법을 바라보는 학자들의 견해를 제시하고 있지 않다. 또한 학자들의 견해를 절충해 중립적인 결론을 도출하고 있는 것도 아니다.
⑤ (가)는 헤겔의 변증법을 비판적 시각에서 바라보며 의의와 한계를 비교하고 있지 않고, (나)는 비판적 시각에서 바라보는 것에 대해 언급했으나 의의와 한계를 비교하고 있지 않다.

6. [출제의도] 핵심 개념 이해
칸트의 모순은 논리적 대립을 의미하며, 지양은 변증적 대립 관계에 있는 두 명제를 필요로 한다.
[오답풀이]
① 지양은 테제와 안티테제가 종합되는 과정으로, 변증법의 전개에 필수적이다.
② 헤겔은 모순율을 부정하는 것이 아니며, 정반합의 과정은 발전을 수반한다.
③ 지양이 전개되는 과정에서 테제와 안티테제의 관계인 변증적 대립을 내포하고 있다.
④ 칸트에 따르면 양립할 수 없는 두 사실은 모순, 즉 논리적 대립 관계에 있으며, 이는 정반합에서 요구되는 변증적 대립 관계에 있는 두 명제가 아니기에 지양을 거칠 수 없다.

7. [출제의도] 구체적 사례 적용
a. '철수의 판단은 미숙하다.'와 '철수의 판단은 적절하다.'는 서술어가 서로 반대되는 관계에 있으며, 양자 모두 거짓이거나 참일 수 있는 변증적 대립 관계이다.
b. '소크라테스는 인간이다.'와 '소크라테스는 인간이 아니다.'는 논리적으로 양립할 수 없는 두 사실 사이의 관계인 논리적 대립 관계이다.
c. '영희는 예쁘다.'와 '영희는 못생겼다.'는 서로 서술어가 반대되는 관계에 있으며, 양자 모두 거짓이거나 참일 수 있는 변증적 대립 관계이다.
d. '책상 위에 빵이 한 개이다.'와 '책상 위에 빵이 두 개이다.'는 논리적으로 양립할 수 없는 두 사실 사이의 관계인 논리적 대립 관계이다.
e. '하늘이 파랗다.'와 '하늘이 파랗지 않다.'는 논리적으로 양립할 수 없는 두 사실 사이의 관계인 논리적 대립 관계이다.
f. '이 문제는 쉽다.'와 '이 문제는 어렵다.'는 서술어가 서로 반대되는 관계에 있으며, 양자 모두 거짓이거나 참일 수 있는 변증적 대립 관계이다.

8. [출제의도] 구체적 사례 적용
헤겔에 따르면 정명제(피라미드와 스핑크스)가 존재해야만 반명제(조각)가 존재할 수 있다.
[오답풀이]
① '피라미드와 스핑크스'는 정명제이며, '조각'은 반명제이다. '회화'인 합명제는 정명제와 반명제가 종합된 것이지, 정명제에서 반명제로, 반명제에서 합명제로 발전하는 것이 아니다.
③ 헤겔은 회화인 합명제 또한 또 다른 정명제가 되어 끊임없이 정반합이 일어날 수 있다고 본다.
④ 칸트는 정명제와 반명제를 변증적 대립 관계로 본다.
⑤ 칸트는 정명제와 반명제의 관계를 변증적 대립 관계로 본다. 반명제와 합명제의 관계가 아니다.

9. [출제의도] 어휘의 문맥상 의미 파악
'고양하다'는 '정신이나 기분 따위를 북돋워서 높이다.'라는 의미이며, '추켜세우다'는 '정도 이상으로 크게 칭찬하다.'라는 의미이다. 따라서 '추켜세워'는 '고양하여'를 문맥적으로 대체할 수 없다.
[오답풀이]
① '발현되다'는 '속에 있거나 숨은 것이 밖으로 나타나다.'라는 의미이며, 따라서 '드러나고'는 '발현되고'를 문맥적으로 대체할 수 있다.
② '제시하다'는 '어떠한 의견이나 의사를 말이나 글로 나타내어 보이게 하다.'라는 의미이며, '고안하다'와 의미상으로 완벽히 동일하다고는 볼 수는 없지만, 문맥적으로 비슷한 의미를 지니며 대체될 수 있다.
④ '야기하다'는 '일이나 사건 따위를 끌어 일으키다.'라는 의미이며, 따라서 '초래한'은 '야기한'을 문맥적으로 대체할 수 있다.
⑤ '위반하다'는 '법률, 명령, 약속 따위를 지키지 않고 어기다.'라는 의미이며, 따라서 '어겼을'은 '위반했을'을 문맥적으로 대체할 수 있다.

[10~13] (과학) 포스트휴머니즘과 생명의 기준

10. [출제의도] 독서의 목적 파악
인간의 정체성, 본질을 설명하기 위해 여러 가지 생명의 기준을 제시하고, 각 생명의 기준에 대해 비판하고 있으므로 ㉮에 들어갈 내용으로 적절하다.
[오답풀이]
① 인공지능이라는 기술이 중심 제재로 다루어졌지만, 인공지능에 적용된 원리에 대해 서술한 글이 아니다.
③ 인공지능을 성공적인 과학 기술의 예시라고 볼 수 있지만, 다른 기술을 나열하지 않았으며, '과학이 필요하다'고 주장하는 글도 아니다.
④ 생명이라는 과학적 개념에 대해 하나의 확고한 정의를 내린 것이 아닌, 여러 가지 기준을 제시하였다.
⑤ 다른 생명체와 공존하는 방법을 다루지 않았다.

11. [출제의도] 내용의 이해 여부 파악
열역학적 관점에 의하면 생물은 엔트로피 증가의 법칙을 따르지 않는 것은 맞다. 그러나 그 근거는 '생물은 계에 포함되지 않아서'가 아니라 오히려 계에 포함되는데도 불구하고 일반 물리화학적 법칙에서 예외적인 것이기 때문이다.

[오답풀이]
① 1문단에서 인간과 인공지능의 차이를 가장 명확하게 드러내줄 것으로 기대되는 기준이 생명의 유무라고 언급했다.
② 2문단에 의하면 분자생물학의 발전에 의해 등장한 관점은 생화학적 관점이다. 그리고 3문단에서 생화학적 관점에 의하면 인공지능은 기계 장치일 뿐 유기체가 아니므로, 생명체로 분류되지 않을 것이라 하였다.
③ 열역학적 관점은 질서 유지의 상대성 때문에 특정조건을 갖춘 로봇도 생명체로 분류해야 한다는 문제가 발생한다고 하였다. 이때 특정조건은 인간보다 질서유지에 더욱 유리해질 정도로 물리적 손상을 막아주는 스마트 소재가 개발되어야 한다는 것이다. 그러나 현재로부터 물리적 손상을 막는 기술이 더 이상 발전하지 않는다는 조건 하에는, 열역학적 관점은 생명의 기준으로 인정받을 수 있을 것이다.
④ 2문단에 의하면 대사적 관점에서는 생물을 물질대사를 따르는 존재로 정의하였다. 이때 물질대사는 이화작용과 동화작용을 모두 포함한 개념이라고 언급했으므로 옳다.

12. [출제의도] 사례 적용 판단
인간만이 가지는 가장 큰 특징 중 하나는 뛰어난 '지능'이었다. 그런데 그러한 지능을 통해 과학기술을 발전시켜 만들어진 결과물인 인공지능은, 인간이 아님에도 매우 뛰어난 지능을 가지게 되었다. 즉 인간 정체성의 근거로 만든 결과물은 그것을 만들었다는 인간의 뛰어난 지능을 증명하는 동시에, 인간이 아니어도 뛰어난 지능을 가질 수 있다는 점을 증명하여 인간 정체성의 근거를 위협하게 된 셈이다. 글에서는 이러한 상황을 아이러니라고 표현하였다.

13. [출제의도] 사례 적용 판단
과학자 A는 대사적 관점, 과학자 B는 열역학적 관점에서 생명의 기준을 제시한다.
열역학적 관점에서 (가)의 물고기는 질서 유지 측면에서 냉동 전후의 변화가 없으므로 일반 물고기와 같이 생명으로 분류될 것이다. 그리고 (나)의 로봇 강아지 역시 물리적 손상이 없이 질서 유지가 지속되므로 엔트로피 증가의 법칙을 따르지 않아 생명으로 분류될 것이다.
[오답풀이]
① 4문단에서 과학 연구는 개념의 빈틈없는 정의를 전제로 하지 않으며, 개념에 대한 견해에 충돌이 있더라도 과학 영역 자체에는 큰 문제가 되지 않는다고 언급했다.
② 3문단에서 대사적 관점을 따를 경우 촛불도 생명체로 분류해야 한다는 문제점이 있다고 하였다. 그리고 (가)의 냉동 상태의 물고기는 대사 작용이 멈추어 이루어지지 않고 있으므로 생명체로 분류하지 않을 것이다.
④ (나)에서는 물리적 손상 없이 약 300년 동안 지속될 수 있는 첨단 소재의 개발로 인해 로봇강아지가 인간보다 질서 유지 측면에서 유리해진 상황이다. 질서 유지 측면에서 더 유리하다는 것은 엔트로피 증가의 법칙(모든 계에서 시간이 흐름에 따라 항상 무질서도가 증가한다는 법칙)을 더 많이 벗어나는 것이다.
⑤ 대사적 관점에서는 로봇강아지가 스스로 대사 작용을 하지 못하므로 생명체가 아니라고 판단할 것이다. 반면 열역학적 관점에서는 첨단 소재가 탑재된 로봇강아지는 질서 유지 측면에서 인간보다 유리하므로 생명체가 맞다고 판단할 것이다. 따라서 두 관점에서는 로봇 강아지가 생명체인지에 대해 서로 반대되는 견해를 제시할 것이다.

[14~17] (사회) 공매도

14. [출제의도] 글의 세부 정보 파악
신용대주거래를 통해 주식을 차입했다면 60일 이내에 상환해야 한다.
[오답풀이]
① 공매도는 주식이 하락해야 수익을 얻는 투자 방법이다.
② 2문단에서 공매도 관리 수단을 갖추고 있다고 언급하고 있다.
③ 3문단에서 무차입 공매도 금지의 이유는 결제 불이행 사태 방지 때문이라고 언급하고 있다.
④ 개인 투자자와 기관 투자자, 외국인 등의 신용도 차이 때문에 신용대주거래와 대차거래로 구분된다.

15. [출제의도] 글의 핵심 정보를 파악
4문단에서 차입 기간을 제한하더라도 다른 대여자에게 주식을 대여해 상환하는 방식으로 만기 연장이 가능하다고 언급하고 있다.
[오답풀이]
① ㉡에 대한 설명이다.
② ㉠에 대한 설명이다.
③ ㉠은 ㉡보다 결제 불이행 가능성이 높다.
④ 개인 투자자들도 공매도는 가능함. 간접 공매도라는 말은 본문에서 언급되지 않은 내용이다.

16. [출제의도] 세부 정보 추론
<보기>의 마지막에 언급된 것처럼 기존에 보유 중인 주식의 대량 매도는 제한이 없기에 업틱룰이 적용 중일지라도 누군가 기존 주식을 대량 매도한다면 주가가 크게 하락할 수도 있다.
[오답풀이]
① 업틱룰 제도는 결제 불이행을 방지하기 위한 제도가 아니다.
③ 신용대주거래와 대차거래를 이용한 주식 모두 업틱룰이 적용될 수 있다.
④ 업틱룰이 적용 중이라도 공매도가 아닌 기존 주식의 대량 매도로 인한 주가 하락의 가능성은 존재한다.
⑤ 업틱룰이 적용 중이라면 직전 체결가 이하로는 공매도를 할 수 없다.

17. [출제의도] 세부 정보 추론
이론상 공매도의 최대 수익은 100%, 최대 손실은 무한대임. 주가는 0원이 되면 더이상 떨어지지 않겠지만 상승에는 제한이 없기 때문이라고 본문에 언급되어 있다. 원금 손실의 가능성도 존재한다. (학생2)
개인 투자자는 증권 회사 등으로부터 주식을 차입해야 한다. 기관을 거치지 않고 개인적인 거래가 가능하다는 언급은 본문에 나와 있지 않다. (학생4)
[오답풀이]
주식을 전혀 보유하지 않은 상태에서의 공매도, 즉 무차입 공매도는 불법이다. (학생1)
본문에 두 주체간의 방법 차이는 신용도 등의 이유라고 언급되어 있다. (학생3)

[18~21] 이태준, 「돌다리」

18. [출제의도] 인물의 태도 비교
[A]에서 땅을 팔려고 하는 '창섭'의 모습에서 땅에 대한 경제적 가치관을 확인할 수 있다. 그러나 이러한 '창섭'의 경제적 가치관은 [B]에서 아버지의 땅에 대한 전통적 신념에 의해 부인되고 있다.
[오답풀이]
② [A]에서 땅의 가치에 대해 의혹을 제기하는 부분을 확인할 수 없다.
③ [B]에서 땅에 대한 자기 합리적 접근이 이루어지고 있지 않다.
④ [A]에서 땅을 팔아야 하는 이유를, [B]에서 땅을 지켜야 하는 이유를 제기하고 있다.
⑤ [A]에서 땅을 소작하는 사람의 능력을 고찰하고 있지 않다. [B]에서는 땅을 우습게 여기는 사람들의 태도가 언급이 되나 그러한 태도를 고찰하고 있다고 할 수는 없다.

19. [출제의도] 소재에 대한 태도
"나무가 돌만허다든?"을 통해서 '아버지'가 '나무다리'보다 '돌다리'를 더 가치 있는 대상으로 여기고 있음을 알 수 있다.

20. [출제의도] 작품의 내용 이해
'아버지는 아들의 의견을 끝까지 잠잠히 들었다. 그리고, "점심이나 먹어라. 나두 좀 생각해 봐야 대답허겠다."…그도 점심상을 받았다. 점심을 자시면서였다… "난 서울 갈 생각 없다."'를 통해서 '아버지'가 '창섭'의 의견을 잠잠히 듣고 점심상을 받고난 뒤에 자신의 생각을 아들에게 전했음을 알 수 있다.
[오답풀이]
① '창섭의 아버지는 근검(勤儉)으로 근방에 소문난 영감이다. 그러나 자기 대에 와서는 밭 하루갈이도 늘쿠지는 못한 것으로도 소문난 영감이다.'를 통해서 알 수 있다.
② '이런 땅을 팔기에는, 아무리 수입은 몇 배 더 나은 병원을 늘쿠기 위해서나 아버지께 미안하지 않을 수 없었다.…천생 부모님이 서울로 가시어야 한다.'를 통해서 알 수 있다.
④ '돈놀이처럼 변리만 생각허구 제 조상들과 그 땅과 어떤 인연이란 건 도시 생각지 않구 헌신짝 버리듯 하는 사람들, 다 내 눈엔 괴이한 사람들루밖엔 뵈지 않드라.'를 통해서 알 수 있다.
⑤ '자기의 생각은 너무나 자기 본위였던 것을 대뜸 깨달았다.'를 통해서 알 수 있다.

21. [출제의도] 외적 준거에 따른 작품 감상
'일꾼을 세 명씩이나 두고 적지 않은 전답을 전부 자농(自農)으로 버티어 왔다. 실속이 타작(打作)만 못하다는 둥, 일꾼 셋이 저희 농사 해 가지고 나간다는 둥 이해만을 따져 비평하는 소리가 많았으나 창섭의 아버지는 땅을 위해서는 자기의 이해만으로 타산하려 하지 않았다.'를 통해서 '아버지'는 물질적 가치를 추구하는 것이 아니라, 전통적 가치를 추구해왔음을 알 수 있다.

[22~25] (가) 신흠, 「방옹시여(放翁詩餘)」 / (나) 정철, 「사미인곡」

22. [출제의도] 표현상의 특징 파악
(가)의 화자는 '초목(草木)'이 '다 매몰(埋沒)'하였지만 '송죽(松竹)만'은 '푸르'다고 말하면서 '송죽'의 변치 않음에 대해 말한다. 이후에 화자는 작품에서 이러한 '송죽'의 특성에 관하여 '닉 성(性)'이라고 말하면서 화자 자신과 동일시하고 있음을 알 수 있다.
(나)의 화자는 '미화(梅花)'가 '픠여'있음을 확인한 상황에서 '님'에 대한 생각을 하였다. 또한, '님'에게 '미화'를 '보내'고자 하므로 '님'에 대한 사랑이 변치 않는다는 것을 알 수 있다.
[오답풀이]
① (가)에서 유사한 시구를 통해 주제를 강조하는 부분은 찾을 수 없다.
② (나)에서 화자가 있는 공간과 '님'이 있는 '님 겨신 듸'는 이질적인 공간이라고 할 수 있으나, 이를 통해 화자의 이상향을 강조하고 있다고 보기는 어렵다.
③ (나)에서도 '동풍', '암향' 등의 계절적 시어를 통해 시적 배경을 파악할 수 있다.
⑤ (가)와 (나)는 모두 음성 상징어가 등장하지 않는다.

23. [출제의도] 시구의 기능, 의미 파악
화자는 자신이 '님'에게 보낸 '미화(梅花)'를 '님'이 보고 어떻게 여기실지 모르겠다고 말하므로, '님'의 반응에 대해 확신하지 못한다고 볼 수 있다.

[오답풀이]
① '적설(積雪)을 헤쳐 내'는 것은 부정적인 상황에서 좌절하는 화자의 정서를 표현한 것이 아니라 단순한 자연 현상을 나타낸다.
② '창(窓) 밧긔 심근 미화(梅花)'에서 나는 '암향(暗香)'은 어두운 미래를 암시한다고 볼 수 없다.
④ '나위'와 '수막' 모두 '적막'하고 '비어있'으므로 두 공간이 이질적이라고 할 수도 없고, 대비된다고 할 수도 없다.
⑤ '임의 옷 지어내니'는 '님'에 대한 화자의 정성을 알 수 있을 뿐, 대상의 행동에 대한 화자의 의구심과는 거리가 멀다.

24. [출제의도] 시구의 기능, 의미 파악
[A]에서 '풍상'은 '송죽'의 변함없음을 드러내기 위한 요소로 등장하므로 화자가 처한 부정적 상황의 원인이라고 보기 어렵다.
[오답풀이]
① [A]의 '초목'은 '다 매몰'하였지만 '송죽'은 '푸르렀다'고 하는 것을 보아 둘을 대비하여 '송죽'이 '푸르'른 것을 강조하고 있다고 볼 수 있다.
③ [B]의 화자가 '님 겨신 딕'를 'ㅂ라보니' '산'과 '구름'이 가로막고 있으며, '천리 만리'의 길이라고 하였으므로 그 길이 쉽지 않다는 것을 알 수 있다.
④ [B]의 '나인가 반기실가'를 통해 '님'이 화자를 '반'길지 그 마음을 알 수 없다는 것을 알 수 있다.
⑤ [A]에서는 '풍상'이 [B]에서는 '산'과 '구름'이 이상적 상황을 방해하는 장애물이라고 볼 수 있다.

25. [출제의도] 외적 준거에 따른 작품 이해
(가)의 화자에게 '일편명월'과 '미록'은 <보기>의 '전원'에서 에서 함께하는 '벗'이지만 <보기>의 '겨와 쭉정이나 두엄 풀 같'은 존재는 '부귀'와 '공명'이다.
[오답풀이]
① '눈'이 온 '산촌'의 공간은 화자가 속세를 떠나 지내는 자연이므로 '전원으로 돌아'온 공간이라고 볼 수 있다.
② '날 추즈리 뉘 이스리'는 화자 자신을 찾을 사람이 없겠다는 뜻이므로, 이를 통해 화자가 '세상이 진실로' 자신을 '버렸'다는 생각을 하고 있음을 알 수 있다.
④ '노래를 읊'는 와중에도 작가는 '역군은'을 통해 임금에 대한 충정을 드러내고 있다.
⑤ '송죽'은 <보기>의 '자연물'이기 때문에 화자는 이 '송죽'을 보고 그냥 '지나치지 못하'여 '노래를 읊고자 하'였을 것이다.

[26~30] (가) 작자 미상, 「김원전」 / (나) 작자 미상, 「지하국 대적 퇴치 설화」

26. [출제의도] 작품의 내용 파악
㉡에서 상은 김원의 종적을 모른다고 할 수 있다. 하지만, 상이 황후와 세 공주를 위로하고 있는 장면은 드러나지 않았다.
[오답풀이]
① ㉠에서 원수는 자신이 '신자(臣者)'임을 언급하며 먼저 올라가라는 공주의 제안을 거절하였다.
② ㉠에서 탈출한 세 공주는 '모든 여자들을 거느리고 황성으로 행하였다. 즉, 여인들을 데리고 ㉡으로 이동하였음을 알 수 있다.
③ ㉠에서 원수가 '황상의 기다리심이 일각이 삼추 같사오니'라고 한 것에서 황상이 공주들을 애타게 기다리고 있음을 인식하고 있다는 것을 알 수 있다.
⑤ ㉡에서 송방은 김원을 시기하는 자가 그를 해쳤을 거라고 추측하여 강문추와 군사들을 의심했다.

27. [출제의도] 고전 소설 갈래의 특징 파악
(나)에서 여성 인물인 딸은 도적의 집에 있는 동삼수를 한량에게 주거나, 매운 재를 대적의 목 절단부에 뿌리는 등 중심 사건의 해결 과정에 있어서 적극적인 모습을 보이고 있다.
[오답풀이]
② 지하국이 존재하고, 까치가 무사들에게 말을 하는 등 비현실적이고 기이한 요소가 두드러진다.
③ 악으로 상징되는 대적과 이로부터 딸들을 구출하는 선으로 상징되는 한량 간의 대립 구조를 통해 권선징악적 주제 의식을 드러내고 있다.
④ 한량이 서울로 향하는 도중에 어떤 큰 부자를 우연히 만난 것, 한량이 도적의 집을 찾으러 출발했을 때 우연히 다리가 부러진 까치를 만난 것 등 우연적인 요소에 의해 사건이 전개되는 모습이 여러 번 나타나고 있다.
⑤ 마지막 문단에서는 한량들이 구한 여인들의 부모가 한량들에게 딸을 주고 재산을 나누어 주었음을 작품 밖 서술자가 요약적으로 제시하고 있다.

28. [출제의도] 갈래의 특징 파악
(나)는 고전 소설의 특징 상 '전기성(傳奇性)'을 가지는데, 흥미를 높이기 위해 지하국이라는 비현실적인 공간을 설정했다고 볼 수 있다.
[오답풀이]
① (가)에서는 내적 독백이 드러나지 않는다.
② (가)에서는 인물의 외양 묘사를 통해 인물의 성격을 나타낸 부분이 없다.
④ (나)에서는 액자식 구성이 드러나지 않는다.
⑤ (가)의 김원은 천상계의 혈통을 이어받은 인물이지만, (나)의 한량의 경우 그러한 사실을 알 수 없다.

29. [출제의도] 외적 준거에 따른 작품 감상
(가)에서 막내 공주가 첫 공주께 제안한 것은 주인공이 현실 세계로 귀환하지 못했기에 벌어진 일이다.
[오답풀이]
① (가)에서 원수가 지혈에 마지막까지 남아 여자들을 밖으로 보낸 것에서 주인공이 투철한 사명감을 지니고 있음을 알 수 있다.
② (가)에서 상이 강문추를 엄형으로 문초하고 능지처참한 것에서 권선징악적 의식을 바탕으로 하고 있음을 알 수 있다.
④ 강문추와 군사들이 배신한 것이 나타난 (가)와 달리 (나)에서는 동료나 부하의 배반으로 주인공이 현실 세계에 바로 귀환하지 못한다는 내용을 찾아볼 수 없다.
⑤ (나)에서 제일 형이 큰 부잣집 딸을 얻은 것은 오륜 중에서 장유유서(長幼有序)를 따른 것으로, 형제간 질서를 중시하는 유교적 이념이 반영된 것으로 볼 수 있다.

30. [출제의도] 어휘의 의미 이해
문맥상 '분분하다'는 '떠들썩하고 뒤숭숭하다.'라는 의미로 볼 수 있다. 이때, 가장 바꿔쓰기에 적절한 것은 '시끄럽고 어수선하다.'는 의미의 '소란하다'라고 볼 수 있다.
[오답풀이]
① '소원하다'는 '억울한 일을 당하여 관에 하소연하다'라는 뜻이므로 바꿔쓰기에 적절하지 않은 어휘이다.
③ '고요하고 쓸쓸하다.'는 뜻의 '적막하다'는 바꿔쓰기에 적절하지 않은 어휘이다.
④ '찢어져 나뉘게 되다.'는 뜻의 '분열되다'는 바꿔쓰기에 적절하지 않은 어휘이다.
⑤ '태도나 분위기가 점잖고 엄숙하다.'는 뜻의 '정중하다'는 바꿔쓰기에 적절하지 않은 어휘이다.

[31~34] (가) 김수영, 「어느 날 고궁을 나오면서」, (나) 이향아, 「물새에게」

31. [출제의도] 표현상의 특징 파악
(가)에서 자조적 표현이 드러나고 있는 것은 맞지만, 시간의 흐름에 따라 화자의 태도가 변화하는 모습은 드러나 있지 않다.
[오답풀이]
① (가)와 달리 (나)는 '끼룩거리게'와 같은 음성 상징어를 통해 시적 상황을 드러내고 있다.
③ (가)는 일상어와 비속어를 통해, (나)는 '~는 일'과 같은 반복적인 표현을 통해 주제를 부각하고 있다.
④ (가)와 (나)는 모두 영탄적 어조를 통해 시적 상황을 드러내고 있다.
⑤ (가)와 (나)는 모두 말을 건네는 방식을 통해 주제를 강조하고 있다.

32. [출제의도] 시구의 기능, 의미 파악
㉤을 통해 화자가 닮고자 하는 존재인 물새의 행동을 묘사하고 있다.
[오답풀이]
① ㉠은 화자가 실생활에서 느껴야 한다고 생각하는 '분개'와는 반대되는 의미의 조그마한 일에 대한 분개이다. 소시민적이지 않은, '언론의 자유' 요구나 '월남파병' 반대와 같은 실생활에서 느껴야 한다고 생각하는 '분개'를 드러내고 있는 것은 아니다.
② ㉡에서 스폰지를 만들고 거즈를 개키고 있는 사람은 '나'이고, 그것을 비판하는 주체는 '정보원'이다.
③ ㉢을 통해 진정으로 추구하는 삶을 살기 위한 화자의 의지를 드러내고 있는 것은 아니다. ㉢은 화자의 소시민적인, 위험을 피해가는 태도를 보여 주는 시구이다.
④ ㉣을 통해 이상향의 소멸을 겪은 화자의 상실감을 드러내고 있는 것은 아니다. 이상향이라고 표현할 수 있는 것은 '갈매의 바다', '그리' 등인데, 그러한 이상향이 소멸되었다는 것은 드러나 있지 않다.

33. [출제의도] 화자에 대한 이해
ⓐ는 소시민적 시적 화자인 '나', ⓑ는 이상향에 도달하지 못하고 있는 시적 화자인 '나'이다. (가)와 (나)에서 ⓐ는 사회의 문제를 지적해야 한다고 생각하고 있고, ⓑ는 이상향으로 나아가고자 하지만 모두 진정으로 자유로운 삶을 살아가지 못하고 있다.
[오답풀이]
① ⓐ는 현실에서 동떨어진 것이 아니라, 현실을 살아가면서 자신이 처해 있는 상황을 직접적으로 표현하고 있다.
② ⓑ는 '물새'를 이상향에 도달하기 위해서 피해가야 할 장애물이 아니라 닮고 싶은 존재라고 여긴다.
③ ⓐ와 달리 ⓑ가 내적 성찰을 통해 외적 성숙을 이룬다는 내용은 드러나 있지 않다.
⑤ ⓐ와 ⓑ가 모두 이상과 괴리가 있는 현실 상황을 직접적으로 비판하고 있다는 내용은 드러나 있지 않다.

34. [출제의도] 외적 준거에 따른 작품 감상
'나를 보는 은총 앞'에 '마주 서'서 '눈부셔 눈부셔라'라고 한 것이 현실의 고통을 미화하여 서술한 것은 맞지만, 낙관적이라고 볼 수는 없다.
[오답풀이]
① '갈매의 바다'를 보고 '나도 죽으면 그리로 가'고 싶다고 한 것은 소망을 품고 있는 화자의 태도를 드러내는 것이 맞다.
② '소망을 기다리는 힘겹고 고통스러운 경험'을 보면, '내 평생 병든 속병'은 화자의 소망이 심화된 나머지 발생한 고뇌를 암시하는 것이 맞다.
③ '화자는 이루고 싶은 소망을 감각적이고 추상적인 시어를 통해 서술함'을 보면, '눈빛을 겨냥하는 일'은 소망의 실현을 위한 화자의 강한 의지를 드러내는 것이 맞다.
⑤ '기다림의 귀밝은 그물'을 '그만 걷'는 것은 소망이 이루어지지 않은 현실에 초연해진 화자의 자세를 드러내는 것이 맞다.

화법과 작문

35	③	36	④	37	③	38	③	39	③
40	⑤	41	②	42	⑤	43	③	44	②
45	⑤								

35. [출제의도] 보고의 표현 전략 파악
'우선', '다음은', '마지막으로'와 같은 순서를 나타내는 표지들을 사용하여 보고의 내용을 분류하여 전달하고 있다.
[오답풀이]
① 내용의 신뢰성을 높이기 위해 전문가의 견해를 이용하는 모습은 드러나 있지 않다.
② 질문을 통해 관심을 유도하고 있는 것은 맞지만, 청중들만이 가졌던 것이 아니라 보고자와 함께 가졌던 경험을 상기시키고 있다.
④ 보고자가 인상 깊게 진행했던 활동을 언급하며 마무리하고 있는 모습은 드러나 있지 않다.
⑤ 행사 준비가 느려지는 문제를 해결하는 과정은 준비 위원회 조직과 동아리별 역할 나누기를 통해 드러난다고 볼 수 있지만, 개인적 소감은 드러나 있지 않다.

36. [출제의도] 보고 보조 자료 사용하기
영상 1과 영상 2는 공연팀과 전시팀의 공연과 전시를 보여 주는 자료일 뿐이므로 보고 대상의 운영 방식을 지적하기 위해 영상 1과 영상 2를 활용한 것은 아니다.
[오답풀이]
① 보고가 끝나고 진행할 활동을 위한 자료인 회의록 양식을 발표를 시작할 때에 배포한 것은 맞다.
② 보고 대상인 축제의 과거와 현재를 대비하여 설명하기 위해 화면 1을 활용한 것은 맞다.
③ 보고 대상을 세분화한 것을 청중이 파악하기 쉽도록 화면 2를 활용한 것은 맞다.
⑤ 후원 기능, 댓글 참여 기능 등 보고 대상에 적용했던 다양한 아이디어를 언급하기 위해 영상 3을 활용한 것은 맞다.

37. [출제의도] 발표 내용 이해, 평가하기
'학생 2'의 의견을 반영하여, 추후 영상 공유 사이트에 축제 영상을 공유할 것이라는 내용을 추가하는 것은 옳지 않다. 당일 있었던 일정이 아니라 이후 진행할 일정이기 때문이다.
[오답풀이]
① '학생 1'의 의견을 반영하여, 동아리별 역할 조직도를 추가하는 것은 적절하다.
② '학생 2'의 의견을 반영하여, 7시부터 9시까지 진행했던 동아리별 뒤풀이에 대한 내용을 추가하는 것은 적절하다.
④ '학생 3'의 의견을 반영하여, 리허설 횟수를 늘려 운영의 미숙을 해결해야 한다는 내용을 추가하는 것은 적절하다.
⑤ '학생 3'의 의견을 반영하여, 채팅 검열 시스템과 학생들의 인식 변화를 통해 비속어 사용을 없애야 한다는 내용을 추가하는 것은 적절하다.

38. [출제의도] 발화의 의도 파악
청소년을 위한 '인공지능(AI) 교육 프로그램'이 있던데, 지역 신문의 주된 독자층이 중년층이라고 생각해서 뺐다는 부분에서 자신의 경험은 찾을 수 없다.

39. [출제의도] 초고 수정 계획의 적절성
첫째 문단 마지막 문장을 '기관은 8월 1일부터 중년층의 수요에 맞춰 SNS 학습 지원, 인공지능(AI) 교육 프로그램을 순차적으로 운영한다.'로 수정한다면, 8월 1일부터 운영한다는 것을 밝히자는 '유진'의 의견을 반영한 것이다. 그러나 '인공지능(AI) 교육 프로그램'이 청소년을 위한 교육 프로그램임을 밝히지 않았으므로 적절하지 않다.

40. [출제의도] 추가할 내용의 적절성
(나)에서 '유진'이 "그래. 주민들이 어떤 점을 기대하는지에 대한 내용이 확실하게 들어가거나 기관장님 인터뷰에 지원대상 선정까지의 과정에 대한 내용이 들어가면 좋을 것 같아."라고 하였다. 따라서 주민들의 기대나 지원대상 선정까지의 과정에 대한 기관장의 인터뷰 내용이 추가되는 것이 적절하다.
'교육기관장은 "우리 지역은 앞으로도 스마트 정보교육에 힘쓰며 지역 주민들을 위해 많은 혜택을 고려할 것이다."라고 밝혔다.'는 이 두 가지 모두에 해당하지 않는다.

41. [출제의도] 담화의 양상 파악
[B]에서 '유진'은 "괜찮다고 생각해. 그런데 중년층을 위한 교육 말고 우리 청소년들을 위한 교육은 빠진 것 같은데?"라고 하며 '재현'의 의견에 부분적으로 동의하면서 부족한 부분에 대한 보충을 요청하고 있다.

42. [출제의도] 글쓰기 계획 반영 여부 파악
(가)에서는 응답 결과를 표로 작성하여 독자들이 조사 결과에 대해 보다 명확하게 파악하도록 하고 있다. 그러나 이를 막대그래프로 나타내지는 않았다.

43. [출제의도] 조건에 맞는 글쓰기
'이번 조사는 공정한 여론 조사의 필요성을 제시했지만, 설문 표본 수가 적었다는 한계가 있다.'를 통해 조사 결과를 요약하고, 조사의 한계점을 제시했음을 알 수 있다. '따라서 다음 조사에서는 보다 많은 표본을 대상으로 설문이 진행되기를 기대한다.'를 통해 향후 이루어질 조사에 대해 기대하는 바를 남겼음을 알 수 있다.

44. [출제의도] 작문 맥락의 이해
(나)의 '여론 조사 보도는 실제 여론과 달리 특정 정당 또는 지지자에게 유리하게 보도될 가능성이 있다. 이러한 상황에서 유권자가 여론 조사 보도를 보면 잘못된 판단을 하게 된다.'를 통해 (가)와 달리 여론 조사 보도가 유권자에게 잘못된 영향을 미칠 가능성을 드러냈다.
[오답 풀이]
① (가)는 조사 보고서의 초고, (나)는 SNS에 작성한 글이다. 조사가 진행되어 작성된 글은 (나)가 아닌 (가)이다. 따라서 글의 유형을 고려할 때, (나)는 (가)와 달리 해당 조사가 필요한 이유를 밝혔다는 선지는 적절하지 않다.
③ 구체적 자료를 활용하고 있는 것은 (나)가 아닌 (가)이다.
④ 글을 작성한 후 수정이 자유로운 것은 (나)이다. (가)는 교지에 실을 보고서이므로 글을 작성한 후 수정이 자유롭지 않다.
⑤ (가), (나) 모두 공정한 여론 조사 보도를 통한 민주주의 발전의 필요성을 강조하고 있지 않다.

45. [출제의도] 보고서 쓰기 방법 이해
(가)에는 조사 기간과 조사 대상, 조사 방법이 기술되어 있다. 그 외 ㉠, ㉢, ㉣에 해당하는 보고서 쓰기 방법은 (가)에 반영되지 않았다.

언어와 매체

35	④	36	③	37	⑤	38	③	39	②
40	③	41	④	42	④	43	②	44	④
45	③								

35. [출제의도] 표의주의와 표음주의에 대한 이해
'잎'과 '-아리'의 결합을 '이파리'라고 적는 것은 어법에 맞도록 적은 것이 아니라 소리 나는 대로 적은 것이다. 어법에 맞도록 적었다면 '잎아리'라고 적었을 것이다.

36. [출제의도] 음운 변동에 대한 이해
모음으로 시작하는 실질 형태소가 올 때 음절의 끝소리 규칙이나 자음군 단순화가 먼저 일어나고 나서 소리대로 발음되는 경우는 '흙 위, 웃어른, 무릎 아래'이다.
'꽃이'와 '끝에'는 모음으로 시작하는 형식 형태소가 왔으며, '솔잎'의 경우 음절의 끝소리 규칙이나 자음군 단순화가 선행되지 않는다.

37. [출제의도] 안긴문장에 대한 이해
㉢의 안긴문장 '그때로 다시 돌아가기'는 주어의 기능을 한다.

38. [출제의도] 조사에 대한 이해
㉡의 '와'와 ㉢의 '과'는 앞말의 의미에 의해 선택되는 것이 아니라, 앞말이 모음으로 끝나는지 자음으로 끝나는지에 의해 선택된다.

39. [출제의도] 중세와 현대 국어 합성 명사의 특징 파악
'�바당'에 쓰인 관형격 조사 'ㅅ'과 달리 '옷고름'의 'ㅅ'은 앞말인 '옷'에 원래부터 쓰인 음운이다. 따라서 '옷고름'에서 된소리가 나는 것은 관형격 조사 'ㅅ'과는 전혀 관련이 없다.
[오답풀이]
① '뫼ᄫᆞᆯ'과 달리 '비ᄃᆞ리'에는 'ㅅ'이 쓰이지 않았다.
③ '기와집'은 '지붕을 기와로 인 집'이라는 뜻이므로 앞말이 뒷말에 대해 재료의 의미를 갖고 있다.
④ '텃밭'의 'ㅅ'은 안울림소리이므로 뒷말인 '밭'을 [빧]으로 발음하게 하는 선행 조건의 역할을 한다.
⑤ '윗마을[윈마을]'은 합성 명사에 들어간 'ㅅ'이 뒷말 '마을'의 'ㅁ'의 영향을 받아 'ㄴ'으로 바뀌는 경우에 해당한다.

40. [출제의도] 매체의 유형과 특성 이해
'은성'은 인터뷰 동영상 파일을 첨부했으나, '준수'는 매체의 특성을 활용하여 추가적인 자료를 첨부하여 제공하지 않았다.

41. [출제의도] 매체 활용에 대한 이해
(나)에 음악 전문가의 의견을 인용한 부분은 없다.

42. [출제의도] 매체 내용에 대한 이해
요즘 학생들이 힙합 음악을 좋아하게 된 이유에 대해서는 발표 내용 중 Ⅲ-②를 통해 알 수 있다. 그러나 모르던 단어의 의미와 배경을 이해한 후에 알 수 있게 된 것이 아니므로 ㉠에 들어갈 반응으로 적절하지 않다.

43. [출제의도] 매체의 특성 파악
(가)에서는 통계 정보를 활용하지 않았다.

44. [출제의도] 매체의 특성 파악
'헬로귀티'는 '도지산순간'과 상반되는 의견을 제시하지 않았다.

45. [출제의도] 매체 자료 작성 계획 점검
노튜버존의 도입에 찬성하는 손님 측의 인터뷰가 (가)의 도입부에 제시되지 않았다.